技工院校文化基础课课程改革实验教材

高 等 数 学

主编　王建林

苏 州 大 学 出 版 社

图书在版编目(CIP)数据

高等数学/王建林主编. —苏州:苏州大学出版社,2014.8(2017.7 重印)
技工院校通用教材
ISBN 978-7-5672-1039-4

Ⅰ.①高… Ⅱ.①王… Ⅲ.①高等数学-技工学校-教材 Ⅳ.①O13

中国版本图书馆 CIP 数据核字(2014)第 201634 号

内容提要

本书是根据技师学院、高级技校学生的专业特点来编写的高等数学教材。

本着"实用为主、够用为度"的原则,本书强调微积分的基本计算和应用,舍弃了理论证明;同时,考虑到部分专业课程的教学中经常会用到解三角形、平面解析几何、复数等相关数学知识,本书在开始部分安排了"知识回顾与复习"这一章来介绍这些内容;另外,微分方程和级数是机电类专业课程所必需的重要工具,在本书最后加入了这两部分内容的介绍,不同专业可根据实际需要进行选用。

全书采用了任务驱动的方法,选取了大量生产、生活中的案例,将知识附着于任务,让学生在解决问题的过程中掌握相关数学知识,激发学生的学习兴趣。

高等数学

王建林　主编

责任编辑　管兆宁

苏州大学出版社出版发行
(地址:苏州市十梓街 1 号　邮编:215006)
宜兴市盛世文化印刷有限公司印装
(地址:宜兴市万石镇南漕河滨路 58 号　邮编:214217)

开本 787×1092　1/16　印张 13.5　字数 329 千
2014 年 8 月第 1 版　2017 年 7 月第 3 次印刷
ISBN 978-7-5672-1039-4　定价:30.00 元

苏州大学版图书若有印装错误,本社负责调换
苏州大学出版社营销部　电话:0512-65225020
苏州大学出版社网址 http://www.sudapress.com

前言

　　高等数学是技师学院、高级技校学生的一门基础性课程,是学生学好专业课程的基础工具。这类学生有其专业特点,本书就是紧扣专业要求来编写的。

　　根据技工院校学生的实际情况和教学需要,我们对内容的取舍作了精心安排。本着"实用为主、够用为度"的原则,本书强调微积分的基本计算和应用,舍弃了理论证明;同时,考虑到部分专业课程的教学中经常会用到解三角形、平面解析几何、复数等相关数学知识,本书在开始部分安排了"知识回顾与应用"这一章来介绍这些内容;另外,微分方程和级数是机电类专业课程所必需的重要工具,本书在最后也对这两部分内容进行了介绍,不同专业可根据实际需要选用。

　　我们在编写理念上力求创新,全书采用了任务驱动的方法,选取了大量生产、生活中的案例,将知识附着于任务,让学生在解决问题的过程中掌握相关数学知识,激发学习兴趣。我们力求通过这种编写方法能体现最新的教学改革成果。

　　在结构编排上,教材安排了学习目标、任务引入、主要知识、任务实施、课堂练习、应用举例、知识拓展等栏目。对于应用举例和知识拓展这两个栏目,教师可根据需要选讲或让学生课后自学。教材每一节习题分为 A、B 两组,其中 A 组题所有学生必须完成,B组题供学有余力的学生自学或教师作为课堂教学内容的补充。书后同时配备了习题答案,供学生完成作业后参考。

参加本教材编写的人员有王建林、姜健、徐书娣、刘悦、黄华、蒋曙华、孙红芹、李明星、袁军,全书由王建林负责统稿。

本教材的编写得到了江苏省盐城技师学院的领导和部分老师的大力支持,苏州大学出版社的相关编辑提出了不少宝贵意见,在此一并致以衷心的感谢。

由于编者的水平和经验有限,书中难免有错漏之处,恳请专家、同行和广大读者批评指正。

编 者

高等数学

*M*ath

2

第一章　知识回顾与应用

本章主要回顾解三角形、平面解析几何、复数等相关知识,介绍这些知识在生产实践中的简单应用.

§1-1　正弦定理和余弦定理

学习目标

1. 能运用正弦定理、余弦定理解三角形.
2. 了解解三角形在零件加工中的应用.
3. 会计算锥形工件的圆锥半角.

任务引入

学习桌球技巧,关键在于掌握击球的力度和角度.通过数学上的演绎,或许可以帮助我们提高瞄准的意识并能更好地调准方向.

如图 1-1 所示,假定桌面长度和宽度分别为 3.6 m 和 1.8 m,球的直径为 5.4 cm. 设白球刚好位于桌面的中央位置,而粉红色球与白色球皆位于同一中线上,两球相隔 1 m. 若想用白色球把粉红色球撞入左或右的尾袋取分,必须将前者从侧旁撞击后者,才有机会成功,那么我们怎样找出把白球击出时所需的角度?

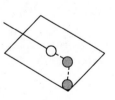

图 1-1

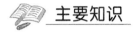 **主要知识**

▶▶▶ **一、正弦定理**

　　正弦定理 在任意三角形中,各边与它所对角的正弦之比相等,并且都等于三角形外接圆的直径. 即在 $\triangle ABC$ 中,有

$$\frac{a}{\sin A}=\frac{b}{\sin B}=\frac{c}{\sin C}=2R.$$

　　正弦定理揭示的是三角形中各个角与其对应边的关系.

　　利用正弦定理求三角形的未知元素,主要有以下两种情形:

　　(1) 如果已知其任意两个角和一条边,就可计算出其他元素;

　　(2) 如果已知任意两条边和其中一条边的对角,就可以计算出其他元素.

　　例 1　在 $\triangle ABC$ 中,$A=45°$,$B=60°$,$a=10$,求 b.

　　解　由 $\dfrac{a}{\sin A}=\dfrac{b}{\sin B}$,$A=45°$,$B=60°$,$a=10$,得

$$b=\frac{a}{\sin A}\cdot\sin B=\frac{10}{\sin 45°}\cdot\sin 60°=5\sqrt{6}.$$

　　例 2　在 $\triangle ABC$ 中,已知 $a=8$ mm,$b=12$ mm,$A=20°$,求 B,C 及边长 c.

　　解　利用正弦定理可得

$$\sin B=\frac{b\sin A}{a}=\frac{12\cdot\sin 20°}{8}=0.513\,0.$$

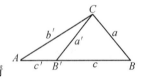

图 1-2

　　因 $\sin B$ 是正值,故 B 可以是锐角,也可以是钝角,有两种情形,如图 1-2 所示.

　　(1) 当 B 为锐角时,$B=30°52'$,此时

$$C=180°-A-B=180°-20°-30°52'=129°8',$$

$$c=\frac{a\sin C}{\sin A}=\frac{8\cdot\sin 129°8'}{\sin 20°}=18.14(\text{mm}).$$

　　(2) 当 B 为钝角时,$B'=180°-30°52'=149°8'$,此时

$$C'=180°-A-B=180°-20°-149°8'=10°52',$$

$$c'=\frac{a\cdot\sin C'}{\sin A}=\frac{8\cdot\sin 10°52'}{\sin 20°}=4.41(\text{mm}).$$

▶▶▶ **二、余弦定理**

　　余弦定理 在任意三角形中,任何一边的平方等于其他两边的平方和减去这两边与它们夹角的余弦乘积的 2 倍. 即在 $\triangle ABC$ 中,有

$$a^2=b^2+c^2-2bc\cos A,$$

$$b^2 = a^2 + c^2 - 2ac\cos B,$$
$$c^2 = a^2 + b^2 - 2ab\cos C.$$

余弦定理揭示的是三角形中两边及其夹角和另一边的关系.

利用余弦定理求三角形的未知元素,主要有以下两种情形:

(1) 如果已知三角形的两边及其夹角,就可计算出其他元素;

(2) 如果已知三角形的三条边,就可计算出其他元素.

例 3 在 $\triangle ABC$ 中,已知 $b=5$,$c=4$,$A=60°$,求 a,C.

解 这是两边夹一角类型.

由余弦定理得

$$a^2 = b^2 + c^2 - 2bc\cos A = 5^2 + 4^2 - 2 \times 5 \times 4 \times \cos 60° = 21,$$

则 $a = \sqrt{21}$.

再一次运用余弦定理,得

$$\cos C = \frac{a^2 + b^2 - c^2}{2ab} = \frac{21 + 25 - 16}{2 \times \sqrt{21} \times 5} = \frac{\sqrt{21}}{7},$$

则 $C = \arccos \dfrac{\sqrt{21}}{7}$.

例 4 在 $\triangle ABC$ 中,已知 $a = \sqrt{6}$,$b = \sqrt{3} + 1$,$C = 45°$,求 A.

解 由余弦定理得

$$c^2 = a^2 + b^2 - 2ab\cos C = 6 + (\sqrt{3}+1)^2 - 2\sqrt{6}(\sqrt{3}+1)\cos 45° = 4,$$

则 $c = 2$.

再由正弦定理得

$$\sin A = \frac{a\sin C}{c} = \frac{\sqrt{3}}{2},$$

因 $b > a$,故 $A = 60°$.(这里也可继续使用余弦定理来求,但计算量稍大一些)

任务实施

我们现在运用所掌握的知识完成开始提出的任务,该任务可简化为图 1-3.

在图 1-3 中,瞄准时 OP 为两球重心相隔的距离.设 φ 为白球击出方向(OW)与线 OP 所成的角度,而撞击后粉红色球则以角度 θ 进入尾袋的 S 位置.

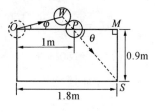

图 1-3

要找出 φ,可按以下三个步骤进行:

第一步:找出角度 θ.

$PM = (1.8 - 1)$ m $= 0.8$ m,

$SM = 0.9$ m,

则 $\tan\theta=\dfrac{SM}{PM}=\dfrac{0.9}{0.8}=1.125$,

得 $\theta=48.37°$.

第二步:求出 OW 的长度.

在 $\triangle OPW$ 中,$PW=$ 球的直径 $=0.054$ m,

由余弦定理得

$$OW^2=PW^2+OP^2-2PW\cdot OP\cos\theta,$$

代入已知数值得 $OW=0.965$ m.

第三步:利用正弦定理算出 φ.

在 $\triangle OPW$ 中,$\dfrac{PW}{\sin\varphi}=\dfrac{OW}{\sin\theta}$,则

$$\sin\varphi=\dfrac{PW\cdot\sin\theta}{OW}=\dfrac{0.8\times\sin48.37°}{0.965}=0.0418,$$

得 $\varphi=2.4°$.

由此可知:击球的角度必须非常精确,才能将粉红色球击入袋中.

📖 课堂练习

利用正弦定理、余弦定理解三角形:

1. 在 $\triangle ABC$ 中,已知 $a=\sqrt{2}$,$c=2$,$A=30°$,求 B.

2. 在 $\triangle ABC$ 中,已知 $a=3\sqrt{3}$,$b=2$,$C=150°$,求 c.

📖 应用举例

1. 解三角形在零件加工中的应用

例5 如图1-4所示的曲柄连杆装置,连杆长 $L=400$ mm,曲柄 OP 的长 $r=100$ mm,当 $\alpha=0°$ 时活塞 B 在 B' 点. 求 $\alpha=50°$ 时,活塞 B 移动的距离 x.

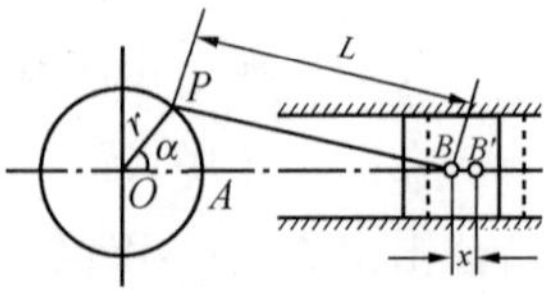

解 在 $\triangle OPB$ 中,$\dfrac{r}{\sin B}=\dfrac{L}{\sin\alpha}$,则

$$\sin B=\dfrac{r\cdot\sin\alpha}{L}=\dfrac{100\sin50°}{400}=0.1915,\text{得 } B=11°2',$$

故 $P=180°-B-\alpha=180°-11°2'-50°$

$\qquad=118°58'$.

又 $\dfrac{OB}{\sin P}=\dfrac{L}{\sin\alpha}$,则

$$OB=\dfrac{L\cdot\sin P}{\sin\alpha}=\dfrac{400\sin118°58'}{\sin50°}=456.84(\text{mm}).$$

图 1-4

因为 $OB' = r + L = 100 + 400 = 500$(mm)，

所以 $x = OB' - OB = 500 - 456.84 = 43.16$(mm).

例 6 变速箱上三个孔的距离如图 1-5 所示(单位:mm)，在加工这些孔时，需要知道 B 孔与 A 孔的水平距离 x 和垂直距离 y，试求 x 和 y 的值.

解 在 $\triangle ABC$ 中，由余弦定理得

$BC^2 = AB^2 + AC^2 - 2AB \cdot AC\cos A$，

$\cos A = \dfrac{AB^2 + AC^2 - BC^2}{2AB \cdot AC} = 0.5115$，

则 $A = 59°14'$.

在 $\mathrm{Rt}\triangle ABD$ 中，

$y = AB\sin A = 160\sin 59°14' = 137.48$(mm)，

$x = AB\cos A = 160\cos 59°14' = 81.85$(mm).

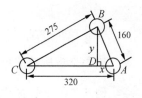

图 1-5

2. 加工锥形工件时圆锥半角 $\dfrac{\alpha}{2}$ 的计算

锥形工件中心线的截面图是一个等腰梯形，在车削时，对于锥体较短和锥度大于 $\dfrac{1}{25}$ 的工件，可用转动小拖板的方法加工(图 1-6(a)).

(1) 如果已知大端直径 D、小端直径 d 及锥形部分的长度 L，那么由图 1-6(b)知，在 $\mathrm{Rt}\triangle ABC$ 中，$AC = L, BC = \dfrac{D-d}{2}$，则

$$\tan\frac{\alpha}{2} = \frac{BC}{AC} = \frac{\dfrac{D-d}{2}}{L} = \frac{D-d}{2L}.$$

(2) 如果已知锥度 C，那么由锥度公式 $C = \dfrac{D-d}{L}$ 代入上式，得

$$\tan\frac{\alpha}{2} = \frac{C}{2}.$$

(3) 当圆锥半角 $\dfrac{\alpha}{2} < 6°$ 时，可用下列近似公式计算:

$$\frac{\alpha}{2} \approx 28.7° \times \frac{D-d}{L} \approx 28.7° \times C.$$

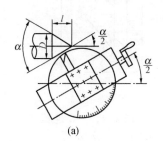

(a)

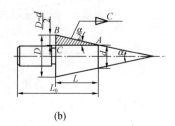

(b)

图 1-6

例 7 在车削图 1-6(b)所示的锥形工件中,已知 $D=60, d=40, L=100$,求小拖板所转的角度 $\dfrac{\alpha}{2}$.

解 由 $\tan \dfrac{\alpha}{2} = \dfrac{D-d}{2L} = \dfrac{60-40}{2 \times 100} = 0.1$,

得 $\dfrac{\alpha}{2} = \arctan 0.1 = 5°43'$.

故小拖板所转的角度为 $5°43'$.

例 8 有一主轴,其锥形部分锥度 $C=1:20$,求圆锥半角 $\dfrac{\alpha}{2}$.

解 $\tan \dfrac{\alpha}{2} = \dfrac{C}{2} = \dfrac{\dfrac{1}{20}}{2} = \dfrac{1}{40} = 0.025$,

得 $\dfrac{\alpha}{2} = \arctan 0.025 = 1°26'$.

故所求圆锥半角为 $1°26'$.

习题 1-1

6

A 组

1. 在 $\triangle ABC$ 中,$a=1, b=\sqrt{3}, A=30°$,B 是锐角,求 B.

2. 在 $\triangle ABC$ 中,$a=\sqrt{3}+1, b=2, c=\sqrt{2}$,求三个角.

3. 在 $\triangle ABC$ 中,$a=2\sqrt{2}, b=2\sqrt{3}, A=45°$,求 c, B, C.

4. 如图所示曲柄连杆装置,已知曲柄长 $R=10$ cm,连杆长 $L=50$ cm,问:当 $\alpha=120°$ 时,β 及 x 值为多少?

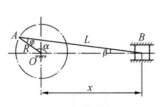
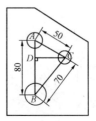

第 4 题图　　　　　　　第 5 题图

5. 齿轮箱侧面有图示三孔(单位:mm),其中 A, B 两孔的中心连线垂直于底座基准线.加工时顺次镗好 A, B 孔后,把镗杆从 B 退到 D,再移动工作台,使镗杆对准 C,然后镗 C 孔.试根据图示尺寸求 BD 和 DC.

6. 塞规的尺寸如图所示(单位:mm),求其锥度 C 和小端直径 d.

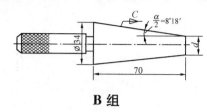

B组

1. 在 $\triangle ABC$ 中,$b=6$,$c=4$,$\cos A=\dfrac{1}{3}$,求 a.

2. 在 $\triangle ABC$ 中,已知 $\dfrac{a}{\cos A}=\dfrac{b}{\cos B}=\dfrac{c}{\cos C}$,试判断三角形的形状.

3. 已知:在 $\triangle ABC$ 中,$c=b(1+2\cos A)$,求证:$A=2B$.

4. 如图所示,要测量底部无法到达的山顶上电视塔的塔顶到地平面的高度 AB,从与山底在同一水平直线上的 C,D 两处,测得塔顶的仰角分别为 $\alpha_1=68°12'$ 和 $\beta=79°48'$,C 和 D 两点间的距离为 64.15 m,已知测量仪的高度为 1.56 m,求 AB.

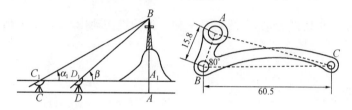

第 4 题图   第 5 题图

5. 缝纫机上的挑线杆形状如图所示(单位:mm),加工过程中需要计算 A 和 C 两个孔的中心距.已知 $BC=60.5$ mm,$AB=15.8$ mm,$\angle ABC=80°$,求 AC 的长.(结果精确到 0.1 mm)

6. 如图所示用正弦规测量锥形工件,已知其圆锥半角 $\dfrac{\alpha}{2}=1°28'$,使用中心距 $L=200$ mm 的正弦规,求测量时应垫进量块组的高度 H.

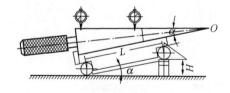

第 6 题图

§1-2 二次曲线

学习目标

1. 知道二次曲线的标准方程.
2. 能根据条件求出二次曲线的方程.
3. 会运用二次曲线的相关知识解决生产实践中的问题.

任务引入

篮球运动是一项跳跃运动,而跳射是一种常见的投篮动作.运动员如何利用这个动作进行投篮呢?

主要知识

▶▶ 一、直线

1. 倾斜角

一条直线的向上方向与 x 轴的正方向所夹的角称为直线的**倾斜角**(图 1-7).

直线与 x 轴平行时,其倾斜角规定为 0.

由定义,直线的倾斜角的范围是 $0 \leqslant \alpha < \pi$.

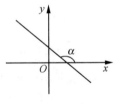

图 1-7

斜率 k:当 $\alpha \neq \dfrac{\pi}{2}$ 时,$k = \tan\alpha$. 若直线经过两点 $P_1(x_1, y_1)$,$P_2(x_2, y_2)$,且不与 y 轴平行,则 $k = \dfrac{y_2 - y_1}{x_2 - x_1}$.

2. 直线方程的几种形式

平面内一条直线的位置,可以由不同的条件来确定.根据不同的条件可归纳成如下 5 种形式:

名称	已知条件	方程	说明
点斜式	点 $P_0(x_0, y_0)$ 斜率 k	$y - y_0 = k(x - x_0)$	不包括 y 轴和平行于 y 轴的直线
斜截式	斜率 k 纵截距 b	$y = kx + b$	不包括 y 轴和平行于 y 轴的直线
两点式	点 $P_1(x_1, y_1)$ 点 $P_2(x_2, y_2)$	$\dfrac{y - y_1}{y_2 - y_1} = \dfrac{x - x_1}{x_2 - x_1}$	不包括坐标轴和平行于坐标轴的直线
截距式	横截距 a 纵截距 b	$\dfrac{x}{a} + \dfrac{y}{b} = 1$	不包括经过坐标原点的直线和平行于坐标轴的直线
一般式		$Ax + By + C = 0$	A, B 不同时为零

以下给出几种特殊直线的方程:

① 平行于 x 轴的直线 $y = b(b \neq 0)$;

② x 轴 $y = 0$;

③ 平行于 y 轴的直线 $x = a(a \neq 0)$;

④ y 轴 $x = 0$;

⑤ 经过原点(不包括 y 轴)的直线 $y = kx$.

3. 两条直线的平行与垂直

设直线 l_1 和 l_2 的倾斜角分别为 α_1 和 α_2,斜率为 k_1 和 k_2,纵截距为 b_1 和 b_2,它们的方程为 $l_1 : y = k_1 x + b_1$ 和 $l_2 : y = k_2 x + b_2$.

(1) 平行

如果有斜率且不重合的两条直线平行,那么它们的斜率相等;反之,如果两条不重合的直线的斜率相等,那么它们平行. 即

$$l_1 /\!/ l_2 \Leftrightarrow k_1 = k_2.$$

(2) 垂直

如果有斜率的两条直线互相垂直,那么它们的斜率互为负倒数;反之,如果两条直线的斜率互为负倒数,那么它们互相垂直. 即

$$l_1 \perp l_2 \Leftrightarrow k_2 = -\frac{1}{k_1} \text{ 或 } k_1 k_2 = -1.$$

例 1 图 1-8 表示某工件图纸的一部分,弧 DB 是圆心在原点 O 的圆弧,直线段 AB 和弧 DB 切于点 $B(3,4)$,OC 垂直于 OD 交 AB 于点 C. 求圆弧的圆心 O 与点 C 的距离.

解 直线 OB 的斜率为 $k_{OB} = \dfrac{4}{3}$.

因为 $AB \perp OB$,所以直线 AB 的斜率为

$$k_{AB} = -\frac{1}{k_{OB}} = -\frac{3}{4}.$$

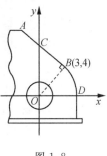

图 1-8

又点 $B(3,4)$ 是直线 AB 上的点,由点斜式得直线 AB 的方程为

$$y-4=-\frac{3}{4}(x-3),$$

化为斜截式,即

$$y=-\frac{3}{4}x+\frac{25}{4}.$$

因此直线 AB 的纵截距为 $\frac{25}{4}$,即圆弧的圆心 O 与点 C 的距离为 $\frac{25}{4}$.

4. 两条直线的夹角

两条直线相交(但不垂直)成的锐角,称为这两条直线的**夹角**.

设直线 l_1,l_2 的斜率分别为 k_1,k_2,则两直线的夹角 φ 满足:

$$\tan\varphi=\left|\frac{k_2-k_1}{1+k_2k_1}\right|.$$

这就是求两条直线夹角的公式.

当直线 $l_1\perp l_2$ 时,说明 l_1 与 l_2 的夹角是 $90°$.

5. 点到直线的距离

点 $P_0(x_0,y_0)$ 到直线 $l:Ax+By+C=0$ 的距离,可用如下公式直接计算:

$$d=\frac{|Ax_0+By_0+C|}{\sqrt{A^2+B^2}}.$$

▶▶ **二、曲线和方程**

1. 曲线的方程

定义 1 在直角坐标平面上,如果某曲线 C(看作适合某种条件的点集或点的轨迹)上的点与一个二元方程 $F(x,y)=0$ 的实数解具有下述关系:

(1) 曲线上的点的坐标都是这个方程的解,

(2) 以这个方程的解为坐标的点都是曲线上的点,

则称这个方程是**曲线的方程**,并称这条曲线是**方程的曲线**(或**图形**).

2. 求曲线的方程

平面解析几何主要的研究任务是:

(1) 根据已知条件,推导平面曲线的方程;

(2) 通过方程,研究平面曲线的性质.

求曲线的方程,就是已知曲线上的点所满足的条件,在一定的坐标系中,推导出这条曲线的方程,其一般步骤为:

① 建立适当的坐标系,设 $P(x,y)$ 是曲线上的任意一点(也称为动点);

② 根据动点 P 的轨迹条件写等式;

③ 将动点 P 的坐标 x,y 代入上述等式,得方程;

④ 将所得方程化简；

⑤ 证明以化简后的方程的解为坐标的点都在曲线上.

除了个别情况外,化简过程一般都是同解变形的过程,所以步骤⑤可以省略不写.

例 2 已知动点 P 到点 $A(0,1)$ 的距离恒等于它到 x 轴的距离,求动点 P 的轨迹方程.

解 设动点 P 的坐标为 (x,y).从点 P 向 x 轴作垂线,垂足为 $M(x,0)$,则

$$|PA|=|PM|.$$

又 $|PA|=\sqrt{x^2+(y-1)^2}$,$|PM|=|y|$,则有

$$\sqrt{x^2+(y-1)^2}=|y|,$$

两边平方,得 $\qquad x^2+y^2-2y+1=y^2,$

即

$$x^2-2y+1=0 \text{ 或 } y=\frac{1}{2}x^2+\frac{1}{2}.$$

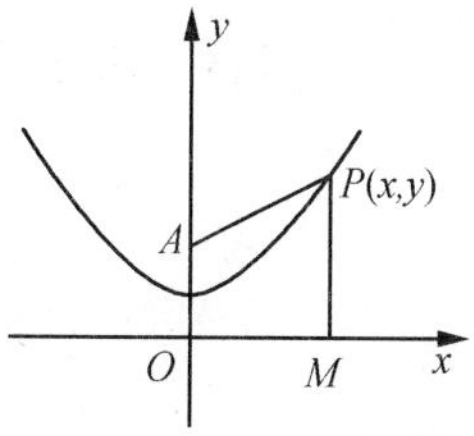

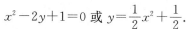

图 1-9

这就是所求的动点 P 的轨迹方程,它的图形是一条抛物线(图 1-9).

▶▶**三、二次曲线**

1. 圆的方程

定义 2 在平面内,到一个定点的距离等于定长的点集称为**圆**,定点称为**圆心**,定长称为**半径**.

(1) 圆的标准方程

$$(x-a)^2+(y-b)^2=r^2,$$

表示以点 $C(a,b)$ 为圆心、r 为半径的圆,

这个方程称为圆的标准方程.

(2) 圆的一般方程

$$x^2+y^2+Dx+Ey+F=0,$$

这个方程称为圆的一般方程.

圆的标准方程直接指明了圆心和半径;圆的一般方程则突出了方程形式上的特征:

(1) x^2 和 y^2 的系数非零且相等;

(2) 二次项 xy(简称交叉项)的系数等于零.

例 3 根据下列条件,求圆的方程:

(1) 圆心在点 $C(-2,1)$,并经过点 $A(2,-2)$;

(2) 圆心在点 $C(1,3)$,并与直线 $3x-4y-7=0$ 相切;

(3) 过点 $(0,1)$ 和点 $(2,1)$,半径为 $\sqrt{5}$.

解 (1) 所求圆的半径

$$r=|CA|=\sqrt{(2+2)^2+(-2-1)^2}=5.$$

又圆的圆心为 $C(-2,1)$，所以所求圆的方程为
$$(x+2)^2+(y-1)^2=25.$$

（2）易知半径为圆心 $(1,3)$ 到直线 $3x-4y-7=0$ 的距离. 根据点到直线的距离公式，有
$$r=\frac{|3\times1-4\times3-7|}{\sqrt{3^2+4^2}}=\frac{16}{5},$$

因此，所求圆的方程为
$$(x-1)^2+(y-3)^2=\frac{256}{25}.$$

（3）设圆心坐标为 (a,b)，则圆的方程为
$$(x-a)^2+(y-b)^2=5.$$

已知圆过点 $(0,1)$ 与 $(2,1)$，代入以上圆的方程，得
$$\begin{cases} a^2+(1-b)^2=5, \\ (2-a)^2+(1-b)^2=5, \end{cases}$$

解得 $a_1=1,b_1=3$ 或 $a_2=1,b_2=-1$.

因此，所求圆的方程为
$$(x-1)^2+(y-3)^2=5 \text{ 或 } (x-1)^2+(y+1)^2=5.$$

2. 椭圆的标准方程

定义 3 在平面内，到两个定点的距离之和等于定长（大于两个定点的距离）的点集，称为**椭圆**. 这两个定点称为椭圆的**焦点**，两个焦点之间的距离称为**焦距**.

（1）椭圆的焦点在 x 轴上时（图 1-10）

设两个焦点的坐标分别为 $F_1(-c,0)$，$F_2(c,0)$，动点 $P(x,y)$. 根据椭圆的概念有
$$|PF_1|+|PF_2|=2a,$$

把坐标代入，化简得
$$\frac{x^2}{a^2}+\frac{y^2}{b^2}=1 (a>b>0).$$

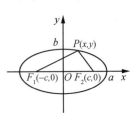

图 1-10

这个方程称为**椭圆的标准方程**. 其中 a,b,c 之间的关系是 $c^2=a^2-b^2$.

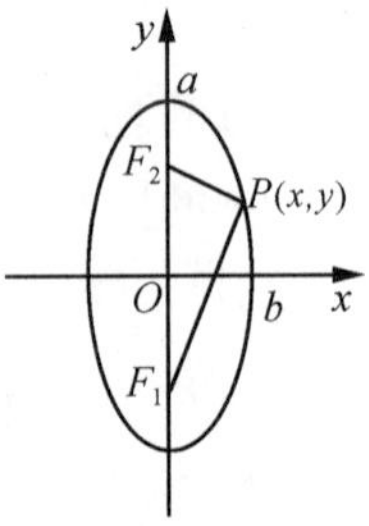

（2）椭圆的焦点在 y 轴上时（图 1-11）

设两个焦点的坐标分别为 $F_1(0,-c)$，$F_2(0,c)$，动点 $P(x,y)$. 可得椭圆的另一标准方程：
$$\frac{y^2}{a^2}+\frac{x^2}{b^2}=1 (a>b>0).$$

图 1-11

其中 a,b,c 之间的关系仍然是 $c^2=a^2-b^2$.

例 4 设椭圆的焦点为 $F_1(-3,0)$，$F_2(3,0)$，$2a=10$，求椭圆的标准方程.

解 由题意知，椭圆的焦点在 x 轴上，因此可设它的标准方程为

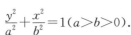

$$\frac{x^2}{a^2}+\frac{y^2}{b^2}=1(a>b>0).$$

由于 $c=3,a=5$，根据 $c^2=a^2-b^2$，得

$$b^2=a^2-c^2=5^2-3^2=4^2.$$

于是，所求椭圆的标准方程为

$$\frac{x^2}{5^2}+\frac{y^2}{4^2}=1.$$

例 5 设椭圆的中心是坐标原点，长轴在 x 轴上，离心率 $e=\frac{\sqrt{3}}{2}$（$e=\frac{c}{a}$ 称为椭圆的离心率）．已知点 $P\left(0,\frac{3}{2}\right)$ 到椭圆上的点的最远距离是 $\sqrt{7}$，求这个椭圆的方程．

解 因为中心在坐标原点，长轴在 x 轴上，所以可设椭圆的方程为

$$\frac{x^2}{a^2}+\frac{y^2}{b^2}=1(a>b>0).$$

因为

$$e^2=\frac{c^2}{a^2}=\frac{a^2-b^2}{a^2}=1-\left(\frac{b}{a}\right)^2,$$

所以

$$\frac{b}{a}=\sqrt{1-e^2}=\frac{1}{2}.$$

设点 $P\left(0,\frac{3}{2}\right)$ 到椭圆上任一点的距离为 d（图 1-12），则

$$\begin{aligned}
d^2&=x^2+\left(y-\frac{3}{2}\right)^2\\
&=a^2\left(1-\frac{y^2}{b^2}\right)+\left(y^2-3y+\frac{9}{4}\right)\\
&=-3\left(y+\frac{1}{2}\right)^2+4b^2+3.
\end{aligned}$$

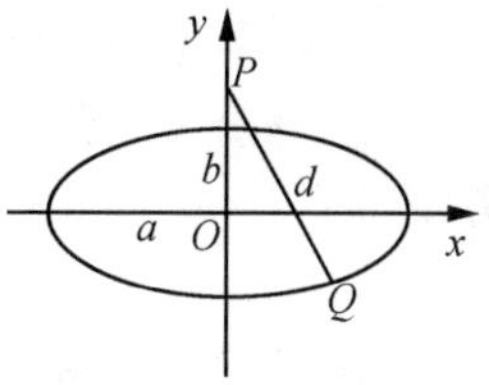

图 1-12

因为 $-b\leqslant y\leqslant b$，所以若 $b<\frac{1}{2}$，则在 $y=-b$ 时，d^2 最大，也就是 d 最大，即有

$$(\sqrt{7})^2=\left(b+\frac{3}{2}\right)^2.$$

由此可得 $b=\sqrt{7}-\frac{3}{2}>\frac{1}{2}$，这与假设 $b<\frac{1}{2}$ 矛盾．所以可知 $b\geqslant\frac{1}{2}$，这时 $y=-\frac{1}{2}$ 时，d^2 有最大值，即 $(\sqrt{7})^2=4b^2+3$，解得 $b=1$，则 $a=2$．

故椭圆的方程为 $\frac{x^2}{4}+y^2=1$．

3.双曲线的标准方程

定义 4 在平面内，到两个定点的距离之差的绝对值等于定长（小于两个定点的距离）的点集，称为**双曲线**．两个定点称为双曲线的**焦点**，两个焦点之间的距离称为**焦距**．

（1）双曲线的焦点在 x 轴上时（图 1-13）

设两个焦点的坐标分别为 $F_1(-c,0)$，$F_2(c,0)$，动点 $P(x,y)$. 根据双曲线的概念，有

$$|PF_1| - |PF_2| = \pm 2a,$$

把坐标代入，化简得

$$\frac{x^2}{a^2} - \frac{y^2}{b^2} = 1(a>0, b>0).$$

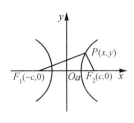

图 1-13

这个方程称为**双曲线的标准方程**，其中 a,b,c 之间的关系是 $c^2 = a^2 + b^2$.

称直线 $y = \pm \dfrac{b}{a}x$ 为双曲线的**渐近线**.

（2）双曲线的焦点在 y 轴上时（图 1-14）

设两个焦点的坐标分别为 $F_1(0,-c)$，$F_2(0,c)$，动点 $P(x,y)$.
类似可得双曲线的另一标准方程：

$$\frac{y^2}{a^2} - \frac{x^2}{b^2} = 1(a>0, b>0).$$

其中 a,b,c 之间的关系仍然是 $c^2 = a^2 + b^2$.

此时双曲线的渐近线为 $y = \pm \dfrac{a}{b}x$.

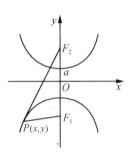

图 1-14

例 6 已知双曲线的两个焦点为 $F_1(-8,0)$，$F_2(8,0)$，双曲线上的点到两个焦点的距离之差的平方为 160，求双曲线的标准方程.

解 由于双曲线的焦点在 x 轴上，因此设它的标准方程为

$$\frac{x^2}{a^2} - \frac{y^2}{b^2} = 1(a>0, b>0).$$

由已知条件得 $c=8$，$(2a)^2=160$，所以 $c^2=64$，$a^2=40$. 根据 $c^2=a^2+b^2$，得

$$b^2 = c^2 - a^2 = 64 - 40 = 24.$$

于是，所求双曲线的标准方程为

$$\frac{x^2}{40} - \frac{y^2}{24} = 1.$$

例 7 已知双曲线 C 经过点 $P(-3, 2\sqrt{3})$，并且与双曲线 $C':16x^2 - 9y^2 = 144$ 有共同的渐近线. 求双曲线 C 的方程.

解 将双曲线 C' 的方程化为 $\dfrac{x^2}{9} - \dfrac{y^2}{16} = 1$，它的渐近线方程为 $y = \pm \dfrac{4}{3}x$.

把点 $P(-3, 2\sqrt{3})$ 的横坐标 $x=-3$ 代入渐近线方程 $y = -\dfrac{4}{3}x$，得 $y = 4 > 2\sqrt{3}$，可知点 P 在第二象限内渐近线 $y = -\dfrac{4}{3}x$ 的下方，所以双曲线 C 的焦点在 x 轴上. 于是可设 C 的方程为 $\dfrac{x^2}{a^2} - \dfrac{y^2}{b^2} = 1$.

因为两条双曲线的渐近线相同，所以

*M*ath

$$\frac{b}{a} = \frac{4}{3}. \qquad ①$$

又因为点 $(-3, 2\sqrt{3})$ 在双曲线上，所以

$$\frac{(-3)^2}{a^2} - \frac{(2\sqrt{3})^2}{b^2} = 1. \qquad ②$$

联立①、②，解方程组，得 $a^2 = \dfrac{9}{4}, b^2 = 4$.

所以双曲线 C 的方程为 $\dfrac{x^2}{\frac{9}{4}} - \dfrac{y^2}{4} = 1$，即 $16x^2 - 9y^2 = 36$.

4. 抛物线的标准方程

定义 5　在平面内，到一个定点和定直线距离相等的点集，称为**抛物线**. 定点称为抛物线的**焦点**，定直线称为抛物线的**准线**.

下表给出了不同情形下抛物线的标准方程：

方程	图形	焦点坐标	准线方程
$y^2 = 2px\,(p>0)$		$\left(\dfrac{p}{2}, 0\right)$	$x = -\dfrac{p}{2}$
$y^2 = -2px\,(p>0)$		$\left(-\dfrac{p}{2}, 0\right)$	$x = \dfrac{p}{2}$
$x^2 = 2py\,(p>0)$		$\left(0, \dfrac{p}{2}\right)$	$y = -\dfrac{p}{2}$
$x^2 = -2py\,(p>0)$		$\left(0, -\dfrac{p}{2}\right)$	$y = \dfrac{p}{2}$

任务实施

要了解跳射的作用,首先必须从篮球运行的抛物线出发,利用物理学的运动原理,求出抛物线的方程式.

如图 1-15 所示建立直角坐标系.设 v 为篮球投出时的速度,θ 为篮球运动方向与水平线所成的投射角,(x_0,y_0) 为篮圈中心的坐标,t 为篮球运行的时间,g 为重力加速度,则由物理学知识有

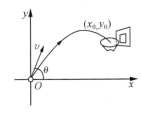

图 1-15

$$\begin{cases} x_0 = v\cos\theta \cdot t, \\ y_0 = v\sin\theta \cdot t - \dfrac{1}{2}gt^2, \end{cases} \quad ①$$

消去 t,得

$$y_0 = x_0\tan\theta - \frac{gx_0^2}{2v^2}(1+\tan^2\theta). \quad ②$$

要投篮成功,最好能让篮球通过 (x_0,y_0).而②式是一个抛物线的方程式,它还可进一步演化为

$$\left(\frac{gx_0^2}{2v^2}\right)\tan^2\theta - x_0\tan\theta + \left(y_0+\frac{gx_0^2}{2v^2}\right)=0, \quad ③$$

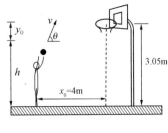

图 1-16

解此关于 $\tan\theta$ 的二次方程,得

$$\tan\theta = \frac{v^2}{gx}\left[1\pm\sqrt{1-\frac{2g}{v^2}\left(y_0+\frac{gx_0^2}{2v^2}\right)}\right]. \quad ④$$

我们的目的是希望得到较高的抛物线,因此只考虑④式中的正根值.为方便讨论 y_0 与 θ 的关系,假定投篮者距离篮底约 4 m(即 $x_0=4$ m),并将球升至离地面 h m 的高度时以 8 m/s 的速度投射(图 1-16).由于篮圈离地面的高度为 3.05 m,因此 $y_0=3.05-h$.再把 g 的数值代入④式,就可找出相应的投射角度 θ.见下表:

篮球离地面的高度 h/m	篮球与篮圈圆心的垂直差距 y_0/m	投射角 θ/(°)
1.85	1.2	67.9
1.95	1.1	68.4
2.05	1.0	68.6
2.15	0.9	68.9

由上表可见,以同样的投射速度计算,在离地面较高的位置把球投出,除了能避开防守队员的拦截外,还可产生较高的抛物线,从而能有较大的机会命中篮圈中心.

16

高等数学

 Math

📖 **课堂练习**

完成下列填空:

1. 直线 $l:6x-2y+5=0$ 的斜率 $k=$_____,倾斜角 $\alpha=$_____,在 x 轴上的截距 $a=$_____,在 y 轴上的截距 $b=$_____,点 $(3,2)$ 到直线 l 的距离为_____.

2. 圆 $x^2+y^2+2x-6y+9=0$ 的圆心坐标为_____,半径为_____,其圆心到直线 $2x+3y-6=0$ 的距离为_____.

3. 长轴是短轴的 3 倍,一个焦点坐标是 $(4,0)$ 的椭圆的标准方程是_____;经过点 $(-\sqrt{5},4)$、$\left(-1,-\dfrac{4\sqrt{15}}{5}\right)$ 的双曲线的标准方程是_____;焦点在圆 $x^2+y^2-4x=0$ 的圆心的抛物线的标准方程是_____.

📖 **应用举例**

例 8 某零件如图 1-17(a)所示,现要加工型面,试求 $R16$ 的圆心位置.

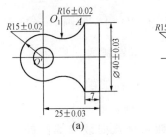 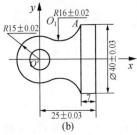

图 1-17

解 根据图形分析,两圆弧外切且 $R16$ 圆弧过平面上 A 点,因此可以确定 $R16$ 的圆心在以 O' 为圆心,$R(15+16)$ 为半径的圆径的圆周上,同时也在以 A 点为圆心,$R16$ 为半径的圆周上.根据以上两个条件,我们可以通过求两个圆的联立方程来确定圆心 O_1 的位置.

建立如图 1-17(b)所示的直角坐标系,根据以上分析,建立两个圆的方程:

$$\begin{cases} x^2+y^2=(15+16)^2, \\ (x-18)^2+(y-20)^2=16^2, \end{cases}$$

解方程组得 $x_1=5.874,x_2=29.654$.

根据图 1-17(b)分析可知,应取 $x=5.874$,此时,$y=\pm30.438$.

因为 y 应取正值,所以 $y=30.438$.

因此 $R16$ 的圆心坐标为 $(5.874,30.438)$.

例 9 某零件如图 1-18(a)所示,$\overparen{ABC}$ 为椭圆弧,其中 AC 过椭圆弧所在椭圆 $\dfrac{x^2}{3600}+\dfrac{y^2}{1600}=1$ 的焦点,试计算加工锥体时的锥度 C.

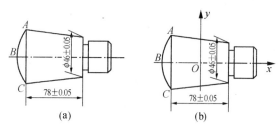

图 1-18

解 建立如图 1-18(b)所示的直角坐标系.根据图示尺寸和条件可知,我们要计算锥度就必须确定大端直径.根据椭圆方程,我们可以设其焦点坐标为 $(-c,0),(c,0)$.

由 $a=60,b=40$,得
$$c=\sqrt{a^2-b^2}=\sqrt{60^2-40^2}=\sqrt{2000}=44.721.$$

再求出 A 点的坐标:$x_A=-c=-44.721$,代入椭圆方程求出 $y_A=26.667$.

从而大端直径 $D=2|y_A|=53.333$,小端直径 $d=46$,$L=78$,则
$$C=\frac{D-d}{L}=\frac{53.333-46}{78}=0.094.$$

例 10 某工件如图 1-19 所示,其中 AB,CD 均为椭圆弧,AD,BC 均为双曲线弧,在加工时需确定 A,B,C,D 四点的坐标,现已知椭圆弧的方程为 $\dfrac{x^2}{80}+\dfrac{y^2}{50}=1$,而双曲线的顶点和椭圆的焦点重合,双曲线的焦点和椭圆长轴的端点重合,试求 A,B,C,D 四点的坐标.

解 根据题设条件可知 A,B,C,D 四点是双曲线和椭圆的交点.

椭圆的半焦距 $c=\sqrt{a^2-b^2}$,则 $a_{双}=c=\sqrt{30}$.

因为椭圆长轴的端点为 $(\pm\sqrt{80},0)$,则 $c_{双}=\sqrt{80}$,所以
$$b_{双}=\sqrt{c_{双}^2-a_{双}^2}=\sqrt{80-30}=\sqrt{50}.$$
因此双曲线的方程为
$$\frac{x^2}{30}-\frac{y^2}{50}=1.$$

图 1-19

联立两方程有
$$\begin{cases}\dfrac{x^2}{80}+\dfrac{y^2}{50}=1,\\[2mm]\dfrac{x^2}{30}-\dfrac{y^2}{50}=1,\end{cases}$$

解方程组,得

$$\begin{cases} x_1 = 6.606, \\ y_1 = 4.767; \end{cases} \begin{cases} x_2 = -6.606, \\ y_2 = 4.767; \end{cases} \begin{cases} x_3 = 6.606, \\ y_3 = -4.767; \end{cases} \begin{cases} x_4 = -6.606, \\ y_4 = -4.767. \end{cases}$$

再根据图形可知,所求四点的坐标分别为

$A(-6.606, 4.767), B(6.606, 4.767), C(6.606, -4.767), D(-6.606, -4.767).$

习题 1-2

A 组

1. 选择正确选项:

(1) 圆 $x^2 + y^2 - 4x + 6y - 3 = 0$ 上到 x 轴距离等于 1 的点有 ( )

(A) 1 个　　　　　(B) 2 个　　　　　(C) 3 个　　　　　(D) 4 个

(2) 方程 $\dfrac{x^2}{2 - \sin\theta} - \dfrac{y^2}{\cos\theta - 2} = 1 (0 < \theta < \pi,$ 且 $\theta \neq \dfrac{\pi}{4})$ 的图形是 ( )

(A) 圆　　　　　(B) 椭圆　　　　　(C) 双曲线　　　　　(D) 抛物线

2. 填空:

(1) 经过直线 $x + 3y + 7 = 0$ 与直线 $3x - 2y - 12 = 0$ 的交点,圆心在 $C(-1, 1)$ 的圆的方程是 _____.

(2) 焦点在坐标轴上,且 $a^2 = 13, c^2 = 12$ 的椭圆的标准方程为 _____;双曲线的两焦点坐标是 $F_1(0, -5), F_2(0, 5), 2a = 8,$ 则双曲线的标准方程为 _____;经过点 $P(4, -2)$ 的抛物线的标准方程为 _____.

3. 根据下列条件求圆的方程:

(1) 圆经过点 $A(0, 2), B(3, -1), C(4, 0)$;

(2) 圆心在 $C(3, -5)$,圆与直线 $x - 7y + 2 = 0$ 相切.

4. 已知椭圆的焦距与长半轴长之和为 13,离心率为 $\dfrac{4}{5}$,求椭圆的标准方程.

5. 已知双曲线的方程为 $x^2 - 15y^2 = 15$,求它的实轴的长、虚轴的长、焦距、焦点坐标、顶点坐标、离心率、渐近线方程.

6. 设抛物线的顶点在坐标原点,焦点在 x 轴上,且过点 $(-6, 3)$,求它的方程.

B 组

1. 选择正确选项:

(1) 下列各对双曲线中,离心率及渐近线都相同的是 ( )

(A) $\dfrac{x^2}{4} - \dfrac{y^2}{5} = 1$ 和 $\dfrac{y^2}{4} - \dfrac{x^2}{5} = 1$　　　　　(B) $\dfrac{x^2}{4} - \dfrac{y^2}{5} = 1$ 和 $\dfrac{y^2}{8} - \dfrac{x^2}{10} = 1$

(C) $\dfrac{y^2}{5}-\dfrac{x^2}{4}=1$ 和 $\dfrac{x^2}{4}-\dfrac{y^2}{5}=1$ (D) $\dfrac{y^2}{4}-\dfrac{x^2}{5}=1$ 和 $\dfrac{y^2}{8}-\dfrac{x^2}{10}=1$

(2) 抛物线 $y^2=-4x$ 上一点到焦点的距离为 4,则它的横坐标是   (　　)

(A) -4 　　　　(B) -3 　　　　(C) -2 　　　　(D) -1

2. 已知椭圆经过点 $A(0,-3)$ 和点 $B(2\sqrt{2},0)$,求此椭圆的标准方程.

3. 已知双曲线的焦距为 16,其中一条渐近线的方程为 $x+\sqrt{3}y=0$,求此双曲线的标准方程.

4. 设抛物线的顶点在坐标原点,对称轴为坐标轴,并经过点 $(5,-4)$,求它的方程.

5. 椭圆的短轴长是 4,中心与抛物线 $y^2=4x$ 的顶点重合,一个焦点与抛物线的焦点重合,求椭圆的标准方程和长轴长.

§1-3　　参数方程与极坐标

学习目标

1. 了解参数方程、极坐标方程的概念.
2. 会进行参数方程、极坐标方程与普通方程之间的互化.
3. 知道圆的渐开线、摆线以及二次曲线的参数方程.
4. 知道心形线、等速螺线的极坐标方程.

任务引入

取一条没有伸缩性的绳子,绕在半径为 r 的圆周上,在绳子的外端拴一支笔,如图 1-20 所示,用笔轻轻拉紧绳子并逐渐展开,使绳子的拉出部分在每一时刻都与圆相切,这样笔尖在圆所在的平面上画出的曲线就是圆的渐开线.那么我们怎么来表达出圆的渐开线方程呢?

图 1-20

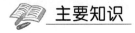 **主要知识**

▶▶ **一、参数方程**

1. 参数方程的概念

在直角坐标平面上,如果曲线 C 上任意一点 P 的坐标 x 和 y,都可以表示为第三个变量 t 的函数

$$\begin{cases} x=f(t), \\ y=g(t), \end{cases}$$

并且对于 t 的每一个允许值,由以上方程组确定的点 $P(x,y)$ 都在曲线 C 上,则称此方程组是曲线 C 的**参数方程**,变量 t 称为**参数**.

例如:圆心在原点,半径为 r 的圆可用参数方程 $\begin{cases} x=r\cos t, \\ y=r\sin t \end{cases}$ (t 为参数)来表示.

中心在原点,对称轴为坐标轴的椭圆可用参数方程 $\begin{cases} x=a\cos t, \\ y=b\sin t \end{cases}$ (t 为参数)来表示.

中心在原点,对称轴为坐标轴的双曲线可用参数方程 $\begin{cases} x=a\sec t, \\ y=b\tan t \end{cases}$ (t 为参数)来表示.

2. 化参数方程为普通方程

相对于参数方程而言,本节之前研究的方程 $F(x,y)=0$ 称为曲线的普通方程.显然,如果能从曲线的参数方程中消去参数,则可得到曲线的普通方程.

对于一些简单的参数方程,可用代入法消去参数;对于含有三角函数的参数方程,可利用三角公式消去参数.这是化参数方程为普通方程的两种常用方法.

例 1 化下列参数方程为普通方程,并指明方程表示的曲线:

$$\begin{cases} x=\dfrac{1}{2}t^2, & \text{①} \\ y=\dfrac{1}{4}t. & \text{②} \end{cases}$$

解 由②式得 $t=4y$,代入①式得

$$x=\frac{1}{2}(4y)^2,\ 即\ y^2=\frac{1}{8}x.$$

它表示顶点在原点,对称轴为 x 轴,焦点在 $\left(\dfrac{1}{32},0\right)$,开口向右的抛物线.

注意,并非每一个参数方程都能化成普通方程.

3. 参数方程的作图

作参数方程的图形的基本方法是描点法.

例 2　作出以下参数方程表示的图形：

$$\begin{cases} x = t^2, \\ y = t^3. \end{cases}$$

解　由于这里的参数 t 可以取一切实数，所以在数 0 的邻近可以取 t 的若干个值代入参数方程，计算对应的 x 和 y 的值，列表如下：

t	$\cdots$	-2	$-\dfrac{3}{2}$	-1	0	1	$\dfrac{3}{2}$	2	$\cdots$
x	$\cdots$	4	$\dfrac{9}{4}$	1	0	1	$\dfrac{9}{4}$	4	$\cdots$
y	$\cdots$	-8	$-\dfrac{27}{8}$	-1	0	1	$\dfrac{27}{8}$	8	$\cdots$

以表中 x 和 y 的各组对应值为点的坐标，在直角坐标系中描点，然后用平滑曲线顺次连结各点，即得所求参数方程表示的图形，如图 1-21 所示：

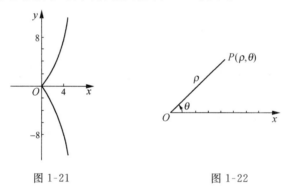

图 1-21　　　　　　　　　　图 1-22

▶▶ 二、极坐标

1. 极坐标系

在直角坐标系中，是用两个距离来确定点的位置，这种方法很重要，但它不是确定点位置的唯一方法. 例如，炮兵射击时，是用方位角和距离来确定目标的位置. 这说明，在有些情况下，可以用一个角度和一个距离来确定点的位置.

如图 1-22 所示，在平面上任取一点 O，由 O 引射线，再选定长度单位和角的正方向（一般取逆时针方向），这样就在平面内建立了一个**极坐标系**. 点 O 称为**极点**，射线 Ox 称为**极轴**.

在极坐标平面上，任意一点 P 的位置，可以用线段 OP 的长度和以 Ox 为始边、OP 为终边的角度来确定.

设点 P 到极点 O 的距离为 ρ，以 Ox 为始边、OP 为终边的角为 θ，则称有序数对 (ρ, θ) 为点 P 的**极坐标**，记作 $P(\rho, \theta)$. ρ 称为点 P 的**极径**，θ 称为点 P 的**极角**.

在此，我们规定：$\rho \geqslant 0$，$-\pi < \theta \leqslant \pi$. 在此规定之下，极坐标平面上的任意一点 P（极点除外）就与它的极坐标 (ρ, θ) 是一一对应的关系. 特别地，极点的极坐标为 $(0, \theta)$，其中 θ 可

高
等
数
学

以取任意实数.

例3 在极坐标平面上,作出极坐标分别为 $A\left(2,\dfrac{\pi}{4}\right)$,

$B\left(3,\dfrac{2\pi}{3}\right)$,$C\left(5,-\dfrac{5\pi}{6}\right)$,$D\left(6,-\dfrac{\pi}{12}\right)$,$E\left(6,-\dfrac{\pi}{2}\right)$,$F(4,\pi)$

的点.

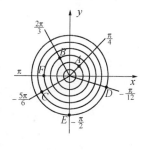

图 1-23

解 如图 1-23 所示,过极点 O 作射线 OA,使 OA 与 Ox 成

$\dfrac{\pi}{4}$ 角;再在射线 OA 上取点 A,使 $|OA|=2$,则点 A 即为极坐标

为 $\left(2,\dfrac{\pi}{4}\right)$ 的点.

类似地,可以在极坐标系中作出点 B,C,D,E,F.

2. 极坐标与直角坐标的互化

极坐标系和直角坐标系是两种不同的坐标系,同一个点可以用极坐标表示,也可以用直角坐标表示,下面研究这两种坐标在一定条件下的互化方法.

如图 1-24 所示,设在平面上取定了一直角坐标系.如果以原点为极点、x 轴为极轴,则得到一个极坐标系.

于是,平面上任意一点 P 的极坐标 (ρ,θ) 和直角坐标 (x,y) 之间,具有下列关系:

$$\begin{cases} x=\rho\cos\theta, \\ y=\rho\sin\theta. \end{cases} \qquad ①$$

根据①式,又可推导出下列关系式:

$$\begin{cases} \rho=\sqrt{x^2+y^2}, \\ \tan\theta=\dfrac{y}{x} \end{cases} (x\neq 0). \qquad ②$$

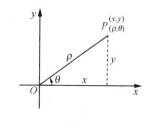

图 1-24

利用①式,可将点的极坐标化为直角坐标;利用②式,可将点的

直角坐标化为极坐标.其中注意:利用 $\tan\theta$ 求 θ 时,要根据点 $P(x,y)$ 所在的象限来确定 θ 所

在的象限.特别地,当 $x=0$ 时,$\tan\theta$ 不存在,这时若 $y>0$,则 $\theta=\dfrac{\pi}{2}$;若 $y<0$,则 $\theta=-\dfrac{\pi}{2}$.

例4 将点 P 的极坐标 $\left(2,\dfrac{5\pi}{6}\right)$ 化为直角坐标.

解 将已知点 P 的极坐标代入①式,得

$$x=\rho\cos\theta=2\cos\dfrac{5\pi}{6}=2\times\left(-\dfrac{\sqrt{3}}{2}\right)=-\sqrt{3},$$

$$y=\rho\sin\theta=2\sin\dfrac{5\pi}{6}=2\times\dfrac{1}{2}=1.$$

所以点 P 的直角坐标为 $(-\sqrt{3},1)$.

例5 把下列各点的直角坐标化为极坐标:

(1) $M(-1,1)$;(2) $N(0,-4)$.

解 （1）将已知点 M 的直角坐标代入②式，得

$$\rho = \sqrt{x^2+y^2} = \sqrt{(-1)^2+1^2} = \sqrt{2},$$

因为 $x=-1<0, y=1>0$，

所以极角 $\theta \in \left(\dfrac{\pi}{2}, \pi\right)$.

又 $\tan\theta = \dfrac{y}{x} = \dfrac{1}{-1} = -1$，

所以极角 $\theta = \dfrac{3\pi}{4}$.

从而点 M 的极坐标为 $\left(\sqrt{2}, \dfrac{3\pi}{4}\right)$.

（2）$\rho = \sqrt{x^2+y^2} = \sqrt{0^2+(-4)^2} = 4$，

因为 $x=0, y=-4<0$，

所以极角 $\theta = -\dfrac{\pi}{2}$.

从而点 N 的极坐标为 $\left(4, -\dfrac{\pi}{2}\right)$.

3. 曲线的极坐标方程

在直角坐标平面上，曲线可以用关于 x, y 的二元方程 $F(x, y)=0$ 来表示，这种方程也称为曲线的**直角坐标方程**. 类似地，在极坐标平面上，曲线也可以用关于 ρ, θ 的二元方程 $G(\rho, \theta)=0$ 来表示，这种方程称为曲线的**极坐标方程**.

类似于曲线直角坐标方程的求法，可以求出曲线的极坐标方程. 设 $P(\rho, \theta)$ 是曲线上的任意一点，把曲线看作适合某种条件的点的轨迹，根据已知条件，求出关于 ρ, θ 的关系式，并化简整理得 $G(\rho, \theta)=0$，即为曲线的极坐标方程.

例 6 求圆心在 $C\left(r, \dfrac{\pi}{2}\right)$、半径为 r 的圆的极坐标方程.

解 如图 1-25 所示，由题意知，所求圆的圆心在垂直于极轴且位于极轴上方的射线上，且圆周经过极点. 设圆与垂直于极轴的射线的另一交点为 A，则 A 点的极坐标为 $\left(2r, \dfrac{\pi}{2}\right)$.

设圆上任意一点为 $P(\rho, \theta)$，连结 PA，则

$$|OP| = \rho, \angle POx = \theta.$$

在 $\mathrm{Rt}\triangle POA$ 中，由于 $\cos\angle POA = \dfrac{|OP|}{|OA|}$，所以

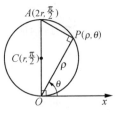

图 1-25

$$\cos\left(\dfrac{\pi}{2}-\theta\right) = \dfrac{\rho}{2r}, \text{ 即 } \sin\theta = \dfrac{\rho}{2r},$$

所以 $\rho = 2r\sin\theta$ 为所求圆的极坐标方程.

我们知道，在直角坐标系中，$x=k$（k 为常数）表示一条平行于 y 轴的直线；$y=k$（k 为

常数)表示一条平行于 x 轴的直线. 我们可以证明(具体从略),在极坐标系中,$\rho = k$(k 为常数)表示圆心在极点、半径为 k 的圆;$\theta = k$(k 为常数)表示极角为 k 的一条射线(过极点).

4. 极坐标方程的作图

根据已知的极坐标方程作其图形的基本方法是描点法.

例 7 作 $\rho = a(1 + \cos\theta)(a > 0, -\pi < \theta \leqslant \pi)$ 的图形.

解 首先,由于 $\theta = 0$ 时,$\rho = 2a$,$\theta = \pi$ 时,$\rho = 0$,所以曲线过极点,且与极轴相交于点 $(2a, 0)$. 其次,在方程 $\rho = a(1 + \cos\theta)$ 中,由于 $\cos(-\theta) = \cos\theta$,所以 $\theta \in (-\pi, 0)$ 与 $\theta \in (0, \pi)$ 对应的曲线关于极轴对称.

取 $\theta \in (0, \pi)$,把 θ 与 ρ 的部分对应数值列表如下:

θ	0	$\dfrac{\pi}{6}$	$\dfrac{\pi}{4}$	$\dfrac{\pi}{3}$	$\dfrac{\pi}{2}$	$\dfrac{2\pi}{3}$	$\dfrac{3\pi}{4}$	$\dfrac{5\pi}{6}$	π
ρ	$2a$	$1.87a$	$1.71a$	$1.5a$	a	$0.5a$	$0.29a$	$0.13a$	0

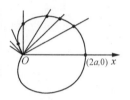

图 1-26

描点连线,得 $\theta \in [0, \pi]$ 时的曲线;利用对称性,得 $\theta \in (-\pi, 0)$ 时的曲线. 如图 1-26 所示,这条曲线称为**心形线**(或**心脏线**).

作极坐标方程的图形,有时也可先把极坐标方程化为直角坐标方程,然后作图.

任务实施

一般地,设直线与圆相切,当直线沿着圆周做无滑动的滚动时,动直线上一个定点的轨迹,称为圆的**渐开线**,动直线称为渐开线的**发生线**,定圆称为渐开线的**基圆**.

如图 1-27 所示,设 A 为基圆上渐开线的起始点,以基圆的圆心为原点,连结 OA 的直线为 x 轴,建立直角坐标系. 设基圆的半径 $OB = r$,$P(x, y)$ 为渐开线上的任意一点,PB 是基圆的切线. 取以 OA 为始边、OB 为终边的正角 $\angle AOB = t$ rad 为参数,由渐开线的定义知

$$|PB| = |\overset{\frown}{AB}| = rt.$$

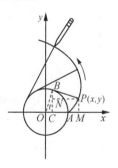

图 1-27

过 B 作 $BC \perp x$ 轴,垂足为 C;过 P 分别作 $PM \perp x$ 轴、$PN \perp BC$,垂足分别为 M,N,则 $\angle NBP = t$,于是

$$x = |OM| = |OC| + |CM| = |OC| + |NP|$$
$$= |OB|\cos t + |PB|\sin t = r\cos t + rt\sin t,$$
$$y = |PM| = |CN| = |CB| - |NB| = |OB|\sin t - |PB|\cos t = r\sin t - rt\cos t.$$

所以圆的渐开线的参数方程为

$$\begin{cases} x = r(\cos t + t\sin t), \\ y = r(\sin t - t\cos t). \end{cases}$$

在机械传动中,传递动力的齿轮,大多采用圆的渐开线作为齿廓线. 这种齿轮具有啮

合传动平稳、强度好、磨损少、制造和装配都较方便等优点.

 课堂练习

1. 化下列参数方程为普通方程,并指明方程表示的曲线:

$(1)\begin{cases} x=3-2t, \\ y=\dfrac{1}{2}t; \end{cases}$ $(2)\begin{cases} x=3+\cos t, \\ y=-2+\sin t. \end{cases}$

2. 在极坐标系中作出下列各点:

$(1)\ A\left(2,\dfrac{\pi}{3}\right);$ $(2)\ B(1,\pi);$ $(3)\ C\left(3,-\dfrac{\pi}{4}\right).$

3. 求经过点 $A(2,0)$,倾斜角 $\alpha=\dfrac{\pi}{4}$ 的直线的极坐标方程.

应用举例

1. 摆线及其参数方程

设直线与圆相切,当圆沿着直线做无滑动的滚动时,动圆圆周上一个定点的轨迹,称为**摆线**(或**旋轮线**). 动圆称为摆线的**生成圆**,定直线称为摆线的**基准线**.

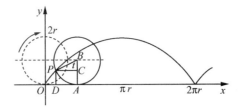

图 1-28

如图 1-28 所示,设摆线的基准线与生成圆相切的初始切点为 O,以 O 为原点、基准线为 x 轴、生成圆的滚动方向为 x 轴的正方向,建立直角坐标系. 设生成圆的半径为 r,$P(x, y)$ 为摆线上的任意一点,这时生成圆的圆心移至点 B,且与 x 轴相切于点 A. 取 $\angle PBA=t$ rad 为参数,则由摆线的定义知

$$|OA|=\overset{\frown}{PA}=rt.$$

过 P 分别作 $PD\perp x$ 轴,$PC\perp AB$,垂足分别为 D,C,则

$$x=|OD|=|OA|-|DA|=|OA|-|PC|=rt-|PB|\sin t=rt-r\sin t,$$
$$y=|DP|=|AC|=|AB|-|CB|=r-|PB|\cos t=r-r\cos t.$$

所以,摆线的参数方程为

$$\begin{cases} x=r(t-\sin t), \\ y=r(1-\cos t). \end{cases}$$

高等数学

 Math

生成圆沿着基准线每滚动一周所得到的摆线,称为摆线的一拱.显然,每一拱摆线的拱宽为 $2\pi r$,拱高为 $2r$.

由于采用摆线作为齿廓线的齿轮,具有传动精度好、耐磨损等优点,所以在精密度要求较高的钟表工业和仪表工业中,广泛采用摆线作为齿轮的齿廓线.

2. 等速螺线

设一个动点沿着一条射线做等速运动,同时这条射线又绕着它的端点做等角速旋转运动,这个动点的轨迹称为**等速螺线**(或阿基米德螺线).

下面我们来建立等速螺线的极坐标方程,如图 1-29 所示,设 O 为射线 l 的端点,以 O 为极点,l 的初始位置为极轴,建立极坐标系.设动点 $P(\rho,\theta)$ 在射线 l 上的初始位置为 $P_0(\rho_0,0)$,并设动点 P 沿射线 l 做直线运动的速度为 v,射线 l 绕着点 O 做旋转运动的角速度为 ω,则由等速螺线的定义知,经过时间 t 的动点 P 的极坐标 (ρ,θ) 满足下列关系式:

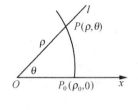

图 1-29

$$OP - OP_0 = \rho - \rho_0 = vt,$$
$$\theta = \omega t,$$

即

$$\rho = \rho_0 + vt,$$
$$\theta = \omega t.$$

这样,等速螺线关于时间 t 的参数方程为

$$\begin{cases} \rho = \rho_0 + vt, \\ \theta = \omega t. \end{cases}$$

消去时间参数 t,得

$$\rho = \rho_0 + \frac{v}{\omega}\theta.$$

由于式中 v 和 ω 均为已知常数,所以可以令 $\dfrac{v}{\omega} = a(a\neq 0)$,则得极坐标方程为

$$\rho = \rho_0 + a\theta(a\neq 0).$$

特别地,当 $\rho_0 = 0$ 时,即动点 P 从极点 O 开始运动时,等速螺线的极坐标方程为 $\rho = a\theta$.

在机械传动过程中,经常需要把旋转运动变成直线运动,凸轮是实现这种运动变换的重要部件,而常用凸轮的轮廓线就是等速螺线的一部分.

车床夹具三爪卡盘的三个卡爪具有**等进性**.这是因为,在三爪卡盘的正面,有一条等速螺线的凹槽,当凹槽旋转 θ 角时,三个卡爪就在凹槽内沿着经过中心的射线方向同时伸缩相同的距离,从而保证被加工工件的中心始终位于卡盘的中心线上.

例 8 一凸轮如图 1-30(a)所示,已知凸轮的基圆半径 $R = 60$ mm,要求:

(1)当转角 θ 自 0 旋转到 $\dfrac{5\pi}{6}$ 时,推杆等速上升 60 mm;

（2）当转角 θ 自 $\dfrac{5\pi}{6}$ 旋转到 $\dfrac{10\pi}{9}$ 时，推杆等速下降 60 mm；

（3）当转角 θ 自 $\dfrac{10\pi}{9}$ 旋转到 2π 时，推杆保持不动.

试求凸轮轮廓曲线的极坐标方程.

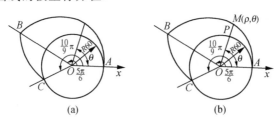

图 1-30

解 首先作出基圆 $R=60$，以基圆圆心为极点，过极点作射线 Ox 为极轴，与基圆交于 A 点，设曲线弧 $\overset{\frown}{AB}$，弧 $\overset{\frown}{BC}$，弧 $\overset{\frown}{CA}$ 分别为 $0\leqslant\theta<\dfrac{5\pi}{6}$，$\dfrac{5\pi}{6}\leqslant\theta<\dfrac{10\pi}{9}$，$\dfrac{10\pi}{9}\leqslant\theta<2\pi$ 范围内的凸轮轮廓曲线（图 1-30（b））.

（1）根据题设要求，弧 $\overset{\frown}{AB}$ 段的作用是将凸轮的等速转动变为推杆的等速直线运动，因此它为等速螺线，设其方程为

$$\rho=a+b\theta(a,b \text{ 为待定系数}).$$

因为 $A(60,0)$，$B\left(120,\dfrac{5\pi}{6}\right)$ 在曲线上，代入方程，得

$$\begin{cases} 60=a+0\cdot b, \\ 120=a+\dfrac{5\pi}{6}b. \end{cases}$$

解得 $a=60$，$b=\dfrac{72}{\pi}$. 所以 $\rho=60+\dfrac{72}{\pi}\theta\left(0\leqslant\theta<\dfrac{5\pi}{6}\right)$.

这就是 $0\leqslant\theta<\dfrac{5\pi}{6}$ 范围内凸轮轮廓曲线 AB 段的极坐标方程.

（2）类似可求得弧 $\overset{\frown}{BC}$ 段的极坐标方程为

$$\rho=300-\dfrac{216}{\pi}\theta\left(\dfrac{5\pi}{6}\leqslant\theta<\dfrac{10\pi}{9}\right).$$

（3）根据题设要求，$\overset{\frown}{CA}$ 为圆弧，其极坐标方程为

$$\rho=60\left(\dfrac{10\pi}{9}\leqslant\theta<2\pi\right).$$

由线 $\rho=60+\dfrac{72}{\pi}\theta$，$\rho=300-\dfrac{216}{\pi}\theta$，$\rho=60$ 组成所求的凸轮轮廓曲线.

习题 1-3

A 组

1. 已知一齿轮的齿廓线为圆的渐开线,它的基圆直径为 300 mm,写出此齿廓线所在的渐开线的参数方程.

2. 在极坐标系中作出下列各点:

(1) $A\left(2,\dfrac{\pi}{6}\right)$;　　(2) $B\left(3,-\dfrac{2\pi}{3}\right)$;　　(3) $C\left(1,\dfrac{\pi}{2}\right)$;　　(4) $D(1,\pi)$.

3. 将下列直角方程化为极坐标方程:

(1) $x=1$;　　　　　　　　(2) $2x-y=0$.

4. 将下列极坐标方程化为直角坐标方程:

(1) $\rho=1$;　　　　　　　　(2) $\theta=\dfrac{\pi}{3}$.

5. 求圆心在 $\left(2,\dfrac{\pi}{2}\right)$,半径为 2 的圆的极坐标方程.

B 组

1. 已知摆线的生成圆的直径为 80 mm,写出此摆线的参数方程,并求其一拱的拱宽和拱高.

2. 把下列极坐标方程化为直角坐标方程:

(1) $\rho\cos\theta=4$;　　　　(2) $\rho=5$;　　　　(3) $\rho=2r\sin\theta$.

3. 用描点法,在极坐标平面上作出等速螺线 $\rho=4+2\theta(0\leqslant\theta<2\pi)$.

4. 某样板如图所示,试根据图示尺寸求 $R16\pm0.02$ 的圆心 O_1 的坐标 (x_{01},y_{01}).

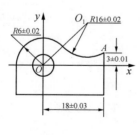

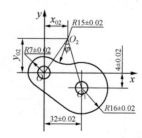

第 4 题　　　　　　　　　　第 5 题

5. 如图所示某模板,试根据图示尺寸求 $R15\pm0.02$ 的圆心 O_2 的坐标 (x_{02},y_{02}) 及夹角 φ.

§1-4　复　数

学习目标

1. 了解复数的概念.
2. 会进行复数代数形式的四则运算.
3. 会进行复数三角形式、指数形式、极坐标形式的乘除运算.
4. 会求实系数一元二次方程的复数解.
5. 了解复数在电工学中的简单应用.

任务引入

在数的发展史上,人们从认识自然数开始,然后逐步从自然数扩充到整数、有理数,直至将有理数扩充到实数,一切运算都是在实数范围内进行的.对一元二次方程 $ax^2+bx+c=0$ 来说,只有当判别式 $\Delta=b^2-4ac\geq0$ 时有解,这是因为负数不能开平方.那么如何解决 $\Delta=b^2-4ac<0$ 时一元二次方程 $ax^2+bx+c=0$ 的求解问题呢?

主要知识

▶▶ 一、复数的概念

1. 虚数单位

为了解决负数不能开平方的问题,我们引进一个新的数 i,并规定:

(1) 它的平方等于 -1,即 $i^2=-1$;

(2) 它和实数在一起,可以按实数的四则运算法则进行运算.

数 i 称为**虚数单位**①.

显然,i 就是 -1 的一个平方根.

又因为 $(-i)^2=i^2=-1$,所以 $-i$ 是 -1 的另一个平方根.

根据上面的规定,可以推出虚数单位具有如下性质:

---

① 虚数单位在数学上习惯用 i 表示,在电学中为了区别于电流强度的符号,虚数单位一般用 j 表示.

$i^1 = i$,　　　　　$i^2 = -1$,

$i^3 = i^2 \cdot i = -i$,　　$i^4 = i^2 \cdot i^2 = 1$,

$i^5 = i^4 \cdot i = i$,　　　$\cdots$.

一般地,如果 n 是正整数,那么

$i^{4n} = 1$,　　　$i^{4n+1} = i$,　　　$i^{4n+2} = -1$,　　　$i^{4n+3} = -i$.

我们规定: $i^0 = 1, i^{-m} = \dfrac{1}{i^m} (m \in \mathbf{N})$. 可以证明虚数单位 i 的上述特性,对一切整数 n 都成立.

2. 复数的概念

(1)复数的概念

引入虚数单位并规定它的运算之后,i 可以先和实数 b 相乘,再和实数 a 相加,得到形如 $a+bi$ 的数,如:

$$-2+3i, 5-\sqrt{2}i, 0+4i.$$

我们称这样的数为**复数**,一般用小写英文字母 z 表示,即 $z = a+bi(a, b \in \mathbf{R})$,其中 a 称为复数 z 的**实部**,b 称为复数 z 的**虚部**. 例如:

$$-\frac{1}{2}+\frac{\sqrt{3}}{2}i\left(a = -\frac{1}{2}, b = \frac{\sqrt{3}}{2}\right), 5-\sqrt{2}i\left(a = 5, b = -\sqrt{2}\right),$$

$$6(a = 6, b = 0), -i(a = 0, b = -1)$$

都是复数.

对复数 $z = a+bi$,当 $b = 0$ 时,$z = a+0i = a$ 是一个实数;当 $b \neq 0$ 时,$z = a+bi$ 称为**虚数**,其中 $b \neq 0, a = 0$ 时,$z = 0+bi = bi$ 称为**纯虚数**.

由此可知,复数包含着所有的实数和虚数.

例 1　实数 n 取何值时,复数 $z = (n+3)+(6-3n)i$ 是:

(1)实数;　　(2)纯虚数.

解　(1) 当 z 的虚部 $6-3n = 0$,即 $n = 2$ 时,$z = 5$ 是实数.

(2) 当 z 的实部 $n+3 = 0$,即 $n = -3$ 时,复数 $z = 15i$ 是纯虚数.

引入复数以后,数的范围得到了扩充,复数可以分类如下:

$$复数\ a+bi \begin{cases} 实数\ a(b=0) \begin{cases} 有理数 \\ 无理数 \end{cases} \\ 虚数\ a+bi(b \neq 0) —— 纯虚数(a=0, b \neq 0) \end{cases}$$

全体复数组成的集合称为复数集,记作 **C**,显然实数集 **R** 是复数集 **C** 的真子集,即 **R** ⊂ **C**.

(2) 复数的相等与共轭复数

我们规定:如果两个复数的实部相等,虚部也相等,则称这两个复数相等,即

$$a+bi = c+di \Leftrightarrow a = c, b = d.$$

例 2　已知 $(2x-1)+i = 1-(3-y)i$,其中 x, y 是实数,求 x 和 y.

解 根据复数相等的条件,得

$$\begin{cases} 2x-1=1, \\ 1=-(3-y), \end{cases}$$

解此方程组,得 $x=1, y=4$.

说明 两个实数可以比较大小,但两个不全是实数的复数不能比较大小.

当两个复数的实部相等,虚部互为相反数时,这两个复数称为**共轭复数**.

复数 $z=a+bi$ 的共轭复数记为 $\bar{z}$,显然 $\bar{z}=a-bi$.

例如,复数 $z=3-2i$ 的共轭复数为 $\bar{z}=3+2i$;复数 $z=-3+4i$ 的共轭复数为 $\bar{z}=-3-4i$;复数 $z=3i$ 的共轭复数为 $-3i$;复数 $z=3+0i$ 与 $\bar{z}=3-0i$ 是一对共轭复数,由此可知实数的共轭复数就是它本身.

(3) 复数的几何表示方法

① 用直角坐标平面内的点表示复数

由复数相等的定义可知,任何一个复数 $a+bi$ 都可以由一对有序实数 (a,b) 唯一确定;反之,任何一对有序实数 (a,b) 唯一确定一个复数 $a+bi$. 因此,复数 $z=a+bi$ 与平面直角坐标系中的点 $Z(a,b)$ 是一一对应关系,于是可以在平面直角坐标系中,用横坐标为 a,纵坐标为 b 的点 $Z(a,b)$ 表示复数 $z=a+bi$,如图 1-31 所示.

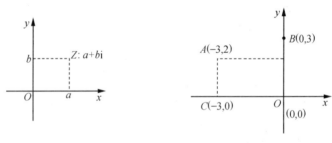

图 1-31   图 1-32

由图 1-31 可知:$b=0$ 时,复数 $z=a+0i=a$ 是实数,它对应的点 $Z(a,0)$ 都在 x 轴上,所以 x 轴称为实轴;$a=0, b\neq0$ 时,复数 $z=0+bi=bi$ 是纯虚数,它对应的点 $Z(0,b)$ 都在 y 轴上,所以除去原点的 y 轴称为虚轴.

我们称这种用来表示复数的直角坐标平面为**复平面**. 复数 $z=a+bi$ 与复平面上的点 $Z(a,b)$ 是一一对应关系.

例 3 用复平面内的点表示复数:$-3+2i, 3i, -2, 0$.

解 如图 1-32 所示,复数 $-3+2i$ 用点 $A(-3,2)$ 表示;复数 $3i$ 用点 $B(0,3)$ 表示;复数 -2 用点 $C(-2,0)$ 表示,复数 0 用 $O(0,0)$ 表示.

② 用向量表示复数

如图 1-33 所示,如果复平面内的点 Z 表示复数 $a+bi$,连结原点 O 和点 Z,并且把 O 看成线段 OZ 的起点,Z 点看成 OZ 的终点,那么线段 OZ 就是一条有方向的线段,这样一条线段称为**向**

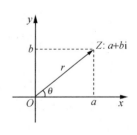

图 1-33

量,记作 $\overrightarrow{OZ}$.

根据以上规定,以原点 O 为起点的向量 $\overrightarrow{OZ}$ 与点 $Z(a,b)$ 是一一对应的关系,又因为点 $Z(a,b)$ 与复数 $z=a+bi$ 是一一对应关系,所以复数 $z=a+bi$ 与复平面内的向量 $\overrightarrow{OZ}$ 也是一一对应的关系,即:

复数 $z=a+bi\leftrightarrow$ 点 $Z(a,b)\leftrightarrow$ 向量 $\overrightarrow{OZ}$.

这样,复数 $z=a+bi$ 也可以用复平面上的向量 $\overrightarrow{OZ}$ 来表示,为了方便,有时也把 $z=a+bi$ 说成是向量 $\overrightarrow{OZ}$,或说成是点 $Z(a,b)$.

例 4 在复平面上作出复数 $z=2+3i$ 及其共轭复数对应的向量.

解 因为 $z=2+3i$,所以 $\bar{z}=2-3i$.

如图 1-34 所示,在复平面上作出点 $Z(2,3)$,连结 OZ,得复数 $z=2+3i$ 对应的向量 $\overrightarrow{OZ}$;作出点 $Z'(2,-3)$,连结 OZ',得复数 $\bar{z}=2-3i$ 对应的向量 $\overrightarrow{OZ'}$.

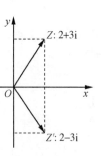

图 1-34

由图 1-34 可以看出,互为共轭的复数对应的向量,总是关于实轴对称.

▶▶ 二、复数的模与主幅角

由图 1-33 可知,向量 $\overrightarrow{OZ}$ 的长度 $|\overrightarrow{OZ}|$ 表示了向量的大小,也称为复数 z 的**模**,通常用 r 表示,记作 $|z|$.

显然 $r=|\overrightarrow{OZ}|=|z|=|a+bi|=\sqrt{a^2+b^2}$.

例如,$|3+4i|=\sqrt{3^2+(-4)^2}=5$;

$|-\sqrt{3}i|=\sqrt{0^2+(-\sqrt{3})^2}=\sqrt{3}$;

$\left|-\dfrac{2}{3}\right|=\sqrt{\left(-\dfrac{2}{3}\right)^2+0^2}=\dfrac{2}{3}$.

同时,如图 1-33 所示,以实轴的正半轴为始边、向量 $\overrightarrow{OZ}$ 所在的射线为终边的角 θ,称为复数 $z=a+bi$ 的**幅角**.

显然,非零复数的幅角有无数多个值,它们彼此相差 2π 的整数倍,为了实际需要,本书把适合于 $-\pi<\theta\leqslant\pi$ 的幅角 θ 称为**主幅角**,记作 $\arg z$,θ 的值称为幅角的主值,并规定:要用主幅角表示复数 $z=a+bi$ 的幅角.

由图 1-33 可以看出,要确定复数 $a+bi(a\neq0)$ 的幅角 θ,可以应用公式:

$$\tan\theta=\frac{b}{a}(a\neq0).$$

其中 θ 所在的象限就是与复数相对应的点 $Z(a,b)$ 所在的象限.

例 5 求下列复数的模和主幅角:

(1) $z_1 = \sqrt{3} + i$；(2) $z_2 = 3i$；(3) $z_3 = -2$；(4) $z_4 = 1 - \sqrt{3}i$.

解 (1) $|z_1| = |\sqrt{3} + i| = \sqrt{(\sqrt{3})^2 + 1^2} = 2$.

因为 $a = \sqrt{3}, b = 1, \tan\theta = \dfrac{1}{\sqrt{3}}$，点 $Z_1(\sqrt{3}, 1)$ 在第 I 象限内，

所以主幅角 $\arg z_1 = \dfrac{\pi}{6}$.

(2) $|z_2| = |3i| = \sqrt{0^2 + 2^2} = 3$.

因为 $a = 0, b = 3 > 0$，点 $Z_2(0, 3)$ 在虚轴的正半轴上，

所以主幅角 $\arg z_2 = \dfrac{\pi}{2}$.

(3) $|z_3| = |-2| = 2$.

因为 $a = -2 < 0, b = 0$，点 $Z_3(-2, 0)$ 在实轴的负半轴上，所以 $\arg z_3 = \pi$.

(4) $|z_4| = |1 - \sqrt{3}i| = \sqrt{1^2 + (-\sqrt{3})^2} = 2$.

因为 $a = 1, b = -\sqrt{3}, \tan\theta = -\sqrt{3}$，点 $Z_4(1, -\sqrt{3})$ 在第 IV 象限，

所以主幅角 $\arg z_4 = -\dfrac{\pi}{3}$.

 课堂练习

完成下列填空：

1. $i^{39} = $ _____，$2i \cdot 4i \cdot (-7i) = $ _____，$(-2i^3)(-3i^9) = $ _____.

2. 复数 $z_1 = 3 - 5i$ 的实部为 _____，虚部为 _____，共轭复数为 _____；复数 $z_2 = -2$ 的实部为 _____，虚部为 _____，共轭复数为 _____；复数 $z_3 = -2i$ 的实部为 _____，虚部为 _____，共轭复数为 _____.

3. 复数 $z_1 = 2 + 2i$ 的模为 _____，主幅角为 _____；复数 $z_2 = -1 + \sqrt{3}i$ 的模为 _____，主幅角为 _____.

4. 若 $(3x + 2y) + (5x - y)i = 17 - 2i$，其中 x, y 是实数，则 $x = $ _____，$y = $ _____.

▶▶▶ **三、复数的表示形式**

1. 复数的代数形式

我们把 $z = a + bi (a, b \in \mathbf{R})$ 称为复数的**代数形式**.

2. 复数的三角形式

设复数 $z = a + bi$ 的模为 r，主幅角为 θ(图 1-33)，可以看出：

$$\begin{cases} a = r\cos\theta, \\ b = r\sin\theta, \end{cases}$$

所以

$$z = a + bi = r\cos\theta + ir\sin\theta = r(\cos\theta + i\sin\theta).$$

其中 $r = \sqrt{a^2 + b^2}$, $\cos\theta = \dfrac{a}{r}$, $\sin\theta = \dfrac{b}{r}$ 或 $\tan\theta = \dfrac{b}{a}$ ($a \neq 0$).

我们把 $r(\cos\theta + i\sin\theta)$ 称为复数的**三角形式**.

说明　复数的三角形式中,幅角 θ 的大小可以用弧度表示,也可以用角度表示,可以写主值,也可以用角的一般形式表示,即在主值上加 $2k\pi$ 或 $k \cdot 360°$ ($k \in \mathbf{Z}$). 为了简便起见,在将复数的代数形式化为三角形式时,θ 一般只写主值.

3. 复数的指数形式

在高等数学里,有这样一个结论:模为 1,主幅角为 θ (θ 以弧度为单位)的复数 $\cos\theta + i\sin\theta$ 可以用 $e^{i\theta}$ 来表示,即

$$e^{i\theta} = \cos\theta + i\sin\theta.$$

其中 $e = 2.71828\cdots$ 是一个无理数,这个等式称为**欧拉(Euler)公式**,在上述公式的两边同乘以复数的模 r,则

$$r(\cos\theta + i\sin\theta) = re^{i\theta}.$$

$re^{i\theta}$ 称为复数的**指数形式**.

4. 复数的极坐标形式

由于在复数的三角形式 $z = r(\cos\theta + i\sin\theta)$ 中,任何一个复数是由模 r 和主幅角 θ 唯一确定的,所以在电工学中还经常用到更简洁的记号 $r\angle\theta$ 来表示复数,即

$$z = r(\cos\theta + i\sin\theta) = r\angle\theta.$$

表达式 $r\angle\theta$ 称为复数的**极坐标形式**,其中 θ 可用弧度表示,也可用角度表示.

例 6　把复数 $z = -1 + \sqrt{3}i$ 表示为三角形式、指数形式和极坐标形式.

解　因为 $a = -1$, $b = \sqrt{3}$,所以 $r = \sqrt{(-1)^2 + (\sqrt{3})^2} = 2$.

因为点 $Z(-1, \sqrt{3})$ 在第二象限,$\tan\theta = \dfrac{\sqrt{3}}{-1} = -\sqrt{3}$,

所以主幅角 $\arg z = \pi - \dfrac{\pi}{3} = \dfrac{2\pi}{3}$.

因此 $-1 + \sqrt{3}i = 2\left(\cos\dfrac{2\pi}{3} + i\sin\dfrac{2\pi}{3}\right)$　(三角形式)

$\qquad\qquad = 2e^{i \cdot \frac{2\pi}{3}}$ 　　　　　(指数形式)

$\qquad\qquad = 2\angle\dfrac{2\pi}{3}$. 　　　　(极坐标形式)

例 7　把复数 $z = -2i$ 化为三角形式、指数形式和极坐标形式.

解　因为 $a = 0$, $b = -2$,所以 $r = \sqrt{0^2 + (-2)^2} = 2$.

因为点 $Z(0,-2)$ 在虚轴的负半轴上,所以 $\arg z=-\dfrac{\pi}{2}$.

因此 $-2\mathrm{i}=2\left[\cos\left(-\dfrac{\pi}{2}\right)+\mathrm{i}\sin\left(-\dfrac{\pi}{2}\right)\right]$（三角形式）

$\qquad =2\mathrm{e}^{\mathrm{i}\cdot\left(-\frac{\pi}{2}\right)}$ （指数形式）

$\qquad =2\angle-\dfrac{\pi}{2}$. （极坐标形式）

例 8　将复数 $z=\sqrt{2}(\cos315°+\mathrm{i}\sin315°)$ 表示为代数形式.

解　$z=\sqrt{2}(\cos315°+\mathrm{i}\sin315°)$

$\qquad =\sqrt{2}[\cos(360°-45°)+\mathrm{i}\sin(360°-45°)]$

$\qquad =\sqrt{2}(\cos45°-\mathrm{i}\sin45°)$

$\qquad =\sqrt{2}\left(\dfrac{\sqrt{2}}{2}-\dfrac{\sqrt{2}}{2}\mathrm{i}\right)=1-\mathrm{i}.$

▶▶ **四、复数的运算**

1. 复数代数形式的四则运算

（1）复数代数形式的加减法

复数的加法和减法,按多项式的运算法则进行,也就是复数的实部和实部相加减,虚部和虚部相加减,即

$$(a+b\mathrm{i})+(c+d\mathrm{i})=(a+c)+(b+d)\mathrm{i},$$

$$(a+b\mathrm{i})-(c+d\mathrm{i})=(a-c)+(b-d)\mathrm{i}.$$

例 9　计算 $(5-6\mathrm{i})+(-2-\mathrm{i})-(3+4\mathrm{i})$.

解　$(5-6\mathrm{i})+(-2-\mathrm{i})-(3+4\mathrm{i})=(5-2-3)+(-6-1-4)\mathrm{i}=-11\mathrm{i}.$

（2）复数代数形式的乘法

复数代数形式的乘法运算,按多项式的乘法法则进行,在所得结果中把 i^2 换成 -1,并且把实部、虚部分别合并,即

$$(a+b\mathrm{i})(c+d\mathrm{i})=ac+ad\mathrm{i}+bc\mathrm{i}+bd\mathrm{i}^2=(ac-bd)+(ad+bc)\mathrm{i}.$$

例 10　计算 $(1-2\mathrm{i})(3+4\mathrm{i})(-2+\mathrm{i})$.

解　$(1-2\mathrm{i})(3+4\mathrm{i})(-2+\mathrm{i})=(11-2\mathrm{i})(-2+\mathrm{i})=-20+15\mathrm{i}.$

容易看出,一个复数和它的共轭复数的积是一个实数.

（3）复数代数形式的除法

两个复数相除（除数不为零）,先把它们写成分式,用分母的共轭复数同乘分子和分母,然后对它们进行化简,写成复数的一般形式,即

$$\dfrac{a+b\mathrm{i}}{c+d\mathrm{i}}=\dfrac{(a+b\mathrm{i})(c-d\mathrm{i})}{(c+d\mathrm{i})(c-d\mathrm{i})}=\dfrac{(ac+bd)+(bc-ad)\mathrm{i}}{c^2+d^2}=\dfrac{ac+bd}{c^2+d^2}+\dfrac{bc-ad}{c^2+d^2}\mathrm{i}.$$

例 11　计算 $(1+2\mathrm{i})\div(3-4\mathrm{i})$.

解 $\dfrac{1+2i}{3-4i}=\dfrac{(1+2i)(3+4i)}{(3-4i)(3+4i)}=\dfrac{-5+10i}{25}=-\dfrac{1}{5}+\dfrac{2}{5}i.$

2. 复数三角形式、指数形式、极坐标形式的运算

（1）复数三角形式、指数形式、极坐标形式的乘法运算

设 $z_1=r_1(\cos\theta_1+i\sin\theta_1)=r_1e^{i\theta_1}=r_1\angle\theta_1,$

$\quad z_2=r_2(\cos\theta_2+i\sin\theta_2)=r_2e^{i\theta_2}=r_2\angle\theta_2.$

① 用三角形式表示：

$z_1\cdot z_2=r_1(\cos\theta_1+i\sin\theta_1)\cdot r_2(\cos\theta_2+i\sin\theta_2)$

$\qquad=r_1r_2[(\cos\theta_1\cos\theta_2-\sin\theta_1\sin\theta_2)+i(\sin\theta_1\cos\theta_2+\cos\theta_1\sin\theta_2)]$

$\qquad=r_1r_2[(\cos(\theta_1+\theta_2)+i\sin(\theta_1+\theta_2)].$

即两个复数相乘，积的模等于这两个复数的模的乘积，积的幅角等于这两个复数的幅角之和.

上述结论，可以推广到有限个复数相乘的情况. 特别地，下面这个定理

$$[r(\cos\theta+i\sin\theta)]^n=r^n(\cos n\theta+i\sin n\theta)$$

我们会经常用到，这个定理称为**棣莫弗(de Moivre)定理**.

② 用指数形式表示：

$z_1\cdot z_2=r_1e^{i\theta_1}\cdot r_2e^{i\theta_2}=r_1r_2e^{i(\theta_1+\theta_2)}.$

同时有 $(re^{i\theta})^n=r^ne^{in\theta}.$

③ 用极坐标形式表示：

$z_1\cdot z_2=r_1\angle\theta_1\cdot r_2\angle\theta_2=r_1r_2\angle(\theta_1+\theta_2).$

（2）复数三角形式、指数形式、极坐标形式的除法运算

① 用三角形式表示：

$\dfrac{z_1}{z_2}=\dfrac{r_1(\cos\theta_1+i\sin\theta_1)}{r_2(\cos\theta_2+i\sin\theta_2)}=\dfrac{r_1}{r_2}[\cos(\theta_1-\theta_2)+i\sin(\theta_1-\theta_2)].$

即两个复数相除，商还是一个复数，它的模等于被除数的模除以除数的模，它的幅角等于被除数的幅角减去除数的幅角.

② 用指数形式表示：

$\dfrac{z_1}{z_2}=\dfrac{r_1e^{i\theta_1}}{r_2e^{i\theta_2}}=\dfrac{r_1}{r_2}e^{i(\theta_1-\theta_2)}.$

③ 用极坐标形式表示：

$\dfrac{z_1}{z_2}=\dfrac{r_1\angle\theta_1}{r_2\angle\theta_2}=\dfrac{r_1}{r_2}\angle(\theta_1-\theta_2).$

例 12 计算下列各式：

（1）$\dfrac{\sqrt{3}(\cos15°+i\sin15°)\cdot(\cos75°-i\sin75°)}{\sqrt{2}(\cos60°+i\sin60°)};$

（2）$\dfrac{4e^{i\frac{2\pi}{3}}\cdot10e^{i\frac{5\pi}{6}}}{2\sqrt{2}e^{-i\frac{\pi}{4}}\cdot5e^{i\pi}};$

(3) $\dfrac{2\angle-45°\cdot\sqrt{3}\angle-135°}{3\angle90°\cdot2\angle-150°}$.

解 （1）原式 $=\dfrac{\sqrt{3}}{\sqrt{2}}[\cos(15°-75°-60°)+\mathrm{i}\sin(15°-75°-60°)]$

$$=\dfrac{\sqrt{6}}{2}(\cos120°-\mathrm{i}\sin120°)=\dfrac{\sqrt{6}}{2}\left(-\dfrac{1}{2}-\dfrac{\sqrt{3}}{2}\mathrm{i}\right)$$

$$=-\dfrac{\sqrt{6}}{4}-\dfrac{3}{4}\sqrt{2}\mathrm{i}.$$

（2）原式 $=\dfrac{4\times10}{2\sqrt{2}\times5}\mathrm{e}^{\mathrm{i}\left[\frac{2\pi}{3}+\frac{5\pi}{6}-\left(-\frac{\pi}{4}\right)-\pi\right]}=2\sqrt{2}\mathrm{e}^{\mathrm{i}\frac{3}{4}\pi}$

$$=2\sqrt{2}\left(\cos\dfrac{3\pi}{4}+\mathrm{i}\sin\dfrac{3\pi}{4}\right)=-2+2\mathrm{i}.$$

（3）原式 $=\dfrac{2\times\sqrt{3}}{3\times2}\angle(-45°-135°-90°+150°)=\dfrac{\sqrt{3}}{3}\angle-120°$

$$=\dfrac{\sqrt{3}}{3}[\cos(-120°)+\mathrm{i}\sin(-120°)]=-\dfrac{\sqrt{3}}{6}-\dfrac{1}{2}\mathrm{i}.$$

例 13 计算 $\dfrac{\mathrm{i}}{2(\cos120°-\mathrm{i}\sin120°)}$.

解 因为 $\mathrm{i}=\cos90°+\mathrm{i}\sin90°$,

$2(\cos120°-\mathrm{i}\sin120°)=2[\cos(-120°)+\mathrm{i}\sin(-120°)]$,

所以 原式 $=\dfrac{\cos90°+\mathrm{i}\sin90°}{2[\cos(-120°)+\mathrm{i}\sin(-120°)]}$

$$=\dfrac{1}{2}[\cos(90°+120°)+\mathrm{i}\sin(90°+120°)]$$

$$=\dfrac{1}{2}(\cos210°+\mathrm{i}\sin210°)$$

$$=\dfrac{1}{2}\left(-\dfrac{\sqrt{3}}{2}-\dfrac{1}{2}\mathrm{i}\right)$$

$$=-\dfrac{\sqrt{3}}{4}-\dfrac{1}{4}\mathrm{i}.$$

📖 任务实施

前面我们已经知道，-1 有两个平方根 $\pm\mathrm{i}$，因而有 $\sqrt{-1}=\pm\mathrm{i}$，$\sqrt{-4}=\pm2\mathrm{i}$，$\sqrt{-9}=\pm3\mathrm{i}$，等等.

一般地，当 $a>0$ 时，$\sqrt{-a}=\pm\sqrt{a}\,\mathrm{i}$.

对于实系数一元二次方程

$$ax^2+bx+c=0(a\neq0).$$

当 $\Delta = b^2 - 4ac < 0$ 时，

$$\sqrt{b^2 - 4ac} = \sqrt{-(4ac - b^2)} = \pm\sqrt{4ac - b^2}\,\mathrm{i}.$$

于是，当 $\Delta = b^2 - 4ac < 0$ 时，方程有解

$$x_{1,2} = \frac{-b \pm \sqrt{4ac - b^2}\,\mathrm{i}}{2a}.$$

例如：一元二次方程 $x^2 - 8x + 17 = 0$，

$$\Delta = b^2 - 4ac = 64 - 68 = -4 < 0,$$

解为 $x_{1,2} = \dfrac{8 \pm \sqrt{4}\,\mathrm{i}}{2} = 4 \pm \mathrm{i}$.

由此可见，在复数范围内，任何一元二次方程都是可解的.

 **应用举例**

例 14 在并联电路中，已知各支路的复电流为：

$$\dot{I}_1 = 2\mathrm{e}^{\mathrm{i}\frac{\pi}{6}},\ \dot{I}_2 = 2\mathrm{e}^{\mathrm{i}\frac{\pi}{3}},\ \dot{I}_3 = 6\mathrm{e}^{\mathrm{i}\frac{\pi}{6}},$$

求总复电流 $\dot{I} = \dot{I}_1 + \dot{I}_2 + \dot{I}_3$.（结果用复数的代数形式表示）

解 因为 $\dot{I}_1 = 2\mathrm{e}^{\mathrm{i}\frac{\pi}{6}} = 2\left(\cos\dfrac{\pi}{6} + \mathrm{i}\sin\dfrac{\pi}{6}\right) \approx 1.732 + \mathrm{i}$,

$\dot{I}_2 = 2\mathrm{e}^{\mathrm{i}\frac{\pi}{3}} = 2\left(\cos\dfrac{\pi}{3} + \mathrm{i}\sin\dfrac{\pi}{3}\right) \approx 1 + 1.732\mathrm{i}$,

$\dot{I}_3 = 6\mathrm{e}^{\mathrm{i}\frac{\pi}{6}} = 3\,\dot{I}_1 \approx 5.196 + 3\mathrm{i}$,

所以 $\quad \dot{I} = \dot{I}_1 + \dot{I}_2 + \dot{I}_3 \approx (1.732 + 1 + 5.196) + (1 + 1.732 + 3)\mathrm{i} = 7.928 + 5.732\mathrm{i}$.

例 15 一个 $100\ \mu\mathrm{F}$ 的电容器，接在电压为 $u = 10\ \mathrm{V}$ 的正弦电源上，当电源频率为 $50\ \mathrm{Hz}$ 时，试写出电容元件中电流的瞬时值表达式.

解 当 $f = 50\ \mathrm{Hz}$ 时，容抗为

$$x_C = \frac{1}{\omega C} = \frac{1}{2\pi f C} = \frac{1}{2\pi \times 50 \times 100 \times 10^{-6}} = 31.8\ (\Omega),$$

电源电压的有效值表示为 $\dot{U} = 10\mathrm{e}^{\mathrm{i}90°}$.

所以 $\quad \dot{I} = \dfrac{\dot{U}}{-\mathrm{i}x_C} = \mathrm{i}\,\dfrac{10}{31.8} = 0.314\mathrm{e}^{\mathrm{i}90°}\ (\mathrm{A})$,

即 $i = 0.314\sqrt{2}\sin(100\pi t + 90°)\ \mathrm{A}$.

例 16 如图 1-35 所示，已知 $R = 100\ \Omega$，$L = 0.5\ \mathrm{H}$，$f = 60\ \mathrm{Hz}$，$C = 30\ \mu\mathrm{F}$，计算总复阻抗 Z 和总阻抗 $|Z|$，并把结果化为复数的三角形式.

解 由交流电路理论可知，当交流电路中接入电阻、电容、电感后，电流总阻抗 Z 可用复数表示为

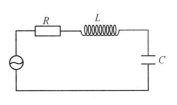

图 1-35

$$Z = R + i\left(\omega L - \frac{1}{\omega C}\right).$$

其中 R 为电阻(Ω),ω 为角频率(rad/s),L 为感抗(H),C 为容抗(F),且 $\omega = 2\pi f$.将各已知值代入上式,得

总复阻抗为

$$Z \approx 100 + i\left(2 \times 3.14 \times 60 \times 0.5 - \frac{10^6}{2 \times 3.14 \times 60 \times 30}\right)$$

$$\approx 100 + i(188.4 - 88.5)$$

$$\approx 100 + i100,$$

总阻抗为

$$|Z| = \sqrt{100^2 + 100^2} \approx 141.4(\Omega).$$

由 $\tan\theta = 1$,得 $\arg Z = \frac{\pi}{4}$,所以总复阻抗的三角形式为

$$Z = 141.4\left(\cos\frac{\pi}{4} + i\sin\frac{\pi}{4}\right).$$

例 17 如图 1-36 所示电阻、电感串联电路中,已知正弦电流 $i = 2\sqrt{2}\sin20t$ A,$R = 30\ \Omega$,$L = 2$ H,试求正弦电压 u_R,u_L,u.

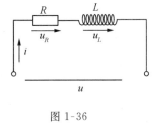

图 1-36

解 正弦电流:$\dot{I} = 2\angle 0°$(A),

电感元件的感抗:$x_L = \omega L = 20 \times 2 = 40(\Omega)$,

电阻电压:$\dot{U}_R = R\dot{I} = 30 \times 2\angle 0° = 60\angle 0°$(V),

电感电压:$\dot{U}_L = i x_L \dot{I} = i40 \times 2\angle 0° = 80\angle 90°$(V),

则 $u_R = 60\sqrt{2}\sin20t$(V),

$u_L = 80\sqrt{2}\sin(20t + 90°)$(V),

$\dot{U} = \dot{U}_R + \dot{U}_L = 60\angle 0° + 80\angle 90° = 60 + i80 = 100\angle 53.1°$(V).

所以 $u = 100\sqrt{2}\sin(20t + 53.1°)$V.

由此可见,复数的指数形式和极坐标形式运算极为简便,因此在工程技术中,特别是电工电子技术中,广泛采用复数的指数形式和极坐标形式进行运算.

NNN

习题 1-4

A 组

1. 在复平面内，作出表示下列复数的点：

(1) $2+5i$；　　　(2) $-3+i$；　　　(3) 5；　　　(4) $-3i$.

2. 已知复数 $\sqrt{3}-i, -1+i, 4i$.

(1) 在复平面内用向量表示这些复数；

(2) 求这些复数的模和主幅角；

(3) 求这些复数的共轭复数.

3. 在复数范围内作出下列复数对应的向量，并写出这些复数的三角形式、指数形式、极坐标形式：

(1) $-1-\sqrt{3}i$；　　　(2) $\dfrac{1}{2}+\dfrac{\sqrt{3}}{2}i$；　　　(3) 10；　　　(4) $-10i$.

4. 计算：

(1) $(-8-7i)+(1-2i)-(3-5i)$；

(2) $(4-3i)(5-4i)$；

(3) $\dfrac{4+5i}{3-2i}$.

5. 计算：

(1) $3\left(\cos\dfrac{\pi}{3}+i\sin\dfrac{\pi}{3}\right)\cdot\sqrt{3}\left(\cos\dfrac{5\pi}{6}+i\sin\dfrac{5\pi}{6}\right)$；

(2) $(1-i)\left(\cos\dfrac{3\pi}{5}+i\sin\dfrac{3\pi}{5}\right)$；

(3) $2(\cos12°+i\sin12°)\cdot3(\cos78°+i\sin78°)\cdot\dfrac{1}{6}(\cos45°+i\sin45°)$.

6. 计算：

(1) $2e^{i\frac{\pi}{3}}\cdot\dfrac{1}{2}e^{-i\frac{7\pi}{6}}$；　　　(2) $\sqrt{2}(e^{i\frac{2}{3}\pi})\div(2e^{-i\frac{\pi}{4}})$.

7. 计算：

(1) $\sqrt{2}\angle30°\cdot\sqrt{3}\angle60°$；　　　(2) $2\sqrt{3}\angle-15°\cdot\sqrt{3}\angle-45°$；

(3) $4\angle15°\div(2\angle-75°)$；　　　(4) $6\angle16°28'\div(2\angle-13°32')$.

8. 如图所示为某电路中的一个节点，已知 $i_1=10\sqrt{2}\sin(\omega t+60°)\text{A}, i_2=5\sqrt{2}\sin(\omega t-90°)\text{A}$，试求 i_3.

第 8 题图

B 组

1. 把下列复数的代数形式化为三角形式、指数形式和极坐标形式:

(1) $-1+i$;

(2) $-\sqrt{3}-i$;

(3) $1-\sqrt{3}i$;

(4) $2i$.

2. 计算下列各式,结果用代数形式表示:

(1) $\left(-\dfrac{1}{2}+\dfrac{\sqrt{3}}{2}i\right)^3$;

(2) $\left(\dfrac{\sqrt{2}}{2}+\dfrac{\sqrt{2}}{2}i\right)^{11}$;

(3) $(1+i)\div\left[\sqrt{3}\left(\cos\dfrac{3\pi}{4}+i\sin\dfrac{3\pi}{4}\right)\right]$.

3. 在复数范围内解方程:

(1) $x^2+2x+4=0$;

(2) $x^2+4x+9=0$.

4. 已知向量 $\dot{I}_1=2\sqrt{3}-i(A)$, $\dot{I}_2=-2\sqrt{3}+i(A)$,试将它们化为极坐标式,并写出相应的正弦量表达式 i_1,i_2(设频率 $f=50\mathrm{Hz}$).

5. 电阻电容并联电路如图所示,已知 $R=5\Omega$,$C=0.1\mathrm{F}$,电源电压 $u=10\sqrt{2}\sin 2t\mathrm{V}$,试求电流 i_R,i_c,i.

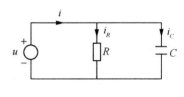

第 5 题图

6. 已知对称三相正弦电压可表示为:

$$\begin{cases} u_A=\sqrt{2}U\sin\omega t, \\ u_B=\sqrt{2}U\sin(\omega t-120°), \\ u_C=\sqrt{2}U\sin(\omega t+120°), \end{cases}$$

试证明其相量之和恒等于零.

本 章 小 结

1. 在 $\triangle ABC$ 的六个元素(三个角,三条边)中,知道其中三个元素(至少含一条边)就可依据正弦定理、余弦定理求出另外三个元素:

正弦定理: $\dfrac{a}{\sin A}=\dfrac{b}{\sin B}=\dfrac{c}{\sin C}=2R$,

余弦定理: $\begin{cases} a^2=b^2+c^2-2bc\cos A, \\ b^2=a^2+c^2-2ac\cos B, \\ c^2=a^2+b^2-2ab\cos C. \end{cases}$

2. 在极坐标系中,必须把握四个要点:

(1)极点;(2)极轴;(3)长度单位;(4)转角的正方向.

由于 θ 的多值性,如果不限定 θ 的范围,一点的坐标将有无数个.另外,必须要熟练掌

高等数学

Math

握平面上一点的极坐标与直角坐标之间的转换关系：

$$\begin{cases} x=\rho\cos\theta, \\ y=\rho\sin\theta, \end{cases} \begin{cases} \rho^2=x^2+y^2, \\ \tan\theta=\dfrac{y}{x}\,(x\neq0). \end{cases}$$

3. 形如 $a+bi(a,b\in\mathbf{R})$ 的数称为复数,它包括所有的实数和虚数.

(1) 复数 $z=a+bi(a,b\in\mathbf{R})$ 中,a,b 分别是复数的实部和虚部.两个复数相等的充要条件是实部与实部相等,虚部与虚部相等.

(2) 复数 $z=a+bi(a,b\in\mathbf{R})$ 的模 $|z|=|a+bi|=\sqrt{a^2+b^2}$,主幅角由 $\tan\theta=\dfrac{b}{a}(a\neq0)$ 确定,θ 所在象限与点 (a,b) 所在象限相同.

(3) 复数的几种表示形式和运算法则：

复数	代数形式	三角形式	指数形式	极坐标形式
z	$a+bi(a,b\in\mathbf{R})$	$r(\cos\theta+i\sin\theta)$	$re^{i\theta}$	$r\angle\theta$
加减法	$(a+bi)\pm(c+di)=$ $(a\pm c)+(b\pm d)i$			
乘法	$(a+bi)(c+di)=$ $(ac-bd)+(bc+ad)i$	$r_1(\cos\theta_1+i\sin\theta_1)$ $\cdot r_2(\cos\theta_2+i\sin\theta_2)$ $=r_1r_2[\cos(\theta_1+\theta_2)$ $+i\sin(\theta_1+\theta_2)]$	$r_1e^{i\theta_1}\cdot r_2e^{i\theta_2}$ $=r_1r_2e^{i(\theta_1+\theta_2)}$	$r_1\angle\theta_1\cdot r_2\angle\theta_2=$ $r_1r_2\angle(\theta_1+\theta_2)$
除法	$\dfrac{a+bi}{c+di}=\dfrac{ac+bd}{c^2+d^2}$ $+\dfrac{cb-ad}{c^2+d^2}i$	$r_1(\cos\theta_1+i\sin\theta_1)$ $\div r_2(\cos\theta_2+i\sin\theta_2)$ $=\dfrac{r_1}{r_2}[\cos(\theta_1-\theta_2)$ $+i\sin(\theta_1-\theta_2)]$	$r_1e^{i\theta_1}\div r_2e^{i\theta_2}$ $=\dfrac{r_1}{r_2}e^{i(\theta_1-\theta_2)}$	$r_1\angle\theta_1\div r_2\angle\theta_2=$ $\dfrac{r_1}{r_2}\angle(\theta_1-\theta_2)$

复习题一

1. 填空题：

(1) 圆 $x^2+y^2+2x+4y-3=0$ 的圆心到直线 $x+y+1=0$ 的距离是_____.

(2) 椭圆的焦点在 x 轴上,且经过点 $(-4,0)$,又椭圆的短半轴长为 3,则椭圆的标准方程为_____;焦点在 y 轴上,且 $a+c=9,b=3$ 的双曲线的标准方程为_____;焦点在直线 $3x-4y-12=0$ 上的抛物线的标准方程为_____.

(3) 若 $(m-2)+(3m-7)i(m\in\mathbf{R})$ 是纯虚数,则 $m=$_____.

(4) $z=(1-2i)(2-3i)$ 的实部是_____,虚部是_____,模是_____.

(5) 已知 $\triangle ABC$ 中,$a=35,b=24,C=60°$,则未知边 $c=$_____.

2. 选择题：

(1) 当实数 $m=-1$ 时，复数 $(m^2-3m+2)+(m^2-5m-6)\mathrm{i}$ 是 　　(　　)

(A) 实数　　　　　(B) 虚数　　　　　(C) 纯虚数　　　　　(D) 不能确定

(2) 复数 $z=\cos\dfrac{\pi}{6}-\mathrm{i}\sin\dfrac{\pi}{6}$ 的模是 　　(　　)

(A) $\dfrac{3}{4}$ 　　　　(B) $\dfrac{\sqrt{3}}{2}$ 　　　　(C) 1 　　　　(D) $\dfrac{\sqrt{6}}{2}$

(3) 已知 $\triangle ABC$ 中，$a:b:c=3:5:7$，则此三角形是 　　(　　)

(A) 锐角三角形　　　　　(B) 直角三角形

(C) 钝角三角形　　　　　(D) 任意三角形

(4) 抛物线 $2y^2-x-\dfrac{1}{2}=0$ 的焦点的坐标是 　　(　　)

(A) $\left(-\dfrac{3}{8},0\right)$ 　　(B) $\left(\dfrac{5}{8},0\right)$ 　　(C) $\left(\dfrac{3}{8},0\right)$ 　　(D) $\left(-\dfrac{1}{8},0\right)$

3. 在加工如图所示零件时，需求尺寸 H，试根据图示尺寸求 H.

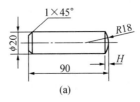 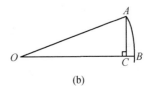

(a) 　　　　　　　　　　(b)

第 3 题图

4. 如图为一带燕尾的滑块，在加工中，燕尾的尺寸通常采用间接测量的方法来测量，其测量的方法是在燕尾的两侧各放一个量棒，用直径为 6 mm 的两根圆柱进行测量，用千分尺测量 H_1 的值. 请根据图示尺寸计算 H_1 的值.

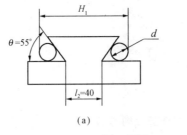

(a) 　　　　　　　　　　(b)

第 4 题图

5. 如图所示，有一圆锥孔零件，用 $D=15$ mm 的钢球测量，测得 $h=6.3$ mm；用 $d=10$ mm 的钢球测量，测得 $H=52.44$ mm，求其锥角 α.

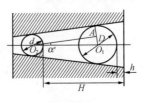

第 5 题图

高等数学

Math

6. 已知直线 $2x-3y-6=0$ 与圆 $x^2+y^2-2x=0$ 相离,在圆上求一点,使它与直线的距离最短,并求这一点与直线的距离.

7. 已知两椭圆的方程分别是 $C_1:x^2+9y^2-45=0$,$C_2:x^2+9y^2-6x-27=0$.

(1) 求这两个椭圆的中心、焦点的坐标.

(2) 求经过这两个椭圆的交点且与直线 $x-2y+11=0$ 相切的圆的方程.

8. 某零件如图所示,试根据尺寸求其检验样板的双曲线方程.

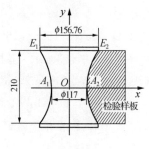

第 8 题图

9. 计算下列各式:

(1) $\left(\dfrac{3+i}{2}\right)^6+\left(\dfrac{3-i}{2}\right)^6$;

(2) $(3e^{i\frac{\pi}{4}})^5$;

(3) $(\sqrt{3}+i)^{12}$;

(4) $\angle\dfrac{2\pi}{3}\cdot\dfrac{1}{2}\angle\dfrac{\pi}{7}\div 3\angle\dfrac{\pi}{4}$.

拓展阅读

复数是怎么来的

在漫长的数学发展过程中,很长的一段时期内,方程 $x^2=-1$ 没有解的结论被认为是无可争辩的事实.直到欧洲文艺复兴时期,意大利数学家卡丹(J. Cardan,1501—1576)在解一元二次方程和一元三次方程时,首先产生了负数开平方的思想.

1545 年,卡丹在研究"将 10 分为两个部分,使得它们的积为 40"的问题时,写出了类似下面的结果:

$$5+\sqrt{-15},5-\sqrt{-15},$$

即

$$(5+\sqrt{-15})+(5-\sqrt{-15})=10,$$

$$(5+\sqrt{-15})\cdot(5-\sqrt{-15})=40.$$

尽管他认为 $5+\sqrt{-15}$ 和 $5-\sqrt{-15}$ 这两个表示式是没有意义的、虚无缥缈的,但他还是把 10 分成了两部分,并使它们的乘积等于 40. 这个由于解方程的需要而引出的新数究竟有什么实际意义呢? 它的运算法则是什么呢? 人们并不了解. 在随后的很长一段时间内,许多人把这类新数看成是虚无缥缈的、没有意义的数.

意大利数学家邦别利(R. Bombelli,1526—1572)也一直在研究这类新数,他认为:在很多人看来,这是一个怪念头,整个思路好像基于诡辩而不是基于真理,但经过长期研究,我可以证明这是真的. 他为自己的成功所鼓舞,并进一步确定了这类新数的运算规律,并得出了今天所用的所有的演算规则.

1637 年,法国数学家笛卡儿(R. Descartes,1596—1650)正式开始使用"实数"、"虚数"这两个名词. 他在《几何学》(1637 年发表)中使"虚的数"与"实的数"相对应,从此,虚数才流传开来. 此后,德国数学家莱布尼兹(G. W. Leibniz,1646—1716)、瑞士数学家欧拉(L. Euler,1707—1783)和法国数学家棣莫弗(A. De Moivre,1667—1754)等也研究了虚数与对数函数、三角函数之间的关系,得出了许多很有价值的结果. 欧拉还首先使用 i 来表示 -1 的平方根.

随着科学技术的发展,人们对虚数的认识逐渐深入. 在 1799 年、1815 年和 1816 年,著名的德国数学家高斯(K. F. Gauss,1777—1855)在证明数基本定理"任何一元 n 次方程在复数集内有且仅有 n 个根"时,用到并论述了虚数,而且首次引进了"复数"这个名词,在复数与复平面内的点、向量间建立对应关系,即复数 $z=a+bi(a,b\in\mathbf{R})$,平面上的点 $Z(a,b)$ 和向量 $\overrightarrow{OZ}$ 一一对应,从而建立了复数的几何基础.

从此复数成为研究力、位移、速度、电场强度等既有大小又有方向的量的强有力工具.

1837 年,爱尔兰数学家哈密尔顿(W. R. Hamilton,1805—1865)用有序实数对(a,b)定义了复数及其运算,并说明复数的加、乘运算满足实数的运算律,实数被看成特殊的复数$(a,0)$. 至此,经过将近 300 年的努力,数系由实数系向复数系的扩展才基本得以完成.

第二章 函数、极限与连续

微积分是高等数学的核心,而函数和极限是微积分研究的对象和工具.本章将在复习和深化函数有关知识的基础上,着重讨论函数的极限,并通过极限引入函数的一种重要性态——连续性.

§2-1 函 数

学习目标

1. 加深对函数的有关概念和性质的理解.
2. 能将复合函数分解为简单的函数.
3. 掌握正弦型函数的变化特征和波形图的画法.

任务引入

某移动通信运营商为吸引客户,推出了以下优惠方案:

为配合客户的不同需要,我们设有以下优惠方案,以供您的选择

收费项目	方案 A	方案 B
每月基本服务费	98 元	168 元
免费通话时间	首 60 分钟	首 500 分钟
以后每分钟收费	0.38 元	0.38 元
留言信箱服务 (选择性项目)	30 元	30 元

从表面上看,使用移动电话多的人可能会认为选择方案 B 比较优惠,但若认真思考一

下,你现在需要解答下面两个问题:

(一) 究竟通话时间超过多少分钟,方案 B 才较方案 A 优惠?

(二) 若用户真的选择方案 B,每月比采用方案 A 最多可省多少钱?

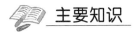 **主要知识**

▶▶▶ 一、函数的有关概念

1. 函数的定义

定义 1 设 x 和 y 是两个变量,D 是 **R** 的非空子集,对于任意的 $x \in D$,变量 y 按照某种对应法则 f,总有唯一确定的值与之相对应,则称 y 是 x 的**函数**,记作

$$y = f(x), x \in D.$$

其中,x 称为**自变量**,y 称为**函数(因变量)**,自变量的取值范围 D 称为函数的**定义域**. 对于 x 每取一个确定的值 a,函数 y 也取得一个确定的值 $f(a)$,称为**函数值**,函数值的全体称为函数的**值域**,记作 $\{y \mid y = f(x), x \in D\}$.

由函数的定义可知,函数的定义域和对应法则是确定函数的两要素. 函数的对应法则一般事先已经给定. 如果函数是用数学式子表达的,其定义域是使数学表达式有意义的自变量的全体,而在实际问题中,函数的定义域应根据问题的实际意义来确定.

例 1 求函数 $f(x) = \lg \dfrac{x}{x-2} + \sqrt{x-3}$ 的定义域.

解 要使函数有意义,必须 $\begin{cases} \dfrac{x}{x-2} > 0, \\ x - 3 \geqslant 0, \end{cases}$

即 $\begin{cases} x > 2 \text{ 或 } x < 0, \\ x \geqslant 3, \end{cases}$

所以函数的定义域为 $[3, +\infty)$.

例 2 设 $f(x) = \dfrac{1}{1-x}$,求 $f[f(x)]$ 和 $f\left[\dfrac{1}{f(x)}\right]$,并确定它们的定义域.

解 $f[f(x)] = f\left(\dfrac{1}{1-x}\right) = \dfrac{1}{1 - \dfrac{1}{1-x}} = 1 - \dfrac{1}{x}, D = \{x \mid x \neq 0, 1, x \in \mathbf{R}\},$

$f\left[\dfrac{1}{f(x)}\right] = f(1-x) = \dfrac{1}{1-(1-x)} = \dfrac{1}{x}, D = \{x \mid x \neq 0, 1, x \in \mathbf{R}\}.$

2. 函数的表示法

(1) 解析法(公式法). 函数关系用数学式子直接表示出来,常用于理论研究、推导论证.

(2) 图象法. 不能(或很难)用数学公式表示变量之间关系的函数,有时为了直观起

见,有些函数也用图象法来表示,如医学上的心电图、脑电图以及地震仪记录的垂直地面的加速度图象等.

(3) 表格法. 例如,火车站张贴的火车时刻表、数学上的三角函数表、数控机床 ISO 编码表等,使用起来比较方便.

3. 分段函数

在实际问题中,我们常碰到在定义域的不同范围内表达式不同的函数.

例 3 在国内投递外埠平信,每封信不超过 20 g 付邮资 80 分,超过 20 g 但不超过 40 g 付邮资 160 分,超过 40 g 但不超过 60 g 付邮资 240 分,超过 60 g 但不超过 80 g 付邮资 320 分. 每封重 x g($0 < x \leqslant 80$)的平信应付邮资多少分? 写出函数表达式,并作出函数图象.

解 设每封平信的邮资为 y 分,则 y 是 x 的函数,其函数关系为

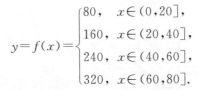

$$y = f(x) = \begin{cases} 80, & x \in (0, 20], \\ 160, & x \in (20, 40], \\ 240, & x \in (40, 60], \\ 320, & x \in (60, 80]. \end{cases}$$

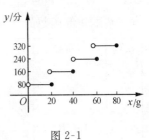

图 2-1

这个函数的定义域是 $(0, 80]$,图象如图 2-1 所示. 在函数的定义域内,对于自变量 x 的不同取值范围,函数的关系式也不一样,这样的函数称为**分段函数**.

说明 分段函数是用几个式子表达的一个函数,而不是几个函数.

▶▶ 二、函数的性质

设函数 $f(x)$ 在某个区间 I 上有定义.

1. 单调性

对任意的 $x_1, x_2 \in I$,当 $x_1 < x_2$ 时,

(1) 若 $f(x_1) < f(x_2)$,则称 $f(x)$ 在区间 I 上**单调增加**,区间 I 称为函数的单调增区间;

(2) 若 $f(x_1) > f(x_2)$,则称 $f(x)$ 在区间 I 上**单调减少**,区间 I 称为函数的单调减区间.

2. 奇偶性

设区间 I 是关于原点对称的区间. 对于任意的 $x \in I$,

(1) 若 $f(-x) = f(x)$,则称 $f(x)$ 为**偶函数**. 偶函数的图象关于 y 轴对称.

(2) 若 $f(-x) = -f(x)$,则称 $f(x)$ 为**奇函数**. 奇函数的图象关于原点对称.

3. 周期性

若存在常数 $T \neq 0$,使得对于任意的 $x \in I$,有 $x + T \in I$,且 $f(x + T) = f(x)$,则称

$f(x)$ 为**周期函数**, T 是函数的**周期**. 通常我们所说的周期都是指最小正周期.

4. 有界性

若存在正数 M, 使得在区间 I 上, $|f(x)| \leqslant M$, 则称 $f(x)$ 在区间 I 上**有界**.

▶▶ **三、初等函数**

1. 基本初等函数

我们在中学数学里所学过的函数: (1)常函数 $y = C$(C 为常数); (2)幂函数 $y = x^{\alpha}$($\alpha \in$ **R**); (3)指数函数 $y = a^x$($a > 0, a \neq 1$); (4)对数函数 $y = \log_a x$($a > 0, a \neq 1$); (5)三角函数 $y = \sin x, y = \cos x, y = \tan x, y = \cot x, y = \sec x, y = \csc x$; (6)反三角函数 $y = \arcsin x, y = \arccos x, y = \arctan x, y = \operatorname{arccot} x$ 等, 都是**基本初等函数**.

基本初等函数的图象和性质如下表:

函数	解析式	定义域和值域	图 象	性 质
幂函数	$y = x^{\alpha}$ ($\alpha \in$ **R**)	根据 α 的不同而不同, 但在 $(0, +\infty)$ 内都有定义		在 $(0, +\infty)$ 内, 当 $\alpha > 0$ 时, $y = x^{\alpha}$ 为增函数; 当 $\alpha < 0$ 时, $y = x^{\alpha}$ 为减函数
指数函数	$y = a^x$ ($a > 0, a \neq 1$)	$x \in (-\infty, +\infty)$ $y \in (0, +\infty)$		在 $(-\infty, +\infty)$ 内, 当 $a > 1$ 时, $y = a^x$ 为增函数; 当 $0 < a < 1$ 时, $y = a^x$ 为减函数
对数函数	$y = \log_a x$ ($a > 0, a \neq 1$)	$x \in (0, +\infty)$ $y \in (-\infty, +\infty)$		在 $(0, +\infty)$ 内, 当 $a > 1$ 时, $y = \log_a x$ 为增函数; 当 $0 < a < 1$ 时, $y = \log_a x$ 为减函数
三角函数	$y = \sin x$	$x \in (-\infty, +\infty)$ $y \in [-1, 1]$		奇函数; 周期为 2π; 有界; 在 $\left[2k\pi - \dfrac{\pi}{2}, 2k\pi + \dfrac{\pi}{2}\right]$ 内单调递增, 在 $\left[2k\pi + \dfrac{\pi}{2}, 2k\pi + \dfrac{3\pi}{2}\right]$ 内单调递减

（续表）

函数	解析式	定义域和值域	图　象	性　质
三角函数	$y=\cos x$	$x\in(-\infty,+\infty)$ $y\in[-1,1]$		偶函数；周期为 2π；有界；在 $[2k\pi-\pi,2k\pi]$ 内单调递增，在 $[2k\pi,2k\pi+\pi]$ 内单调递减
	$y=\tan x$	$x\in\left(k\pi-\dfrac{\pi}{2},k\pi+\dfrac{\pi}{2}\right)$ $k\in\mathbf{Z}$		奇函数；周期为 π；无界；在 $x\in\left(k\pi-\dfrac{\pi}{2},k\pi+\dfrac{\pi}{2}\right)$，$k\in\mathbf{Z}$ 内单调递增
	$y=\cot x$	$x\in(k\pi,(k+1)\pi)$ $k\in\mathbf{Z}$		奇函数；周期为 π；无界；在 $x\in(k\pi,(k+1)\pi)$，$k\in\mathbf{Z}$ 内单调递减
反三角函数	$y=\arcsin x$	$x\in[-1,1]$ $y\in\left[-\dfrac{\pi}{2},\dfrac{\pi}{2}\right]$		奇函数；有界；单调增函数
	$y=\arccos x$	$x\in[-1,1]$ $y\in[0,\pi]$		单调减函数；有界
	$y=\arctan x$	$x\in(-\infty,+\infty)$ $y\in\left(-\dfrac{\pi}{2},\dfrac{\pi}{2}\right)$		奇函数；单调增函数；有界

函数	解析式	定义域和值域	图　象	性　质
反三角函数	$y=\operatorname{arccot}x$	$x\in(-\infty,+\infty)$ $y\in(0,\pi)$	（图：$y=\operatorname{arccot}x$，渐近线 π，过 $\dfrac{\pi}{2}$ 的单调减曲线）	单调减函数；有界

2．复合函数

在同一变化过程中，两个变量的联系有时不是直接的，而是通过另一个变量联系起来的.例如，y 是 u 的函数：$y=\sin u$，而 u 是 x 的函数：$u=\mathrm{e}^x$.这样，通过中间变量 u 就使 y 与 x 之间建立了函数关系 $y=\sin \mathrm{e}^x$.这种形式的函数称为复合函数.

定义 2　设 $y=f(u)$，而 $u=\varphi(x)$，且 $\varphi(x)$ 的值域与 $y=f(u)$ 的定义域的交集非空，则称 $y=f[\varphi(x)]$ 为 x 的**复合函数**，其中 u 称为**中间变量**.

例如，$y=\sin u$ 的定义域为 $(-\infty,+\infty)$，而 $u=\mathrm{e}^x$ 的值域为 $(0,+\infty)$，显然 $y=\sin u$ 的定义域与 $u=\mathrm{e}^x$ 的值域的交集为 $(0,+\infty)$，所以它们可以构成复合函数 $y=\sin \mathrm{e}^x$，其定义域为 $(0,+\infty)$.

注意　并非任何两个函数都可以复合.例如，$y=f(u)=\arcsin u$，$u=\varphi(x)=x^2+2$，它们就不能构成复合函数.这是因为 $f(u)$ 的定义域为 $U=\{u\,|\,|u|\leqslant 1\}$，$\varphi(x)$ 的值域为 $U^*=\{u\,|\,u\geqslant 2\}$，$U\cap U^*=\varnothing$.

复合函数也可由多个函数复合而成.

例如，设 $y=\lg^2 u$，$u=\arccos w$，$w=x^2$，则 y 是 x 的复合函数：$y=\lg^2\arccos x^2$.

例 4　指出下列各复合函数的复合过程和定义域：

(1) $y=\sqrt{1+x^2}$；　　　　　　　　(2) $y=\arcsin(\ln x)$；

(3) $y=\cos^2(3x+1)$.

解　(1) $y=\sqrt{1+x^2}$ 是由 $y=\sqrt{u}$ 和 $u=1+x^2$ 复合而成，它的定义域与 $u=1+x^2$ 的定义域相同，都是 **R**.

(2) $y=\arcsin(\ln x)$ 是由 $y=\arcsin u$ 与 $u=\ln x$ 复合而成.确定它的定义域时，由不等式 $\begin{cases}-1\leqslant \ln x\leqslant 1,\\ x>0\end{cases}$ 解得 $\dfrac{1}{\mathrm{e}}\leqslant x\leqslant \mathrm{e}$，即定义域为 $\left[\dfrac{1}{\mathrm{e}},\mathrm{e}\right]$.

(3) $y=\cos^2(3x+1)$ 是由 $y=u^2$，$u=\cos v$，$v=3x+1$ 复合而成，它的定义域是 **R**.

3．初等函数

由基本初等函数和常数经过有限次四则运算和有限次复合而成并能用一个数学式子表达的函数，称为**初等函数**.

例如：$y=\sqrt{1-2^x}$，$y=\dfrac{x^4+3}{1-x^2}$ 都是初等函数，而 $y=\begin{cases}3^x,&x>0,\\ \sin x,&x\leqslant 0\end{cases}$ 就不是初等函数.

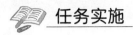 **任务实施**

下面来解决我们在开始时提出的两个问题.首先建立通话时间和费用之间的函数关系:

设通话时间为 t(分钟),而 C(元)是所要付出的费用,显然 C 是随着 t 的变化而变化的.根据运营商提供的优惠方案,我们可以建立如下关系式:

方案 A:$C=\begin{cases}98, & 0\leqslant t\leqslant 60,\\ 0.38(t-60)+98, & t>60;\end{cases}$

方案 B:$C=\begin{cases}168, & 0\leqslant t\leqslant 500,\\ 0.38(t-500)+168, & t>500.\end{cases}$

要解决问题(一),我们需要知道当客户用了多少通话时间时,方案 A 与方案 B 能同时提供相同的优惠.当 $t=60$ 时,选择方案 A 的客户比选择方案 B 的客户便宜 70 元;当 $t=500$ 时,选择方案 B 比 A 便宜$[0.38(500-60)+98]-168=97.2$(元),而这正是问题(二)所要寻找的答案.因此我们可以由此推断问题(一)的答案应在 $t=60$ 和 $t=500$ 之间.

由 $0.38(t-60)+98=168,$

得 $t=244.21.$

即:若客户通话时间超过 244 分钟,就应该选择方案 B.如图 2-2 所示.

由图 2-2 可以看到,起初方案 A 比方案 B 便宜 70 元($0\leqslant t\leqslant 60$).当通话时间超过 60 分钟后,两者的差距逐渐缩小,直到 Q 点,两者已无差距,表示两种方案给客户的优惠相同.

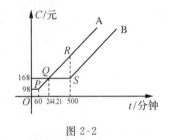

图 2-2

从图中更可以看到,当通话时间超过"244 分钟"时,方案 B 便显露出其较 A 更为优越之处,而"$|RS|$"正好显示出采用方案 B 最多可以比选择方案 A 便宜的费用.

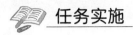 **课堂练习**

1. 已知 $f(x)=\dfrac{1-x}{x}$,$g(x)=2x-1$,试求 $f[g(x)]$,$g[f(x)]$.

2. 求分段函数 $y=f(x)=\begin{cases}x^3-1, & x\geqslant 1,\\ \mathrm{e}^x, & x<0\end{cases}$ 的定义域,并计算 $f(-1)$,$f(2)$.

3. 指出下列函数的复合过程:

(1) $y=\ln^3(4-x)$;   (2) $y=\sqrt{\sin \mathrm{e}^x}$.

例 5 如图 2-3 所示,是在电子技术中常见的三角波,求在时间 $t=0$ 到 $t=\dfrac{2\pi}{\omega}$ 这一区间内电压与时间 t 的函数关系 $U(t)$,并分别求出 $t=\dfrac{\pi}{2\omega}$,$t=\dfrac{3\pi}{2\omega}$ 时的电压值.

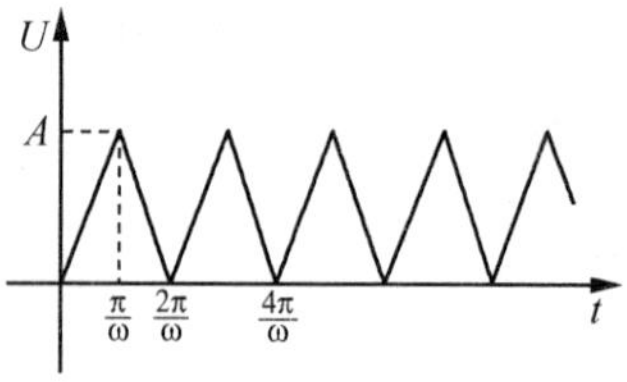

图 2-3

解 当 $t\in\left[0,\dfrac{\pi}{\omega}\right]$ 时,由直线的斜截式方程,得

$$U(t)=\frac{A\omega}{\pi}t;$$

当 $t\in\left(\dfrac{\pi}{\omega},\dfrac{2\pi}{\omega}\right]$ 时,由直线的两点式方程,得

$$U(t)=2A-\frac{A\omega}{\pi}t.$$

所以,电压与时间的函数关系为

$$U(t)=\begin{cases}\dfrac{A\omega}{\pi}t, & 0\leqslant t\leqslant\dfrac{\pi}{\omega},\\[2mm]2A-\dfrac{A\omega}{\pi}t, & \dfrac{\pi}{\omega}<t\leqslant\dfrac{2\pi}{\omega}.\end{cases}$$

当 $t=\dfrac{\pi}{2\omega}\in\left[0,\dfrac{\pi}{\omega}\right]$ 时,$U\left(\dfrac{\pi}{2\omega}\right)=\dfrac{A\omega}{\pi}t\Big|_{t=\frac{\pi}{2\omega}}=\dfrac{A\omega}{\pi}\cdot\dfrac{\pi}{2\omega}=\dfrac{A}{2}$;

当 $t=\dfrac{3\pi}{2\omega}\in\left(\dfrac{\pi}{\omega},\dfrac{2\pi}{\omega}\right]$ 时,$U\left(\dfrac{3\pi}{2\omega}\right)=2A-\dfrac{A\omega}{\pi}t\Big|_{t=\frac{3\pi}{2\omega}}=2A-\dfrac{A\omega}{\pi}\cdot\dfrac{3\pi}{2\omega}=\dfrac{A}{2}$.

 知识拓展

在电工学中,常会遇到形如 $y=A\sin(\omega t+\varphi)$ 的正弦型函数.现以电流为例:
$$i=I_{m}\sin(\omega t+\varphi_{i}),$$
式中 i 为正弦电流的瞬时值,I_{m} 为正弦电流的最大值,ω 称为正弦量的角频率,φ_{i} 称为初相位,t 为时间. I_{m},ω,φ_{i} 都是常量,称为正弦量的三要素,而频率 f、周期 T 和角频率 ω 这三个物理量的关系是

$$f=\frac{1}{T},\omega=\frac{2\pi}{T}.$$

三个量中只要知道一个,便可求出其他两个物理量.例如,我国工业和民用电的频率 $f=$ 50 Hz,其周期为 $T=\dfrac{1}{50}=0.02$ s,角频率 $\omega=\dfrac{2\pi}{T}=2\pi f\approx314$ rad/s.

正弦交流电波形图的横坐标在电工学中一般用 ωt 表示.

例 6 某正弦交流电的最大值 $I_m = 7.1$ A,初相 $\varphi_i = -60°$,频率 $f = 50$ Hz,试写出电流的瞬时值表达式,并画出波形图.

解 电流的瞬时值表达式为

$$i = I_m \sin(\omega t + \varphi_i) = 7.1\sin(314t - 60°).$$

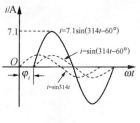

图 2-4

(1) 初相 $\varphi_i = -60° = -\dfrac{\pi}{3}$ 时,将 $i = \sin 314t$ 的起点向右平移 $\dfrac{\pi}{3}$ 个单位,得到电流 $i = \sin(314t - 60°)$ 的波形图.

(2) 再将 $i = \sin(314t - 60°)$ 的波形图上所有点的纵坐标都伸长到原来的 7.1 倍,得到所求正弦交流电波形图. 如图 2-4 所示.

习题 2-1

A 组

1. 判断下列各对函数是否相同,并说明理由:

(1) $y = x$ 与 $y = \sqrt{x^2}$; (2) $y = x$ 与 $y = \sin(\arcsin x)$;

(3) $y = \lg x^2$ 与 $y = 2\lg x$; (4) $y = \sqrt{1 + \cos 2x}$ 与 $y = \sqrt{2}\cos x$.

2. 求下列函数的定义域:

(1) $y = \dfrac{1}{1 - x^2} + \sqrt{x + 2}$; (2) $y = \ln(4 - x) + \arcsin\dfrac{x - 1}{5}$;

(3) $y = \lg\dfrac{1 + x}{1 - x}$; (4) $y = \sqrt{4 - 2^x}$.

3. 符号函数 $\operatorname{sgn} x = \begin{cases} -1, & x < 0, \\ 0, & x = 0, \\ 1, & x > 0, \end{cases}$ 求 $\operatorname{sgn} 2, \operatorname{sgn} 0, \operatorname{sgn}\left(-\dfrac{1}{2}\right)$.

4. 判断下列函数的奇偶性:

(1) $y = x\sin x$; (2) $y = \lg(x + \sqrt{1 + x^2})$.

5. 指出下列函数的复合过程:

(1) $y = \sin^2(x - 1)$; (2) $y = \sqrt[3]{1 + x}$;

(3) $y = \lg\tan 2x$; (4) $y = \lg^3\cos(2x - 1)$.

B 组

1. 求下列函数的定义域:

(1) $y = \sqrt{x^2 - 4} + \dfrac{1}{x + 2}$; (2) $y = \arcsin(2x - 1)$;

(3) $y=\sqrt{4-\log_2 x}$; (4) $y=\lg(\lg x)$.

2. 试指出下列函数的单调区间:

(1) $y=|x|-x$; (2) $y=\sqrt{4x-x^2}$.

3. 设 $f(x)=\begin{cases}2-x, & x<0, \\ 0, & x=0, \\ 2^x, & x>0,\end{cases}$ 求 $f(x)$ 的定义域及 $f(-1)$, $f(2)$, 并作出函数的图象.

4. 指出下列函数的复合过程:

(1) $y=\lg\sin x$; (2) $y=\arccos\sqrt{x^2-1}$;

(3) $y=\dfrac{1}{\sqrt{3^{5x}}}$; (4) $y=e^{\sin 3x}$.

5. 某正弦交流电的电压的最大值 $U_m=310$ V, 初相 $\varphi_u=30°$, 频率 $f=50$ Hz, 试写出电压的瞬时值表达式, 并画出波形图.

§2-2　极限的概念

学习目标

1. 能叙述极限的描述性定义.
2. 会计算简单的数列极限和函数极限.
3. 认识无穷小与无穷大的意义.

任务引入

"一尺之棰, 日取其半, 万世不竭." 这个句子出自《庄子·天下篇》. "一尺之棰" 就是一尺之杖. 今天取其一半, 明天取其一半的一半, 后天再取其一半的一半的一半, 如是 "日取其半", 总有一半留下, 所以 "万世不竭". 你能正确表达出 "一尺之棰" 日复一日被进行无限分割后取走的长度和剩下的长度吗?

主要知识

▶▶▶ **一、数列的极限**

数列是按照正整数顺序排成的一列数, 即

$$x_1,x_2,x_3,\cdots,x_n,\cdots.$$

记为$\{x_n\}$.其中 x_n 称为数列的**通项**.

数列也可以看成是定义在正整数集合上的函数,即

$$x_n=f(n) \ (n=1,2,3,\cdots).$$

观察下面数列的变化趋势:

(1) $\{x_n\}=\left\{\dfrac{n}{n+1}\right\}$,即 $\dfrac{1}{2},\dfrac{2}{3},\dfrac{3}{4},\cdots,\dfrac{n}{n+1},\cdots$;

(2) $\{x_n\}=\left\{\dfrac{1}{2^n}\right\}$,即 $\dfrac{1}{2},\dfrac{1}{4},\dfrac{1}{8},\cdots,\dfrac{1}{2^n},\cdots$;

(3) $\{x_n\}=\{(-1)^n\}$,即 $-1,1,-1,\cdots,(-1)^n,\cdots$;

(4) $\{x_n\}=\{2n-1\}$,即 $1,3,5,\cdots,2n-1,\cdots$.

我们发现,当项数 n 无限增大时,数列(1)的通项能够无限接近于1;数列(2)的通项能够无限接近于 0;数列(3)的通项在 1 和 -1 之间来回摆动,无固定的变化趋势;数列(4)的通项随着项数的增大而无限增大,不能趋于一个常数.

由此,我们得出数列极限的定义.

定义 1 对于数列$\{x_n\}$,如果当项数 n 无限增大时,通项 x_n 无限接近某一个常数 A,则称常数 A 为数列$\{x_n\}$当 n 趋于无穷时的**极限**,记作

$$\lim_{n\to\infty}x_n=A \ \text{或} \ x_n\to A(n\to\infty).$$

如果数列$\{x_n\}$有极限 A,则称该数列收敛于 A,此时该数列称为**收敛数列**,否则称为发散的.

▶▶**二、函数的极限**

对于函数 $y=f(x)$ 的极限,就是要研究在自变量 x 的某种变化趋势下,因变量 y 的变化趋势.

自变量的变化趋势分为两大类:

一是自变量 x 无限趋近某一定值 x_0,记为 $x\to x_0$.当 x 从小于 x_0 的方向趋近于 x_0 时,记为 $x\to x_0^-$,当 x 从大于 x_0 的方向趋近于 x_0 时,记为 $x\to x_0^+$.

二是自变量 x 的绝对值无限增大,记为 $x\to\infty$.当 x 只取正值而无限增大时,记为 $x\to+\infty$;当 x 只取负值而绝对值无限增大时,则记为 $x\to-\infty$.

1.$x\to x_0$时,函数 $f(x)$ 的极限

例 1 考察 x 无限趋于 2 时,函数 $y=f(x)=\dfrac{x^2+x-6}{x-2}$的变化趋势.

解 首先注意到这个函数在点 $x=2$ 处无定义.由于 $x\neq2$ 时,这个函数可以化为 $y=x+3$,所以题目所给的分式函数的图象是直线 $y=x+3$ 上除去点$(2,5)$之外的部分,由图 2-5可以看出,当 x 无限趋于 $2(x\to2)$时,函数 $y=f(x)$ 的值无限趋近于常数 5.记作

$$\frac{x^2+x-6}{x-2}\to5(x\to2)\left(\text{或}\lim_{x\to2}\frac{x^2+x-6}{x-2}=5\right).$$

对于这种当 $x \to x_0$ 时函数 $f(x)$ 的变化趋势,给出如下描述性定义:

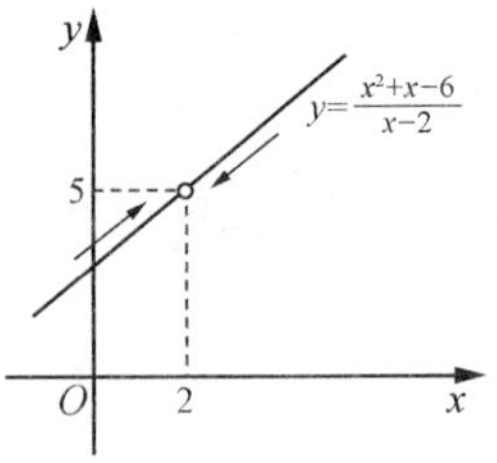

定义 2 如果 x 无限趋于 x_0 时,函数 $f(x)$ 无限趋近于一个确定的常数 A,则称 A 是 $x \to x_0$ 时函数 $f(x)$ 的极限,记作

$$\lim_{x \to x_0} f(x) = A \text{(或当 } x \to x_0 \text{ 时,} f(x) \to A).$$

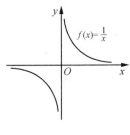

图 2-5

根据极限的概念,容易得到:

(1) 当 x 趋于任何数 x_0 时,常数的极限就是它自身,即

$$\lim_{x \to x_0} C = C;$$

(2) 当 $x \to x_0$ 时,$f(x) = x$ 的极限是 x_0,即

$$\lim_{x \to x_0} x = x_0.$$

在上述函数的极限中,自变量可以从 x_0 的两侧以任意方式趋近于 x_0. 当 x 从小于 x_0 的方向趋近于 $x_0 (x \to x_0^-)$ 时,记为

$$\lim_{x \to x_0^-} f(x) = A \text{(或当 } x \to x_0^- \text{ 时,} f(x) \to A);$$

当 x 从大于 x_0 的方向趋近于 $x_0 (x \to x_0^+)$ 时,记为

$$\lim_{x \to x_0^+} f(x) = A \text{(或当 } x \to x_0^+ \text{ 时,} f(x) \to A).$$

前者称为**左极限**,后者称为**右极限**.

对于函数的极限和左、右极限,我们有下面的定理:

定理 1 $\lim\limits_{x \to x_0} f(x) = A$ 的充要条件是 $\lim\limits_{x \to x_0^-} f(x) = \lim\limits_{x \to x_0^+} f(x) = A$.

2. $x \to \infty (-\infty$ 或 $+\infty)$ 时,函数 $f(x)$ 的极限

例 2 考察 x 无限增大时,函数 $y = f(x) = \dfrac{1}{x}$ 的变化趋势.

解 由图 2-6 可以看到,当 x 的绝对值无限增大(记作 $x \to \infty$)时,$f(x) = \dfrac{1}{x}$ 的值无限趋近于常数 0;当 x 取正值而无限增大(记作 $x \to +\infty$)时,也无限趋近于常数 0;当 x 取负值而绝对值无限增大(记作 $x \to -\infty$)时,仍有 $f(x) = \dfrac{1}{x}$ 无限接近于常数 0.

图 2-6

对于函数 $f(x)$ 的这种变化趋势,有如下描述性的定义:

定义 3 如果自变量 x 的绝对值无限增大时,函数 $f(x)$ 无限趋近于某一个确定的常数 A,则称 A 为函数 $f(x)$ 当 $x \to \infty$ 时的极限,记作

$$\lim_{x \to \infty} f(x) = A \text{(或 } f(x) \to A \ (x \to \infty)).$$

定义 4 如果 $x \to +\infty$ 时,函数 $f(x)$ 无限接近于某一个常数 A,则称 A 为 $f(x)$ 在 $x \to +\infty$ 时的极限,记作

$$\lim_{x \to +\infty} f(x) = A.$$

类似可定义 $x \to -\infty$ 时函数 $f(x)$ 的极限.

由上述定义知，$\lim\limits_{x\to\infty}\dfrac{1}{x}=0$，$\lim\limits_{x\to-\infty}\dfrac{1}{x}=0$，$\lim\limits_{x\to+\infty}\dfrac{1}{x}=0$．

由图 2-7 所示知：

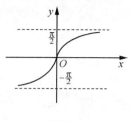

$$\lim\limits_{x\to+\infty}\arctan x=\dfrac{\pi}{2}，\quad\lim\limits_{x\to-\infty}\arctan x=-\dfrac{\pi}{2}，$$

而 $\lim\limits_{x\to\infty}\arctan x$ 不存在．

图 2-7

一般地，我们有下面的定理：

定理 2　$\lim\limits_{x\to\infty}f(x)=A$ 的充要条件是 $\lim\limits_{x\to+\infty}f(x)=\lim\limits_{x\to-\infty}f(x)=A$．

▶▶ 三、无穷小与无穷大

为书写方便，在后面所讨论的一般性结论中，如果"lim"下面没有标明自变量的变化过程，则表示此极限与自变量的六种变化过程或其中的某一变化过程有关．

1．无穷小

定义 5　若 $\lim f(x)=0$，则称 $f(x)$ 是该变化过程中的无穷小．

例如，因为 $\lim\limits_{x\to\infty}\dfrac{1}{x}=0$，所以 $\dfrac{1}{x}$ 是当 $x\to\infty$ 时的无穷小．

因为 $\lim\limits_{x\to\frac{\pi}{2}}\cos x=0$，所以 $\cos x$ 是当 $x\to\dfrac{\pi}{2}$ 时的无穷小．

说明　(1) 无穷小与自变量的变化过程有关．例如，$\cos x$ 是当 $x\to\dfrac{\pi}{2}$ 时的无穷小，但当 $x\to 0$ 时，$\cos x\to 1$，它就不是无穷小．

(2) 无穷小是一个变量，不能看成是一个很小的常数．因为 0 的极限等于 0，所以常数 0 是一个特殊的无穷小．

在自变量同一变化过程中，无穷小有以下性质：

性质 1　有限个无穷小的和、差、积仍然是无穷小．

性质 2　有界函数与无穷小的乘积仍然是无穷小．

例 3　求 $\lim\limits_{x\to 0}x\sin\dfrac{1}{x}$．

解　因为 $\left|\sin\dfrac{1}{x}\right|\leqslant 1$，所以 $\sin\dfrac{1}{x}$ 是有界函数．

又因为 $\lim\limits_{x\to 0}x=0$，所以 x 是当 $x\to 0$ 时的无穷小．

从而根据性质 2 得 $\lim\limits_{x\to 0}x\sin\dfrac{1}{x}=0$．

2．无穷大

定义 6　在自变量的某一变化过程中，若函数 $f(x)$ 的绝对值无限增大，则称 $f(x)$ 是这一变化过程中的无穷大，记作 $\lim f(x)=\infty$．

例如，因为 $\lim\limits_{x\to\infty}(2x-1)=\infty$，所以 $2x-1$ 是当 $x\to\infty$ 时的无穷大；

因为 $\lim\limits_{x\to\left(\frac{\pi}{2}\right)^-}\tan x=+\infty$，所以 $\tan x$ 是当 $x\to\left(\frac{\pi}{2}\right)^-$ 时的无穷大.

说明 （1）无穷大与自变量的某一变化过程有关. 例如，当 $x\to 0$ 时，$\dfrac{1}{x}$ 是无穷大，当 $x\to\infty$ 时，$\dfrac{1}{x}$ 是无穷小，而当 $x\to 2$ 时，$\dfrac{1}{x}$ 既不是无穷大也不是无穷小.

（2）无穷大是极限不存在的一种情形，"$\lim f(x)=\infty$" 只是借用了极限记号，以便于表述"函数 $f(x)$ 的绝对值无限增大"的一种性态.

（3）无穷大是绝对值无限增大的变量，不能与很大的正数相混淆.

无穷大和无穷小有如下关系：

定理 3 在自变量的同一变化过程中，若 $f(x)$ 是无穷大，则 $\dfrac{1}{f(x)}$ 是无穷小；若 $f(x)$ 是无穷小且 $f(x)\neq 0$，则 $\dfrac{1}{f(x)}$ 是无穷大.

例 4 求 $\lim\limits_{x\to 1}\dfrac{1}{x-1}$.

解 因为 $\lim\limits_{x\to 1}(x-1)=0$，所以，当 $x\to 1$ 时，$x-1$ 是无穷小，从而 $\dfrac{1}{x-1}$ 是无穷大，所以 $\lim\limits_{x\to 1}\dfrac{1}{x-1}=\infty$.

60

📖 **任务实施**

现在我们回到开始提出的问题.

我们假定从某一天开始截取木棒的 $\dfrac{1}{2}$，则剩下 $\dfrac{1}{2}$；第二天又截取剩下的 $\dfrac{1}{2}$ 的一半，则已截取木棒的 $\left(\dfrac{1}{2}+\dfrac{1}{4}\right)$，剩下 $\dfrac{1}{4}$；第三天又截取剩下的 $\dfrac{1}{4}$ 的一半，则已截取木棒的 $\left(\dfrac{1}{2}+\dfrac{1}{4}+\dfrac{1}{8}\right)$，剩下 $\dfrac{1}{8}$……依此类推，从第一天开始，由已截取和剩下的木棒长度可得到以下两个数列：

共截取 $\{x_n\}$：
$$\frac{1}{2},\ \frac{1}{2}+\frac{1}{4},\ \frac{1}{2}+\frac{1}{4}+\frac{1}{8},\ \cdots,\ \frac{1}{2}+\frac{1}{4}+\frac{1}{8}+\cdots+\frac{1}{2^n},\ \cdots. \tag{1}$$

还剩下 $\{y_n\}$：
$$\frac{1}{2},\ \frac{1}{4},\ \frac{1}{8},\ \cdots,\ \frac{1}{2^n},\ \cdots. \tag{2}$$

当 $n\to\infty$ 时，$x_n=1-\dfrac{1}{2^n}\to 1$，但永远也不可能等于 1；$y_n\to 0$，但永远也不可能等于 0. 这充分说明了我国早在古代就产生了朴素的极限思想.

课堂练习

1. 判断下列各命题是否正确,若错,指出错误在哪里:

(1) 若 $\lim\limits_{x \to x_0} f(x)$ 存在,则 $f(x)$ 在 x_0 处有定义;

(2) 若 $\lim\limits_{x \to x_0^-} f(x)$ 和 $\lim\limits_{x \to x_0^+} f(x)$ 都存在,则 $\lim\limits_{x \to x_0} f(x)$ 存在;

(3) 如果 $f(x) = \dfrac{1}{\sqrt{x}}$,那么 $\lim\limits_{x \to \infty} f(x) = 0$;

(4) 如果 $f(x) = \dfrac{x^2 + 3x}{x + 3}$,那么 $\lim\limits_{x \to -3} f(x)$ 不存在.

2. 观察下列函数,并判断哪些是无穷小,哪些是无穷大:

(1) $y = x + \dfrac{1}{x}$ $(x \to 0)$; (2) $y = 2^x - 1$ $(x \to 0)$;

(3) $y = e^{-x}$ $(x \to -\infty)$; (4) $y = \tan x$ $\left(x \to \dfrac{\pi}{2}\right)$.

 知识拓展

古希腊人想出了许许多多关于时间和运动的悖论,最著名的就是芝诺提出的几个悖论.我们先看一下芝诺关于跑步者的悖论:

跑步者在跑步开始之前作了一番推理.他想:"在我到达终点线之前,我必须经过中点.然后,我必须跑到 $\dfrac{3}{4}$ 处,它是剩下距离的一半.而在我跑完最后的 $\dfrac{1}{4}$ 这段路之前,我必须跑到这段路的中点.因为这些中点是没有止境的,所以我将根本不能到达终点."想到这里,他索性不跑了(图 2-8).

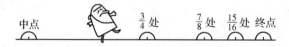

图 2-8

跑步过程构成这样一个数列:$\dfrac{1}{2}$,$\dfrac{1}{4}$,$\dfrac{1}{8}$,$\dfrac{1}{16}$,…,他将跑完的总距离为:$\dfrac{1}{2} + \dfrac{1}{4} + \dfrac{1}{8} + \dfrac{1}{16} + \cdots$,这个无穷递缩等比数列的和的特点是,无论把它的多少项加在一起,永远也不会达到 1,别说超过 1 了.然而我们可以使这个和任意地接近于 1,只需要加上足够多的项就行,随着相加项的数目趋于无穷大,我们说这个数列收敛于 1. 称 1 为该数列的极限.

我们再看这样一个数列:1,$\dfrac{1}{2}$,$\dfrac{1}{3}$,$\dfrac{1}{4}$,…,$\dfrac{1}{n}$,…,它的极限是 0.我们沿着这个数列走得越远,它的项就变得越小;它的项逼近 0,但永远也无法实际变成 0.事实上,只要我们愿意,我们可以使这个数列的项任意地接近于 0(我们所要做的只是走得足够远). 比如,我们要想使这个数列的项小于千分之一,我们只需走到1000项以后就可以办到. 如果我们想使这个数列的项小于百万分之一,我们必须走到第 1000000 项以后,如果这还不够接近,我们可以使数列的项距离零仅差十亿分之一、一万亿分之一,等等(只要我们走得足够远总可以办到). 这就是极限概念的实质:极限是一个数,一个数列可以按照我们的意愿任意地接近它,但总也无法实际达到这个数.

我们回到跑步者悖论.

跑步者的论据是:"假定我每跑一半要花一分钟的时间,那么,画出的时间-距离关系图就会表明,我只能越来越接近终点,而绝不会到达终点."(图 2-9(a))

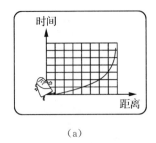
(a)
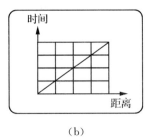
(b)

图 2-9

很明显,他的论据不对. 可问题究竟出在哪里呢?

其实,问题在于跑步者并不是每跑半截都用 1 分钟. 每跑一半所花的时间都是前一段所用时间的一半. 他只要两分钟就可以到达终点. 只不过他需通过无穷多个中点而已. 实际的时间-距离关系图是如图 2-9(b)所示,而根本不是图 2-9(a)所示.

习题 2-2

A 组

1. 当 $n \to \infty$ 时,观察下列数列 $\{x_n\}$ 的变化趋势,若极限存在,写出这个极限:

(1) $x_n = \dfrac{n+1}{n-1}$;

(2) $x_n = \dfrac{1}{n^2}$;

(3) $x_n = \dfrac{1-(-1)^n}{2}$;

(4) $x_n = \sin\dfrac{n\pi}{2}$.

2. 观察函数的图形,若极限存在,写出这个极限:

(1) $\lim\limits_{x \to -\infty} 2^x$;

(2) $\lim\limits_{x \to \frac{\pi}{4}} \tan x$;

(3) $\lim\limits_{x \to -1} \arcsin x$;

(4) $\lim\limits_{x \to 0} \operatorname{arccot} x$.

3. 观察下列函数,判断哪些是无穷大,哪些是无穷小:

(1) $\dfrac{1+2x}{x^2}$ $(x \to 0)$；

(2) $\dfrac{1+2x}{x^2}$ $(x \to \infty)$；

(3) $2^x - 1$ $(x \to 0)$；

(4) $2^x - 1$ $(x \to +\infty)$.

B 组

1. 判断下列极限是否存在,若存在则求出该极限:

(1) $\lim\limits_{n \to \infty} \left[2 + \left(\dfrac{1}{5} \right)^n \right]$；

(2) $\lim\limits_{n \to \infty} \dfrac{1}{n^3}$；

(3) $\lim\limits_{x \to \frac{\pi}{2}} \cot x$；

(4) $\lim\limits_{x \to \infty} \sin x$.

2. 求下列函数在 $x = 0$ 的左、右极限,并判断函数在 $x = 0$ 的极限是否存在:

(1) $f(x) = \dfrac{|x|}{x}$；

(2) $f(x) = \begin{cases} x+1, & x > 0, \\ 3^x, & x \leqslant 0. \end{cases}$

3. 利用无穷小的性质求下列极限:

(1) $\lim\limits_{x \to \infty} \dfrac{\cos x}{x}$；

(2) $\lim\limits_{x \to \infty} \dfrac{\arctan x}{x^2}$.

§2-3　极限的运算

学习目标

1. 能运用极限的运算法则求函数的极限.
2. 会用两个重要极限求函数的极限.

任务引入

前面我们已经学会了通过观察函数的图形求出某一个函数的极限,但对如 $\lim\limits_{x \to 0} \dfrac{\sin 2x}{\sin 3x}(5-2x)$ 一类的初等函数极限如何求呢?

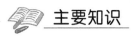 **主要知识**

▶▶ **一、极限的运算法则**

　　极限运算法则　设 $\lim\limits_{x \to x_0} f(x) = A$，$\lim\limits_{x \to x_0} g(x) = B$，则

　　(1) $\lim\limits_{x \to x_0} \left[f(x) \pm g(x) \right] = A \pm B$；

　　(2) $\lim\limits_{x \to x_0} \left[f(x) g(x) \right] = AB$；

　　(3) $\lim\limits_{x \to x_0} \dfrac{f(x)}{g(x)} = \dfrac{A}{B}$（$B \neq 0$）.

　　上述法则对于 $x \to \infty$ 时的极限情况也成立.

　　根据上述法则可以推出，当 C 是常数，$n \in \mathbf{N}_+$ 时，有

$$\lim\limits_{x \to x_0} \left[C f(x) \right] = C \lim\limits_{x \to x_0} f(x)；$$

$$\lim\limits_{x \to x_0} \left[f(x) \right]^n = \left[\lim\limits_{x \to x_0} f(x) \right]^n.$$

　　例 1　求 $\lim\limits_{x \to 2} (x^2 - 3x + 5)$.

　　解　原式 $= \lim\limits_{x \to 2} x^2 - \lim\limits_{x \to 2} 3x + \lim\limits_{x \to 2} 5$

$$= (\lim\limits_{x \to 2} x)^2 - 3 \lim\limits_{x \to 2} x + \lim\limits_{x \to 2} 5 = 2^2 - 3 \times 2 + 5 = 3.$$

　　例 2　求 $\lim\limits_{x \to 1} \dfrac{x^2 - 1}{x^2}$.

　　解　由于 $\lim\limits_{x \to 1} x^2 = 1$，$\lim\limits_{x \to 1} (x^2 - 1) = 0$，所以 $\lim\limits_{x \to 1} \dfrac{x^2 - 1}{x^2} = \dfrac{0}{1} = 0$.

　　例 3　求 $\lim\limits_{x \to 2} \dfrac{x^2 + x - 6}{x - 2}$.

　　分析　由于分母的极限 $\lim\limits_{x \to 2} (x - 2) = 0$，所以不能直接利用商的极限运算法则来求这个分式的极限.

　　解　因为 $x \to 2$ 时 $x \neq 2$，即 $x - 2 \neq 0$，

　　所以 $\lim\limits_{x \to 2} \dfrac{x^2 + x - 6}{x - 2} = \lim\limits_{x \to 2} \dfrac{(x - 2)(x + 3)}{x - 2} = \lim\limits_{x \to 2} (x + 3) = 5.$

　　在此例中，如果不约去公因式 $(x - 2)$，则分子、分母的极限都是 0，即出现"$\dfrac{0}{0}$"的现象，直接利用极限运算法则无法求出极限. 由于 $x \to 2$ 时，$x \neq 2$，即 $(x - 2)$ 是非零公因式，所以可以约掉公因式 $(x - 2)$. 这种先约掉非零公因式，再求分式函数极限的方法是典型的常用方法.

　　例 4　求 $\lim\limits_{x \to \infty} (x^3 - 3x + 1)$.

　　分析　因为当 $x \to \infty$ 时，x^3 和 $3x$ 的极限都不存在，所以不能直接运用极限的运算

法则.

解 由于 $\lim\limits_{x\to\infty}\dfrac{1}{x^3-3x+1}=\lim\limits_{x\to\infty}\dfrac{\dfrac{1}{x^3}}{1-\dfrac{3}{x^2}+\dfrac{1}{x^3}}=\dfrac{0}{1}=0$,

根据无穷大与无穷小的关系,可得

$$\lim\limits_{x\to\infty}(x^3-3x+1)=\infty.$$

▶▶ 二、两个重要极限

第一个重要极限 $\lim\limits_{x\to0}\dfrac{\sin x}{x}=1$.

其中角 x 的单位是弧度(rad),今后若无特别说明,角的单位一律用 rad.

说明 (1) 当 $x\to0$ 时,这个极限是"$\dfrac{0}{0}$"型.

(2) 当 $\varphi(x)\to0$ 时,有 $\lim\limits_{\varphi(x)\to0}\dfrac{\sin\varphi(x)}{\varphi(x)}=1$. 例如,$\lim\limits_{x\to0}\dfrac{\sin3x}{3x}=1$.

第二个重要极限 $\lim\limits_{x\to\infty}\left(1+\dfrac{1}{x}\right)^x=\mathrm{e}$ 或 $\lim\limits_{x\to0}(1+x)^{\frac{1}{x}}=\mathrm{e}$.

其中 $\mathrm{e}=2.71828\cdots$ 是一个无理数.

说明 (1) 当 $x\to\infty$(或 $x\to0$)时,这个极限是"1^∞"型;

(2) 当 $\varphi(x)\to\infty$(或 $\varphi(x)\to0$)时,也有

$$\lim\limits_{\varphi(x)\to\infty}\left[1+\dfrac{1}{\varphi(x)}\right]^{\varphi(x)}=\mathrm{e} \text{ 或 } \lim\limits_{\varphi(x)\to0}[1+\varphi(x)]^{\frac{1}{\varphi(x)}}=\mathrm{e}.$$

例如,$\lim\limits_{x\to0}(1+\sin x)^{\frac{1}{\sin x}}=\mathrm{e}$.

对于这两个重要极限证明从略.利用两个重要极限,可以求有关函数的极限.

例 5 求 $\lim\limits_{x\to0}\dfrac{\tan x}{x}$.

解 $\lim\limits_{x\to0}\dfrac{\tan x}{x}=\lim\limits_{x\to0}\left(\dfrac{\sin x}{x}\cdot\dfrac{1}{\cos x}\right)=\lim\limits_{x\to0}\dfrac{\sin x}{x}\cdot\lim\limits_{x\to0}\dfrac{1}{\cos x}=1$.

例 6 求 $\lim\limits_{x\to0}\dfrac{\sin5x}{x}$.

解 $\lim\limits_{x\to0}\dfrac{\sin5x}{x}=\lim\limits_{x\to0}\dfrac{5\sin5x}{5x}=5\lim\limits_{x\to0}\dfrac{\sin5x}{5x}=5$.

说明 当 $x\to0$ 时,$5x\to0$,所以 $\lim\limits_{x\to0}\dfrac{\sin5x}{5x}=1$.

例 7 求 $\lim\limits_{x\to0}\dfrac{1-\cos x}{x^2}$.

解 $\lim\limits_{x\to0}\dfrac{1-\cos x}{x^2}=\lim\limits_{x\to0}\dfrac{2\sin^2\dfrac{x}{2}}{x^2}=\dfrac{1}{2}\lim\limits_{x\to0}\dfrac{\sin^2\dfrac{x}{2}}{\left(\dfrac{x}{2}\right)^2}=\dfrac{1}{2}\lim\limits_{x\to0}\left(\dfrac{\sin\dfrac{x}{2}}{\dfrac{x}{2}}\right)^2=\dfrac{1}{2}\cdot1^2=\dfrac{1}{2}$.

例 8 求 $\lim\limits_{x\to 0}\dfrac{\arcsin x}{x}$.

解 令 $t=\arcsin x$，则 $x=\sin t$，当 $x\to 0$ 时，$t\to 0$，于是

$$\lim_{x\to 0}\frac{\arcsin x}{x}=\lim_{t\to 0}\frac{t}{\sin t}=\frac{1}{\lim\limits_{t\to 0}\dfrac{\sin t}{t}}=1.$$

例 9 求 $\lim\limits_{x\to\infty}\left(1+\dfrac{1}{x}\right)^{-x}$.

解 $\lim\limits_{x\to\infty}\left(1+\dfrac{1}{x}\right)^{-x}=\lim\limits_{x\to\infty}\left[\left(1+\dfrac{1}{x}\right)^{x}\right]^{-1}=\mathrm{e}^{-1}=\dfrac{1}{\mathrm{e}}.$

例 10 求 $\lim\limits_{x\to\infty}\left(1-\dfrac{1}{x}\right)^{2x}$.

解 $\lim\limits_{x\to\infty}\left(1-\dfrac{1}{x}\right)^{2x}=\lim\limits_{x\to\infty}\left[\left(1+\dfrac{1}{-x}\right)^{-x}\right]^{-2}=\mathrm{e}^{-2}=\dfrac{1}{\mathrm{e}^{2}}.$

例 11 求 $\lim\limits_{x\to 0}\left(1+\dfrac{x}{2}\right)^{\frac{1}{x}}$.

解 $\lim\limits_{x\to 0}\left(1+\dfrac{x}{2}\right)^{\frac{1}{x}}=\lim\limits_{x\to 0}\left[\left(1+\dfrac{x}{2}\right)^{\frac{2}{x}}\right]^{\frac{1}{2}}=\mathrm{e}^{\frac{1}{2}}=\sqrt{\mathrm{e}}.$

例 12 求 $\lim\limits_{x\to+\infty}\left(\dfrac{x+2}{x-1}\right)^{x}$.

解 $\lim\limits_{x\to+\infty}\left(\dfrac{x+2}{x-1}\right)^{x}=\lim\limits_{x\to+\infty}\left(1+\dfrac{3}{x-1}\right)^{x}$

$$=\lim_{x\to+\infty}\left\{\left[\left(1+\frac{3}{x-1}\right)^{\frac{x-1}{3}}\right]^{3}\cdot\left(1+\frac{3}{x-1}\right)\right\}=\mathrm{e}^{3}.$$

📖 任务实施

我们现在来运用前面所掌握的知识完成本节开始提出的任务.

计算：$\lim\limits_{x\to 0}\dfrac{\sin 2x}{\sin 3x}(5-2x)$.

解 $\lim\limits_{x\to 0}\dfrac{\sin 2x}{\sin 3x}(5-2x)=\lim\limits_{x\to 0}\dfrac{\dfrac{\sin 2x}{2x}\cdot 2x}{\dfrac{\sin 3x}{3x}\cdot 3x}(5-2x)$

$$=\frac{2}{3}\lim_{x\to 0}\frac{\dfrac{\sin 2x}{2x}}{\dfrac{\sin 3x}{3x}}(5-2x)=\frac{2}{3}\cdot\frac{\lim\limits_{x\to 0}\dfrac{\sin 2x}{2x}}{\lim\limits_{x\to 0}\dfrac{\sin 3x}{3x}}\cdot\lim_{x\to 0}(5-2x)$$

$$=\frac{2}{3}\times\frac{1}{1}\times 5=\frac{10}{3}.$$

课堂练习

1. 下列运算是否有错误,如有错误,请指出错在哪里:

(1) $\lim\limits_{x\to 1}\dfrac{x^2-1}{x-1}=\dfrac{\lim\limits_{x\to 1}(x^2-1)}{\lim\limits_{x\to 1}(x-1)}=\lim\limits_{x\to 1}(x+1)=2$;

(2) $\lim\limits_{x\to\infty}\dfrac{x-2}{x^2-4}=\dfrac{\lim\limits_{x\to\infty}(x-2)}{\lim\limits_{x\to\infty}(x^2-4)}=\dfrac{1}{\lim\limits_{x\to\infty}(x+2)}=0$;

(3) $\lim\limits_{x\to\infty}\dfrac{1}{x}\sin x=\lim\limits_{x\to\infty}\dfrac{\sin x}{x}=1$.

2. 计算下列极限:

(1) $\lim\limits_{x\to\infty}\dfrac{2x-1}{x^2+x+1}$;   (2)$\lim\limits_{x\to\infty}\dfrac{x^2-1}{2x^2+3}$;   (3)$\lim\limits_{x\to\infty}\dfrac{x^3-1}{x^2-2}$.

通过上面的计算,你能否归纳出下面这个极限的值是多少?

$\lim\limits_{x\to\infty}\dfrac{a_n x^n+a_{n-1}x^{n-1}+\cdots+a_1 x+a_0}{b_m x^m+b_{m-1}x^{m-1}+\cdots+b_1 x+b_0}$ $(a_n\neq 0,b_m\neq 0,m>0,n>0)$

提示 分 $m=n,m>n,m<n$ 三种情况.

 应用举例

连续复利的本利和计算

设本金为 P,年利率为 r,按复利计算 t 年后的本利和公式为

$$A=P(1+r)^t.$$

若每年分 m 期结算,于是每期利率为 $\dfrac{r}{m}$,经 t 年后,即经 mt 期后,本利和为

$$A=P\left(1+\frac{r}{m}\right)^{mt}.$$

期数 m 越大,利息计算越精确,若 m 无限增大,则 t 年后的本利为

$$A=\lim\limits_{m\to\infty}P\left[\left(1+\frac{r}{m}\right)^{\frac{m}{r}}\right]^{rt}=Pe^{rt}.$$

A 组

1. 计算下列极限：

(1) $\lim\limits_{x \to 2}(3x^2+2)(2x-1)$；

(2) $\lim\limits_{x \to \infty}\left(1+\dfrac{1}{x}\right)\left(3-\dfrac{1}{x^2}\right)\left(2+\dfrac{1}{x^3}\right)$；

(3) $\lim\limits_{x \to 1}\dfrac{x^2-2x+1}{x^3-x}$；

(4) $\lim\limits_{x \to 3}\dfrac{x+2}{x-2}$；

(5) $\lim\limits_{x \to 2}\left(\dfrac{1}{x-2}-\dfrac{4}{x^2-4}\right)$；

(6) $\lim\limits_{x \to 0}\dfrac{x}{1+\sqrt{1-x}}$.

2. 计算下列极限：

(1) $\lim\limits_{x \to 0}\dfrac{\sin 2x}{\tan 3x}$；

(2) $\lim\limits_{x \to 0}\dfrac{\arcsin 3x}{2x}$；

(3) $\lim\limits_{x \to 1}\dfrac{\sin(x-1)}{x^2-1}$；

(4) $\lim\limits_{x \to \infty}x\sin\dfrac{1}{x}$.

3. 计算下列极限：

(1) $\lim\limits_{x \to \infty}\left(1-\dfrac{1}{x}\right)^{2x}$；

(2) $\lim\limits_{x \to 0}(1+2x)^{\frac{1}{x}}$；

(3) $\lim\limits_{x \to \infty}\left(1+\dfrac{1}{2x}\right)^{x+2}$；

(4) $\lim\limits_{x \to 0}(1+2\tan x)^{\cot x}$.

B 组

1. 计算下列极限：

(1) $\lim\limits_{x \to \infty}x^2\left(\dfrac{1}{x+1}-\dfrac{1}{x-1}\right)$；

(2) $\lim\limits_{x \to +\infty}\left(\sqrt{x^2+x}-\sqrt{x^2-x}\right)$.

2. 计算下列极限：

(1) $\lim\limits_{x \to 0}\dfrac{1-\cos x}{x^2}$；

(2) $\lim\limits_{x \to \pi}\dfrac{\pi-x}{\sin x}$.

3. 计算下列极限：

(1) $\lim\limits_{x \to \infty}\left(\dfrac{x}{1+x}\right)^{x-3}$；

(2) $\lim\limits_{x \to 0}\dfrac{x}{\ln(1+2x)}$.

$$\S\,2\text{-}4 \qquad 函数的连续性$$

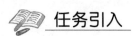

1. 理解函数连续性的概念,会求函数的间断点.
2. 能利用初等函数的连续性求函数的极限.
3. 掌握闭区间上连续函数的性质.

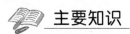

客观世界中有许多连续变化的现象,如河水的流动,气温的升降,火车的行驶,压力的变化,等等,它们都是随着时间的连续变化而变化的. 自然界中各种物态的连续变化反映到数学上就是函数的连续性.

主要知识

▶▶▶一、函数连续的概念

1. 函数连续性的定义

(1) 函数在点 x_0 处连续

定义 1 设函数 $y=f(x)$ 在点 x_0 及其左、右近旁有定义,如果 $\lim\limits_{x \to x_0} f(x) = f(x_0)$,则称 $f(x)$ 在点 x_0 处连续,称 x_0 为 $f(x)$ 的一个连续点.

若上述函数 $y=f(x)$,当 x 从左(右)侧趋于 x_0 时,有 $\lim\limits_{x \to x_0^-} f(x) = f(x_0)$($\lim\limits_{x \to x_0^+} f(x) = f(x_0)$),则称 $f(x)$ 在 x_0 处左连续(右连续).

定理 函数 $y=f(x)$ 在点 x_0 处连续的充要条件是:在点 x_0 既是左连续,又是右连续,即

$$\lim_{x \to x_0^+} f(x) = \lim_{x \to x_0^-} f(x) = f(x_0).$$

这个定理常用来判断分段函数在分段点的连续性.

例 1 论函数 $f(x) = \begin{cases} \dfrac{\sin x}{x}, & x > 0, \\ 1-x, & x \leqslant 0 \end{cases}$ 在 $x=0$ 处的连续性.

解 因为 $f(x)$ 在 $x=0$ 及其近旁有定义，且 $f(0)=1$，又

$$\lim_{x\to 0^+}f(x)=\lim_{x\to 0^+}\frac{\sin x}{x}=1,\ \lim_{x\to 0^-}f(x)=\lim_{x\to 0^-}(1-x)=1,$$

即

$$\lim_{x\to 0}f(x)=1=f(0).$$

所以，该函数在 $x=0$ 处连续.

(2) 函数在区间上的连续

定义 2 如果函数 $f(x)$ 在区间 I 内每一点都连续，则称 $f(x)$ 在区间 I 内连续；如果函数 $f(x)$ 在 (a,b) 内连续，同时在左端点 a 处右连续，右端点 b 处左连续，则称 $f(x)$ 在区间 $[a,b]$ 上连续.

连续函数的图象是一条连续不间断的曲线.

2. 函数的间断点

我们先考察下列三个函数在点 $x=1$ 处的连续性.

(1) 函数 $f(x)=\dfrac{x^2-1}{x-1}$. 由于在点 $x=1$ 没有定义，故 $f(x)$ 在 $x=1$ 处不连续(图 2-10(a)).

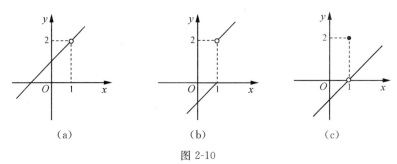

(a)　　　　　　(b)　　　　　　(c)

图 2-10

(2) 函数 $f(x)=\begin{cases}x+1, & x>1,\\0, & x=1,\\x-1, & x<1.\end{cases}$ 虽它在点 $x=1$ 有定义，但由于 $\lim\limits_{x\to 1}f(x)$ 不存在，故 $f(x)$ 在 $x=1$ 处不连续(图 2-10(b)).

(3) 函数 $f(x)=\begin{cases}x-1, & x\neq 1,\\2, & x=1.\end{cases}$ 虽它在点 $x=1$ 有定义且 $\lim\limits_{x\to 1}f(x)=0$ 存在，但 $\lim\limits_{x\to 1}f(x)\neq f(1)$，故 $f(x)$ 在 $x=1$ 处不连续(图 2-10(c)).

以上三个函数 $f(x)$ 在 $x=1$ 处都不连续，但产生不连续的原因却是不一样的. 一般来说，如果函数 $f(x)$ 有下列三种情形之一：

(1) 在 $x=x_0$ 的近旁有定义，但在 $x=x_0$ 没有定义，

(2) 虽在 $x=x_0$ 有定义，但 $\lim\limits_{x\to x_0}f(x)$ 不存在，

(3) 虽在 $x=x_0$ 有定义，且 $\lim\limits_{x\to x_0}f(x)$ 存在，但 $\lim\limits_{x\to x_0}f(x)\neq f(x_0)$，

则函数 $f(x)$ 在点 x_0 处不连续. 我们把点 x_0 叫做函数 $f(x)$ 的不连续点或**间断点**.

例 2 求下列函数的间断点:

(1) $f(x) = \dfrac{3}{x-2}$; (2) $f(x) = \tan x$;

(3) $f(x) = \begin{cases} \dfrac{x^2-1}{x-1}, & x \neq 1, \\ 1, & x = 1. \end{cases}$

解 (1) 函数 $f(x) = \dfrac{3}{x-2}$ 在点 $x=2$ 无定义,即 $f(2)$ 不存在,所以点 $x=2$ 是函数 $f(x) = \dfrac{3}{x-2}$ 的间断点.

(2) 函数 $f(x) = \tan x$ 在 $x = k\pi + \dfrac{\pi}{2}$ $(k \in \mathbf{Z})$ 的近旁有定义,但在 $x = k\pi + \dfrac{\pi}{2}$ $(k \in \mathbf{Z})$ 处没有定义,所以点 $x = k\pi + \dfrac{\pi}{2}$ $(k \in \mathbf{Z})$ 是函数 $f(x) = \tan x$ 的间断点.

(3) 因为 $f(1) = 1$,而 $\lim\limits_{x \to 1} f(x) = \lim\limits_{x \to 1} \dfrac{x^2-1}{x-1} = \lim\limits_{x \to 1}(x+1) = 2$,显然 $f(1) \neq 2$,所以点 $x = 1$ 是函数 $f(x)$ 的间断点.

▶▶ 二、连续函数的性质

可以证明以下结论:

(1) 在区间 I 连续的函数的和、差、积、商(分母不为零),在区间 I 仍是连续的.

(2) 有限个连续函数经有限次复合而成的复合函数在定义区间内仍是连续函数.

(3) 在区间 I 连续且单调的函数的反函数,在对应区间仍连续且单调.

(4) 基本初等函数在它的定义域内是连续的.

(5) 初等函数在它的定义区间内是连续的.

说明 定义区间(指包含在定义域内的区间)和定义域是不同的.

对于初等函数求极限,可利用如下结果:

设 $f(x)$ 是初等函数,x_0 是 $f(x)$ 的定义区间内的一点,则

$$\lim_{x \to x_0} f(x) = f(\lim_{x \to x_0} x) = f(x_0).$$

例 3 求 $\lim\limits_{x \to 2} \dfrac{x^2 + 3\ln(x-1)}{\sqrt{1+x^2}}$.

解 设 $f(x) = \dfrac{x^2 + 3\ln(x-1)}{\sqrt{1+x^2}}$,这是一个初等函数,其定义区间是 $(1, +\infty)$,而 $x=2$ 在该区间内,所以

$$\lim_{x \to 2} \frac{x^2 + 3\ln(x-1)}{\sqrt{1+x^2}} = f(2) = \frac{2^2 + 3\ln(2-1)}{\sqrt{1+2^2}} = \frac{4\sqrt{5}}{5}.$$

▶▶ 三、闭区间上连续函数的性质

函数 $f(x)$ 在点 x_0 处连续,意味着 $f(x)$ 在点 x_0 有定义、有极限且极限值等于函数值,

这是函数的局部性质.现在我们来介绍函数在整个区间上的性质,这可理解为整体性质.

先给出最大值和最小值的概念:

设函数 $f(x)$ 在区间 I 上有定义,若 $x_0 \in I$,且对该区间内的一切 x,有

$$f(x) \leqslant f(x_0) \text{(或 } f(x) \geqslant f(x_0)\text{)},$$

则称 $f(x_0)$ 是函数 $f(x)$ 在区间 I 上的**最大值**(或**最小值**).最大值与最小值统称为**最值**.

1. 最大值、最小值定理

如果函数 $f(x)$ 在闭区间 $[a,b]$ 上连续,则 $f(x)$ 在 $[a,b]$ 上有最大值与最小值.

从图 2-11 上看,定理的结论成立是显然的.

说明 若函数 $f(x)$ 在开区间内连续,它不一定有最大值与最小值.例如,$y = x^2$ 在区间 $(0,1)$ 内连续,它在该区间既无最大值也无最小值.

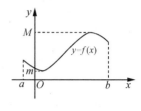

图 2-11

2. 有界性定理

若函数 $f(x)$ 在闭区间 $[a,b]$ 上连续,则 $f(x)$ 在 $[a,b]$ 上有界.

3. 介值定理

设函数 $f(x)$ 在闭区间 $[a,b]$ 上连续,m 和 M 分别为函数 $f(x)$ 在 $[a,b]$ 上的最小值与最大值,则对介于 m 和 M 之间的任一数 c,在开区间 (a,b) 内至少存在一点 ξ,使得 $f(\xi) = c$.

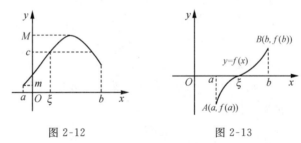

图 2-12   图 2-13

4. 零点定理

若函数 $f(x)$ 在闭区间 $[a,b]$ 上连续,$f(a)f(b) < 0$(即 $f(a)$ 与 $f(b)$ 异号),则在区间 (a,b) 内至少存在一点 ξ,使得 $f(\xi) = 0$.

📖 **课堂练习**

判断下列命题是否正确:

(1) 若函数 $f(x)$ 在点 x_0 处间断,则 $\lim\limits_{x \to x_0} f(x)$ 一定不存在;

(2) 初等函数在其定义域内处处连续;

(3) 若 $f(x)$ 在 $[a,b]$ 上有定义,在 (a,b) 内连续,则 $f(x)$ 在 $[a,b]$ 上必定取得最值.

📖 **应用举例**

例 4 证明:方程 $x = \cos x$ 在 $\left[0, \dfrac{\pi}{2}\right]$ 内至少存在一个实根.

证 设 $f(x) = x - \cos x$,则 $f(x)$ 在 $\left[0, \dfrac{\pi}{2}\right]$ 上连续,并且 $f(0) = -1 < 0$,$f\left(\dfrac{\pi}{2}\right) = \dfrac{\pi}{2} > 0$.

根据零点定理,函数 $f(x)$ 在 $\left(0, \dfrac{\pi}{2}\right)$ 内至少存在一点 ξ,使 $f(\xi) = 0$,即方程 $x = \cos x$ 在 $\left[0, \dfrac{\pi}{2}\right]$ 内至少存在一个实根.

习题 2-4

A 组

1. 讨论函数 $f(x) = \begin{cases} \ln x, & x \geq 1, \\ x - 1, & x < 1 \end{cases}$ 在 $x = 1$ 处的连续性.

2. 求函数 $f(x) = \dfrac{\sqrt{x-2}}{(x-1)(x-3)}$ 的间断点.

3. 设函数 $f(x) = \begin{cases} e^x, & x < 0, \\ a + x, & x \geq 0 \end{cases}$ 在 $x = 0$ 处连续,求 a 的值.

4. 求下列函数的极限:

(1) $\lim\limits_{x \to 1} \dfrac{x^2 + \ln(2-x)}{\arctan x}$;

(2) $\lim\limits_{x \to +\infty} \arccos(\sqrt{x^2 + x} - x)$.

B 组

1. 讨论函数 $f(x) = \begin{cases} 0, & x < 1, \\ 2x + 1, & 1 \leq x < 2, \\ x^2 + 1, & x \geq 2 \end{cases}$ 在其定义域内的连续性.

2. 设 $f(x) = \begin{cases} \dfrac{\sin 2x}{x}, & x < 0, \\ 3x^2 - 2x + k, & x \geqslant 0, \end{cases}$ 问:k 为何值时,函数 $f(x)$ 在 $x = 0$ 处连续?

3. 求下列函数的极限:

(1) $\lim\limits_{x \to 1} \dfrac{\ln(e^x + e^{x^2})}{\sqrt{3^x + 1} + \arccos x}$;　　　　(2) $\lim\limits_{x \to 0} \dfrac{\arctan 2^x}{\tan x^2 + (x + 2)^{\cos x}}$.

4. 证明:方程 $2^x x - 1 = 0$ 至少有一个小于 1 的正根.

<h1 align="center">本 章 小 结</h1>

▶▶ 一、极限的概念

1. $\lim\limits_{n \to \infty} x_n = A$ 表示当数列 $\{x_n\}$ 的项数 n 无限增大时,通项 x_n 变化的总趋势——无限接近于常数 A.

2. $\lim\limits_{x \to \infty} f(x) = A$ 表示当自变量 x 的绝对值无限增大时,函数值 $f(x)$ 变化的总趋势——无限接近于常数 A.

$$\lim\limits_{x \to \infty} f(x) = A \Longleftrightarrow \lim\limits_{x \to -\infty} f(x) = \lim\limits_{x \to +\infty} f(x) = A.$$

3. $\lim\limits_{x \to x_0} f(x) = A$ 表示自变量 x 无限趋近于 x_0 时,函数值 $f(x)$ 变化的总趋势——无限接近于常数 A.

$$\lim\limits_{x \to x_0} f(x) = A \Longleftrightarrow \lim\limits_{x \to x_0^-} f(x) = \lim\limits_{x \to x_0^+} f(x) = A.$$

▶▶ 二、无穷大与无穷小

1. 若在自变量的某个变化过程中,$\lim f(x) = \infty$,则称 $f(x)$ 是这个变化过程中的无穷大;若 $\lim f(x) = 0$,则称 $f(x)$ 是这个变化过程中的无穷小.

2. 在自变量的同一变化过程中,若 $f(x)$ 是无穷大,则 $\dfrac{1}{f(x)}$ 是无穷小;若 $f(x)$ 是无穷小且 $f(x) \neq 0$,则 $\dfrac{1}{f(x)}$ 是无穷大.

▶▶ 三、求极限的基本方法

1. 运用极限的四则运算法则求极限:

设 $\lim\limits_{x \to x_0} f(x) = A$,$\lim\limits_{x \to x_0} g(x) = B$,则

(1) $\lim\limits_{x \to x_0} [f(x) \pm g(x)] = A \pm B$;

(2) $\lim\limits_{x \to x_0} [f(x) g(x)] = AB$;

(3) $\lim\limits_{x\to x_0}\dfrac{f(x)}{g(x)}=\dfrac{A}{B}$ $(B\neq 0)$.

上述法则对于 $x\to\infty$ 时的极限情况也成立.

2. 运用初等函数的连续性求极限：设 $f(x)$ 在 x_0 处连续，则 $\lim\limits_{x\to x_0}f(x)=f(x_0)$.

3. 运用两个重要极限 (1) $\lim\limits_{x\to 0}\dfrac{\sin x}{x}=1$，(2) $\lim\limits_{x\to\infty}\left(1+\dfrac{1}{x}\right)^x=\mathrm{e}$ 或 $\lim\limits_{x\to 0}(1+x)^{\frac{1}{x}}=\mathrm{e}$ 求 "$\dfrac{0}{0}$" 型或 "1^{∞}" 型的函数的极限.

▶▶ 四、函数的连续性

1. 函数在点 x_0 处连续：$\lim\limits_{x\to x_0}f(x)=f(x_0)$.

2. 函数在区间内连续：函数 $f(x)$ 在区间内每一点都连续.

3. 函数的间断点：

(1) 在 $x=x_0$ 处没有定义；

(2) 虽在 $x=x_0$ 处有定义，但 $\lim\limits_{x\to x_0}f(x)$ 不存在；

(3) 虽在 $x=x_0$ 处有定义，且 $\lim\limits_{x\to x_0}f(x)$ 存在，但 $\lim\limits_{x\to x_0}f(x)\neq f(x_0)$.

4. 连续函数的性质：

(1) 在区间 I 连续的函数的和、差、积、商（分母不为零），在区间 I 仍是连续的；

(2) 有限个连续函数经有限次复合而成的复合函数在定义区间内仍是连续函数；

(3) 在区间 I 连续且单调的函数的反函数，在对应区间仍连续且单调；

(4) 基本初等函数在它的定义域内是连续的；

(5) 初等函数在它的定义区间内是连续的.

5. 闭区间上连续函数的性质：

(1) 如果函数 $f(x)$ 在闭区间 $[a,b]$ 上连续，则 $f(x)$ 在 $[a,b]$ 上有最大值与最小值；

(2) 若函数 $f(x)$ 在闭区间 $[a,b]$ 上连续，则 $f(x)$ 在 $[a,b]$ 上有界；

(3) 设函数 $f(x)$ 在闭区间 $[a,b]$ 上连续，m 和 M 分别为函数 $f(x)$ 在 $[a,b]$ 上的最小值与最大值，则对介于 m 和 M 之间的任一数 c，在开区间 (a,b) 内至少存在一点 ξ，使得 $f(\xi)=c$；

(4) 若函数 $f(x)$ 在闭区间 $[a,b]$ 上连续，$f(a)f(b)<0$（即 $f(a)$ 与 $f(b)$ 异号），则在区间 (a,b) 内至少存在一点 ξ，使得 $f(\xi)=0$.

复习题二

1. 填空题：

(1) $f(x)=\dfrac{\sqrt{x-2}}{\ln(3-x)}$ 的定义域为 _____，$f(x)=\arcsin(2x+1)$ 的

定义域为 _____.

(2) 若 $f(x)=x^2+1$, 则 $f(e^x-2)=$ _____.

(3) 若 $f(x)$ 的定义域为 $[0,1]$, 则 $f(3x+2)$ 的定义域为 _____.

(4) 函数 $y=\sin\sqrt{x^2+1}$ 的复合过程是 _____.

(5) 函数 $y=\lg^3(\arccos 5x)$ 的复合过程是 _____.

(6) 若 $\lim\limits_{x\to 0}\dfrac{\sin kx}{3x}=2$, 则 $k=$ _____; 若 $\lim\limits_{x\to\infty}\left(1+\dfrac{1}{kx}\right)^x=e^3$, 则 $k=$ _____.

(7) $\lim\limits_{x\to 0}\dfrac{e^{2x}+\lg(100-x)}{\sqrt{4-x^2}}=$ _____.

(8) 函数 $f(x)=\dfrac{x+5}{x^2-1}$ 的间断点为 _____.

2. 选择题:

(1) $\lim\limits_{x\to x_0}f(x)=f(x_0)$ 存在是函数 $f(x)$ 在 x_0 处连续的 （　　）

(A) 必要条件 　　(B) 充分条件 　　(C) 充要条件 　　(D) 无关条件

(2) 函数 $f(x)$ 在 x_0 处连续是 $\lim\limits_{x\to x_0}f(x)=f(x_0)$ 存在的 （　　）

(A) 必要条件 　　(B) 充分条件 　　(C) 充要条件 　　(D) 无关条件

(3) $\lim\limits_{x\to\infty}\dfrac{\sin x}{x^2}$ 的值为 （　　）

(A) 1 　　　　(B) 0 　　　　(C) -1 　　　　(D) 不存在

(4) 下列数列存在极限的是 （　　）

(A) $x_n=\dfrac{n+1}{n}$ 　　　　　　(B) $x_n=n^2$

(C) $x_n=\dfrac{1+(-1)^n}{2}$ 　　　　(D) $x_n=\ln n$

(5) 下列函数在指定自变量的变化过程中是无穷小的是 （　　）

(A) $\dfrac{\tan x}{x}(x\to 0)$ 　　　　　(B) $x\sin\dfrac{1}{x}(x\to\infty)$

(C) $\dfrac{\cos x}{x}(x\to\infty)$ 　　　　　(D) $e^x(x\to 0)$

(6) 若 $\lim\limits_{x\to x_0^-}f(x)=\lim\limits_{x\to x_0^+}f(x)=A$, 则下列说法正确的是 （　　）

(A) $f(x)$ 在 x_0 有定义 　　　　(B) $f(x)$ 在 x_0 连续

(C) $f(x_0)=A$ 　　　　　　　　(D) $\lim\limits_{x\to x_0}f(x)=A$

3. 求下列函数的极限:

(1) $\lim\limits_{x\to 2}\dfrac{x^3-2x^2}{x-2}$;　　　　　(2) $\lim\limits_{x\to 0}\dfrac{x^2}{2\sin x}$;

(3) $\lim\limits_{x\to\infty}\left(\dfrac{x-3}{x}\right)^{4x}$;　　　　(4) $\lim\limits_{x\to 0}\dfrac{e^x-1}{x}$.

4. 设 $f(x)=\begin{cases} \dfrac{\sin x}{x}, & x<0, \\ a-1, & x=0, \\ x^2+b, & x>0, \end{cases}$ 试确定 a,b 的值，使函数在其定义域内连续.

5. 证明：方程 $2x^3-3x=1$ 至少有一个根界于 1 和 2 之间.

拓展阅读

极限的由来

本章的"任务引入"中提到了《庄子·天下篇》中一句著名的话："一尺之棰，日取其半，万世不竭."这是我国古代极限思想的萌芽.

我国三国时代的大数学家刘徽(约 225—295)的割圆术，通过不断倍增圆内接正多边形的边数来逼近圆周.刘徽计算了圆内接正 3072 边形的面积和周长，从而推得 3.141024 $<\pi<$ 3.142704.而国外在一千多年以后，欧洲人安托尼兹才将"π"算到同样的精确度."π"这扇窗口闪烁着我国古代数学家的数学水平和才华的光辉.

16 世纪前后，欧洲资本主义的萌芽和文艺复兴运动促进了生产力和自然科学的发展.17 世纪，牛顿(I. Newton，1642—1727)和莱布尼兹(G. W. Leibniz，1646—1716)在总结前人经验的基础上，创立了微积分.但他们当时也没有完全弄清楚极限的概念，没能把他们的工作建立在严密的理论基础上，更多地凭借几何和物理直观去开展研究工作.

到了 18 世纪，数学家们基本上弄清了极限的描述性定义.例如，牛顿用路程的改变量 Δs 与时间的改变量 Δt 之比 $\dfrac{\Delta s}{\Delta t}$ 表示物体的平均速度，让 Δt 无限趋近于零，得到物体的瞬时速度.那时所运用的极限只是接近于直观性的语言描述："如果当自变量 x 无限地趋近于 x_0 时，函数 $f(x)$ 无限地趋近于常数 A，那么就说 $f(x)$ 以 A 为极限."这种描述性语言虽然易于被人们接受，但是这种定义没有定量地给出两个"无限过程"之间的联系，不能作为科学论证的逻辑基础.正因为当时缺少严格的极限定义，才导致微积分理论受到人们的怀疑和攻击.

随着微积分应用的更加广泛和深入，遇到的数量关系也日益复杂.例如，研究天体运行的轨道等问题已超出直观的范围.在这种情况下，微积分的薄弱之处也越来越暴露出来，迫切需要一个严格的极限定义.经过 100 多年的争论，直到 19 世纪上半叶，由于对无穷级数的研究，人们对极限概念才有了比较明确的认识.1821 年，法国数学家柯西(A. L. Cauchy，1789—1857)在他的《分析教程》中进一步提出了极限定义的 ε 方法，把极限过程用不等式来刻画，后经德国数学家维尔斯特拉斯(K. Weierstrass，1815—1897)进一步加

工,成为现在所说的柯西极限定义或称"ε—δ"定义:如果对于每一个预先给定的任意小的正数 ε,总存在着一个正数 δ,使得对于适合不等式 $0 < |x - x_0| < \delta$ 的一切 x,所对应的函数值 $f(x)$ 都满足不等式 $|f(x) - A| < \varepsilon$,则常数 A 就叫作函数 $y = f(x)$ 当 $x \to x_0$ 时的极限,记作 $\lim\limits_{x \to x_0} f(x) = A$. 这样的定义是严格的,至今还被所有微积分的教科书(至少是在本质上)普遍采用.

极限理论的建立,在思想方法上深刻影响了近代数学的发展.

一个数学概念的形成经历了这样漫长的岁月,读者仅从这一点就可以想象出极限概念在微积分这门学科中显得多么重要了.

第三章

导数与微分

导数与微分是微分学中的两个重要概念,导数反映的是函数相对于自变量变化而变化的快慢,而微分则指明当自变量有微小变化时,函数值变化的情况. 它们不仅是以后学习积分的基础,而且本身也有着广泛的应用.

§3-1 导数的概念

学习目标

1. 理解导数的定义,知道导数的几何意义.
2. 能依照求导数的三个步骤求简单函数的导数.
3. 了解高阶导数的概念.
4. 会运用导数解决一些简单的实际问题.

任务引入

设一质点的运动方程是 $s=3t^2+2t+1$,计算:

(1) 从 $t=2$ 到 $t=2+\Delta t$ 之间的平均速度;

(2) 当 $\Delta t=0.1$ 时的平均速度;

(3) $t=2$ 时的瞬时速度和加速度.

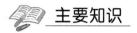 **主要知识**

▶▶ 一、导数的定义

定义 1 设函数 $y=f(x)$ 在点 x_0 及其左右近旁有定义,当自变量 x 在点 x_0 处取得增量 $\Delta x(\Delta x=x-x_0)$ 时,相应地函数 y 取得增量 $\Delta y=f(x_0+\Delta x)-f(x_0)$,如果极限

$$\lim_{\Delta x\to 0}\frac{\Delta y}{\Delta x}=\lim_{\Delta x\to 0}\frac{f(x_0+\Delta x)-f(x_0)}{\Delta x}$$

存在,则称此极限是函数 $y=f(x)$ 在点 x_0 处的**导数**,记作

$$y'(x_0)\ \text{或}\ f'(x_0)\ \text{或}\ \frac{\mathrm{d}y}{\mathrm{d}x}\bigg|_{x=x_0}\ \text{或}\ \frac{\mathrm{d}f}{\mathrm{d}x}\bigg|_{x=x_0}.$$

即

$$f'(x_0)=\lim_{\Delta x\to 0}\frac{\Delta y}{\Delta x}=\lim_{\Delta x\to 0}\frac{f(x_0+\Delta x)-f(x_0)}{\Delta x}.$$

此时也称函数 $y=f(x)$ 在点 x_0 可导. 如果上述极限不存在,则称函数 $y=f(x)$ 在点 x_0 不可导或导数不存在.

定义 2 如果函数 $y=f(x)$ 在区间 (a,b) 内每一点都可导,则对每一个 $x\in(a,b)$ 都有唯一确定的导数值 $f'(x)$ 与它对应,这样就确定一个新的函数,称它为函数 $y=f(x)$ 的**导函数**,记作

$$y'\ \text{或}\ f'(x)\ \text{或}\ \frac{\mathrm{d}y}{\mathrm{d}x}\ \text{或}\ \frac{\mathrm{d}f}{\mathrm{d}x}.$$

即

$$f'(x)=\lim_{\Delta x\to 0}\frac{\Delta y}{\Delta x}=\lim_{\Delta x\to 0}\frac{f(x+\Delta x)-f(x)}{\Delta x}.$$

在不引起混淆时,导函数也称为导数. 显然,$f'(x)$ 与 $f'(x_0)$ 既有区别又有联系:$f'(x)$ 是 x 的函数,$f'(x_0)$ 是一个函数值,在 $f'(x)$ 中令 $x=x_0$ 就得到 $f'(x_0)$.

由导数的定义知,求函数 $y=f(x)$ 在点 x_0 的导数,可按下述三个步骤进行:

(1) 求增量:$\Delta y=f(x+\Delta x)-f(x)$;

(2) 求比值:$\dfrac{\Delta y}{\Delta x}=\dfrac{f(x+\Delta x)-f(x)}{\Delta x}$;

(3) 求极限:$\lim\limits_{\Delta x\to 0}\dfrac{\Delta y}{\Delta x}=f'(x)$.

例 1 求函数 $y=C(C$ 为常数$)$ 的导数.

解 $y'=(C)'=\lim\limits_{\Delta x\to 0}\dfrac{\Delta y}{\Delta x}=\lim\limits_{\Delta x\to 0}\dfrac{f(x+\Delta x)-f(x)}{\Delta x}=\lim\limits_{\Delta x\to 0}\dfrac{C-C}{\Delta x}=0.$

即

$$(C)'=0.$$

例 2 求函数 $y=x^2$ 的导数.

解 （1）求增量：$\Delta y = f(x+\Delta x) - f(x) = (x+\Delta x)^2 - x^2 = 2x \cdot \Delta x + (\Delta x)^2$；

（2）求比值：$\dfrac{\Delta y}{\Delta x} = \dfrac{2x \cdot \Delta x + (\Delta x)^2}{\Delta x}$；

（3）求极限：$\lim\limits_{\Delta x \to 0} \dfrac{\Delta y}{\Delta x} = \lim\limits_{\Delta x \to 0} \dfrac{2x \cdot \Delta x + (\Delta x)^2}{\Delta x} = 2x$.

即 $(x^2)' = 2x$.

一般地，对于幂函数 $y = x^\alpha (\alpha \in \mathbf{R})$，我们可以证明它的导数公式为
$$(x^\alpha)' = \alpha x^{\alpha-1}.$$

例 3 求正弦函数 $y = \sin x$ 的导数.

解 （1）求增量：$\Delta y = f(x+\Delta x) - f(x) = \sin(x+\Delta x) - \sin x$
$$= 2\cos\frac{x+\Delta x+x}{2}\sin\frac{x+\Delta x-x}{2}$$
$$= 2\cos\left(x+\frac{\Delta x}{2}\right)\sin\frac{\Delta x}{2};$$

（2）求比值：$\dfrac{\Delta y}{\Delta x} = \dfrac{2\cos\left(x+\frac{\Delta x}{2}\right)\sin\frac{\Delta x}{2}}{\Delta x} = \cos\left(x+\frac{\Delta x}{2}\right)\dfrac{\sin\frac{\Delta x}{2}}{\frac{\Delta x}{2}}$；

（3）求极限：$\lim\limits_{\Delta x \to 0} \dfrac{\Delta y}{\Delta x} = \lim\limits_{\Delta x \to 0}\cos\left(x+\frac{\Delta x}{2}\right)\dfrac{\sin\frac{\Delta x}{2}}{\frac{\Delta x}{2}} = \cos x$.

即 $(\sin x)' = \cos x$.

同理可证 $(\cos x)' = -\sin x$.

例 4 求对数函数 $y = \log_a x (a > 0$ 且 $a \neq 1)$ 的导数.

解 （1）求增量：$\Delta y = \log_a(x+\Delta x) - \log_a x = \log_a\dfrac{x+\Delta x}{x} = \log_a\left(1+\dfrac{\Delta x}{x}\right)$；

（2）求比值：$\dfrac{\Delta y}{\Delta x} = \dfrac{1}{\Delta x}\log_a\left(1+\dfrac{\Delta x}{x}\right) = \log_a\left(1+\dfrac{\Delta x}{x}\right)^{\frac{1}{\Delta x}} = \log_a\left(1+\dfrac{\Delta x}{x}\right)^{\frac{x}{\Delta x}\cdot\frac{1}{x}}$
$$= \frac{1}{x}\log_a\left(1+\frac{\Delta x}{x}\right)^{\frac{x}{\Delta x}};$$

（3）求极限：$\lim\limits_{\Delta x \to 0}\dfrac{\Delta y}{\Delta x} = \lim\limits_{\Delta x \to 0}\dfrac{1}{x}\log_a\left(1+\dfrac{\Delta x}{x}\right)^{\frac{x}{\Delta x}}$
$$= \frac{1}{x}\log_a\left[\lim\limits_{\Delta x \to 0}\left(1+\frac{\Delta x}{x}\right)^{\frac{x}{\Delta x}}\right] = \frac{1}{x}\log_a e = \frac{1}{x\ln a}.$$

即
$$(\log_a x)' = \frac{1}{x}\log_a e = \frac{1}{x\ln a}.$$

特别地，当对数函数的底 $a = e$ 时，有
$$(\ln x)' = \frac{1}{x}\ln e = \frac{1}{x}.$$

即
$$(\ln x)' = \frac{1}{x}.$$

▶▶二、基本初等函数的导数

基本初等函数的导数公式

(1) $(C)' = 0$（C 为任意常数）；

(2) $(x^a)' = ax^{a-1}$（a 为任意实数）；

(3) $(a^x)' = a^x \ln a$（$a > 0, a \neq 1$），特别地，$(e^x)' = e^x$；

(4) $(\log_a x)' = \frac{1}{x \ln a}$，特别地，$(\ln x)' = \frac{1}{x}$；

(5) $(\sin x)' = \cos x$，$\qquad\qquad (\cos x)' = -\sin x$，

$(\tan x)' = \sec^2 x = \frac{1}{\cos^2 x}$，$\qquad (\cot x)' = -\csc^2 x = -\frac{1}{\sin^2 x}$，

$(\sec x)' = \sec x \cdot \tan x$，$\qquad\qquad (\csc x)' = -\csc x \cdot \cot x$；

(6) $(\arcsin x)' = \frac{1}{\sqrt{1-x^2}}$，$\qquad\qquad (\arccos x)' = -\frac{1}{\sqrt{1-x^2}}$，

$(\arctan x)' = \frac{1}{1+x^2}$，$\qquad\qquad (\text{arccot} x)' = -\frac{1}{1+x^2}$.

例 5 设 $y = f(x) = \arcsin x$，求 $f'\left(\frac{1}{2}\right)$.

解 因为 $\qquad\qquad f'(x) = (\arcsin x)' = \frac{1}{\sqrt{1-x^2}}$，

所以 $\qquad\qquad f'\left(\frac{1}{2}\right) = \frac{1}{\sqrt{1-\left(\frac{1}{2}\right)^2}} = \frac{2\sqrt{3}}{3}$.

▶▶三、导数的几何意义

设曲线 l 是函数 $y = f(x)$ 的图象，求曲线 l 在点 $M(x_0, y_0)$ 处切线 MT 的斜率 k.

如图 3-1 所示，设自变量 x 在点 x_0 有增量 Δx，则函数 $y = f(x)$ 的增量为

$$\Delta y = f(x_0 + \Delta x) - f(x_0).$$

在 $y = f(x)$ 的曲线上取动点 $N(x_0 + \Delta x, y_0 + \Delta y)$，可以看出

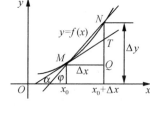

图 3-1

$\frac{\Delta y}{\Delta x}$ 就是割线 MN 的斜率. 即 $\frac{\Delta y}{\Delta x} = \tan\varphi$，其中 φ 是割线 MN 的

倾斜角. 当 $|\Delta x|$ 越来越小时，点 N 就沿着曲线趋于点 M，而割线 MN 就绕着点 M 转动，并趋于 MT（如果存在）. 所以当 $\Delta x \to 0$ 时，点 $N \to$ 点 M，割线 $MN \to$ 直线 MT. 割线 MN

的极限位置 MT 称为曲线 $y=f(x)$ 在点 $M(x_0,y_0)$ 处的切线. 于是,切线 MT 的倾斜角 α 是割线 MN 的倾斜角 φ 的极限,切线 MT 的斜率 $k=\tan\alpha$ 是割线 MN 的斜率 $\tan\varphi$ 的极限. 即

$$k=\tan\alpha=\lim_{\varphi\to\alpha}\tan\varphi=\lim_{\Delta x\to0}\frac{\Delta y}{\Delta x}=\lim_{\Delta x\to0}\frac{f(x_0+\Delta x)-f(x_0)}{\Delta x}.$$

由此可知导数的几何意义:

如果函数 $y=f(x)$ 在一点 x_0 处可导,则在几何上,$f'(x_0)$ 表示曲线 $y=f(x)$ 在点$(x_0,f(x_0))$ 处切线的斜率,且切线方程为

$$y-f(x_0)=f'(x_0)(x-x_0).$$

例 6 求函数 $y=x^3$ 在点$(2,8)$处的切线方程.

解 由 $(x^\alpha)'=\alpha x^{\alpha-1}$,知

$$y'=3x^2,\ y'\big|_{x=2}=12,$$

得切线的斜率 $\qquad\qquad f'(2)=12,$

所以切线方程为

$$y-8=12(x-2),\ 即\ 12x-y-16=0.$$

▶▶ 四、高阶导数

1. 二阶导数的概念

一般来说,函数 $y=f(x)$ 的导数 $y'=f'(x)$ 仍然是 x 的函数,若导函数 $f'(x)$ 还可以对 x 再求导,则称 $f'(x)$ 的导数为函数 $y=f(x)$ 的**二阶导数**,记作

$$y''\ 或\ f''(x)\ 或\ \frac{\mathrm{d}^2y}{\mathrm{d}x^2}\ 或\ \frac{\mathrm{d}^2f}{\mathrm{d}x^2}.$$

这时,也称函数 $f(x)$ 二阶可导.

函数 $y=f(x)$ 在某点 x_0 的二阶导数,记作

$$y''\big|_{x=x_0}\ 或\ f''(x_0)\ 或\ \frac{\mathrm{d}^2y}{\mathrm{d}x^2}\bigg|_{x=x_0}\ 或\ \frac{\mathrm{d}^2f}{\mathrm{d}x^2}\bigg|_{x=x_0}.$$

同样,函数 $y=f(x)$ 的二阶导数 $f''(x)$ 的导数称为函数 $y=f(x)$ 的三阶导数,三阶导数的导数称为四阶导数,$\cdots$. 一般地,$y=f(x)$ 的$(n-1)$ 阶导数的导数称为 $y=f(x)$ 的 n 阶导数,它们分别记作

$$y''',y^{(4)},\cdots,y^{(n)}$$

或 $\qquad\qquad f'''(x),f^{(4)}(x),\cdots,f^{(n)}(x)$

或 $\qquad\qquad \frac{\mathrm{d}^3y}{\mathrm{d}x^3},\frac{\mathrm{d}^4y}{\mathrm{d}x^4},\cdots,\frac{\mathrm{d}^ny}{\mathrm{d}x^n}$

或 $\qquad\qquad \frac{\mathrm{d}^3f}{\mathrm{d}x^3},\frac{\mathrm{d}^4f}{\mathrm{d}x^4},\cdots,\frac{\mathrm{d}^nf}{\mathrm{d}x^n}.$

二阶及二阶以上的导数统称为高阶导数. 相应地,把 $y=f(x)$ 的导数 $f'(x)$ 叫作函数 $y=f(x)$ 的一阶导数.

根据高阶导数的定义知,求函数的 n 阶导数就是对函数逐阶进行 n 次求导.

例 7 求下列函数的二阶导数:

(1) $y=ax+b(a\neq0)$;   (2) $y=\ln x$.

解 (1) $y=ax+b(a\neq0)$, $y'=a$, $y''=0$.

(2) $y=\ln x$,

$$y'=(\ln x)'=\frac{1}{x},$$

$$y''=\left(\frac{1}{x}\right)'=-\frac{1}{x^2}.$$

2. 二阶导数的物理意义

例 8 已知物体做变速直线运动,其运动方程为 $s(t)=t^3$,求物体运动的加速度.

解 因为 $s(t)=t^3$,所以:

速度

$$v=s'=(t^3)'=3t^2;$$

加速度

$$a=s''=(3t^2)'=6t.$$

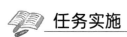 **任务实施**

设物体做变速直线运动,其运动方程为 $s=s(t)$,则物体运动的速度 v 是路程(位移)s 对时间 t 的导数,即

$$v=s'(t)=\frac{ds}{dt}.$$

此时,若速度 v 对时间 t 的导数用 a 表示,就有

$$a=v'(t)=s''(t)=\frac{d^2s}{dt^2}.$$

在力学中,a 叫作物体运动的加速度,也就是说,物体运动的加速度 a 是路程(位移)s 对时间 t 的二阶导数.

现在我们来完成开始提出的任务.

解 $s=s(t)=3t^2+2t+1$,

(1) $\bar{v}=\frac{\Delta s}{\Delta t}=\frac{s(2+\Delta t)-s(2)}{\Delta t}=3(\Delta t)^2+16\Delta t$.

(2) 当 $\Delta t=0.1$ 时,$\bar{v}\big|_{\Delta t=0.1}=3\times(0.1)^2+16\times0.1=1.63$.

(3) 先求出质点在任一时刻 t 的速度和加速度:

$$v=s'(t)=\lim_{\Delta t\to0}\frac{\Delta s}{\Delta t}=\lim_{\Delta t\to0}\frac{s(t+\Delta t)-s(t)}{\Delta t}$$

$$=\lim_{\Delta t\to0}\frac{[3(t+\Delta t)^2+2(t+\Delta t)+1]-(3t^2+2t+1)}{\Delta t}$$

$$=\lim_{\Delta t\to 0}(6t+2+3\Delta t)=6t+2,$$

$$a=v'=\lim_{\Delta t\to 0}\frac{\Delta v}{\Delta t}=\lim_{\Delta t\to 0}\frac{6(t+\Delta t)+2-(6t+2)}{\Delta t}=6.$$

所以
$$v\big|_{t=2}=(6t+2)\big|_{t=2}=14,$$

$$a\big|_{t=2}=6\big|_{t=2}=6(质点做匀加速运动).$$

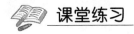 **课堂练习**

1. 设函数 $f(x)$ 在 $x=x_0$ 可导, 且 $f'(x_0)=-2$, 则 $\lim_{h\to 0}\dfrac{f(x_0-h)-f(x_0)}{h}$ 的值为

（ ）

(A) $\dfrac{1}{2}$ (B) 2 (C) $-\dfrac{1}{2}$ (D) -2

2. 用导数的定义求函数 $y=\sqrt{x}$ 在 $x=4$ 的导数值.

知识拓展

在工程技术中, 存在许多函数变化率问题. 例如, 瞬时功率、温度梯度、角速度、线密度、电流、化学反应速度、生物繁殖率的计算, 等等. 这些有关变化率的计算, 它们的数学模型就是导数的计算问题.

从导数的定义可知, 函数 $y=f(x)$ 在点 x_0 的导数 $f'(x_0)$ 就是函数 $f(x)$ 在 x_0 的瞬时变化率. 当函数有不同的实际含义时, 变化率的含义也不相同.

正因为如此, 就导数的物理意义而言, 应对不同的物理量作不同的解释.

例如:(1) 若物体做变速直线运动, 其运动方程为 $s=s(t)$, 则在时刻 t_0 的瞬时速度就是所行路程(位移)s 对时间 t 在 $t=t_0$ 时的导数, 即

$$v(t_0)=\frac{\mathrm{d}s}{\mathrm{d}t}\bigg|_{t=t_0}.$$

(2) 若一物体绕定轴旋转, 旋转的角度记作 θ, 则 θ 就是旋转时间 t 的函数

$$\theta=\theta(t).$$

该方程称为物体的转动方程. 若已知转动方程, 则旋转的角度 θ 对时间 t 在 $t=t_0$ 时的导数

$$\omega(t_0)=\frac{\mathrm{d}\theta}{\mathrm{d}t}\bigg|_{t=t_0}$$

就表示在时刻 t_0 的瞬时角速度.

(3) 对于恒定电流, 单位时间内通过导线横截面的电荷量叫作电流强度(简称电流). 它可以用公式 $i=\dfrac{Q}{t}$ 来计算, 其中 Q 为通过的电荷量, t 为时间. 但在实际问题中常会遇到非恒定的电流, 如正弦交流电就是非恒定的.

若非恒定电流从 0 到 t 这段时间通过导线横截面的电流为 $Q = Q(t)$，则电流 Q 对时间 t 在时刻 t_0 的导数

$$i(t_0) = \frac{\mathrm{d}Q}{\mathrm{d}t}\bigg|_{t=t_0}$$

就是表示非恒定电流在时刻 t_0 的电流强度.

（4）设有一根由某种物质构成的细杆，则单位长度上的质量称为线密度. 如果细杆上质量分布是均匀的，那么在细杆上的不同位置，其线密度是相同的. 如果细杆上质量分布是不均匀的，我们取细杆的一端作为原点，沿着杆的方向为 x 轴，则细杆上任意点的坐标为 x，如图 3-2 所示.

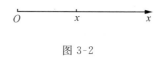

图 3-2

于是，细杆的质量 m 是杆的长度 x 的函数 $m = m(x)$，那么，杆的质量 m 对杆的长度 x 在 $x = x_0$ 的导数

$$\rho(x_0) = \frac{\mathrm{d}m}{\mathrm{d}x}\bigg|_{x=x_0}$$

就表示细杆在 x_0 处的线密度.

事实上，还可以举出很多类似的例子，这里不再讲述.

习题 3-1

A 组

1. 用导数公式求下列函数在指定点的导数：

(1) $y = \cos x$，$x = \dfrac{\pi}{2}$；　　　　　　(2) $y = \log_2 x$，$x = \dfrac{1}{2}$；

(3) $y = 3^x$，$x = 4$.

2. 求下列函数的导数：

(1) $y = \sqrt[3]{x^2}$；　　　(2) $y = \dfrac{1}{x\sqrt{x}}$；　　　(3) $y = 3^x \mathrm{e}^x$.

3. 求曲线 $y = \tan x$ 在点 $M\left(\dfrac{\pi}{4}, 1\right)$ 处的切线方程.

B 组

1. 若曲线 $y = f(x)$ 在 $x = 2$ 处的切线方程为 $3x + 2y - 7 = 0$，求 $f'(2)$.

2. 求抛物线 $y = x^2$ 上平行于直线 $y = -4x + 3$ 的切线方程.

3. 讨论函数 $y = \sqrt[3]{x}$ 在点 $x = 0$ 处的连续性和可导性，并举例说明当函数在某点的导数不存在时，函数所表示的曲线在该点处的切线是否也一定不存在.

§ 3-2 导数的运算

学习目标

1. 能熟练运用导数的四则运算法则和基本初等函数的导数公式求函数的导数.
2. 会求复合函数的导数.

任务引入

在计算函数的导数时,对一些简单函数我们可以用导数的定义来解决,但是对于一些较为复杂的函数,如 $y=\dfrac{\arctan x}{x^2}+\ln(2\sin3x)$,如何求出它的导数呢?

主要知识

▶▶ **一、导数的四则运算法则**

这里,我们直接给出导数的四则运算法则,而法则本身的证明从略.

四则运算法则 设函数 $u=u(x)$ 及 $v=v(x)$ 在点 x 有导数 $u'=u'(x)$ 及 $v'=v'(x)$,则

(1) $(u\pm v)'=u'\pm v'$;

(2) $(Cu)'=Cu'$(C 为常数);

(3) $(uv)'=u'v+uv'$;

(4) $\left(\dfrac{u}{v}\right)'=\dfrac{u'v-uv'}{v^2}$ $(v(x)\neq0)$.

其中法则(1)和(2)也称为导数的线性运算法则.

例 1 设 $y=3x^2-4\sin x+\cos\dfrac{\pi}{3}$,求 y'.

解 $y'=\left(3x^2-4\sin x+\cos\dfrac{\pi}{3}\right)'$

$=(3x^2)'-(4\sin x)'+\left(\cos\dfrac{\pi}{3}\right)'$

$=3(x^2)'-4(\sin x)'+0$

$$= 6x - 4\cos x.$$

例 2 求函数 $y = (1 - x^2)\ln x$ 的导数.

解 $y' = (1 - x^2)'\ln x + (1 - x^2)(\ln x)'$

$$= -2x\ln x + (1 - x^2)\frac{1}{x}$$

$$= -2x\ln x + \frac{1}{x} - x.$$

例 3 求下列函数的导数：

(1) $y = \dfrac{2 - 3x}{2 + x}$;　　　(2) $y = \dfrac{1}{x^2 + 1}$;　　　(3) $y = \dfrac{2}{x^2}$.

解 (1) $y' = \dfrac{(2 - 3x)'(2 + x) - (2 - 3x)(2 + x)'}{(2 + x)^2}$

$$= \frac{-3(2 + x) - (2 - 3x)}{(2 + x)^2}$$

$$= -\frac{8}{(2 + x)^2}.$$

(2) $y' = -\dfrac{(x^2 + 1)'}{(x^2 + 1)^2} = -\dfrac{2x}{(x^2 + 1)^2}.$

(3) 函数 $y = \dfrac{2}{x^2}$ 虽然是商的形式，但为了简便起见，通常利用幂函数的导数公式进行求导，而不利用商的求导法则.

因为　$y = \dfrac{2}{x^2} = 2x^{-2},$

所以　$y' = (2x^{-2})' = -4x^{-3} = -\dfrac{4}{x^3}.$

例 4 证明：若 $y = \tan x$，则 $y' = \sec^2 x = \dfrac{1}{\cos^2 x}.$

证 由于已证 $(\sin x)' = \cos x, (\cos x)' = -\sin x$，由商的导数公式有

$$y' = (\tan x)' = \left(\frac{\sin x}{\cos x}\right)' = \frac{(\sin x)'\cos x - \sin x(\cos x)'}{\cos^2 x}$$

$$= \frac{\cos x\cos x - \sin x(-\sin x)}{\cos^2 x} = \frac{1}{\cos^2 x} = \sec^2 x.$$

▶▶二、复合函数的求导法

这里我们直接给出复合函数的求导法则，而法则本身的证明从略.

复合函数求导法则 设函数 $y = f(u)$ 在 u 处可导，$u = \varphi(x)$ 在 x 处可导，则复合函数 $y = f[\varphi(x)]$ 在 x 处可导，且

$$\frac{\mathrm{d}y}{\mathrm{d}x} = \frac{\mathrm{d}y}{\mathrm{d}u} \cdot \frac{\mathrm{d}u}{\mathrm{d}x}.$$

上式也可写为
$$y'_x = y'_u \cdot u'_x$$
或
$$\{f[\varphi(x)]\}' = f'(u) \cdot \varphi'(x) = f'[\varphi(x)] \cdot \varphi'(x).$$

即复合函数的导数等于已知函数对中间变量的导数乘以中间变量对自变量的导数.

说明　符号 $\{f[\varphi(x)]\}'$ 表示复合函数 $y = f[\varphi(x)]$ 对自变量 x 求导,而符号 $f'[\varphi(x)]$ 表示复合函数对中间变量 $u = \varphi(x)$ 求导.

例 5　求函数的 $y = \ln(\cos x)$ 的导数.

解　把 $y = \ln(\cos x)$ 看成是由函数 $y = f(u) = \ln u, u = \varphi(x) = \cos x$ 所构成的复合函数,于是
$$y' = f'(u) \cdot \varphi'(x) = (\ln u)' \cdot (\cos x)' = \frac{1}{u} \cdot (-\sin x) = -\frac{\sin x}{\cos x} = -\tan x.$$

例 6　求函数 $y = (1-x)^5$ 的导数.

解　函数 $y = (1-x)^5$ 是由 $y = u^5, u = 1-x$ 复合而成. 于是
$$y' = (u^5)' \cdot (-1) = -5(1-x)^4.$$

例 7　求函数 $y = \sqrt{1-x^2}$ 的导数.

解　设 $y = u^{\frac{1}{2}}, u = 1-x^2$,于是
$$y' = (u^{\frac{1}{2}})' \cdot (1-x^2)' = \frac{1}{2\sqrt{u}} \cdot (-2x) = -\frac{x}{\sqrt{1-x^2}}.$$

上述复合函数的求导法则可推广到有限个函数复合的情况.

例如,对由 $y = f(u), u = \varphi(v), v = \psi(x)$ 复合成的函数 $y = f\{\varphi[\psi(x)]\}$,有
$$\frac{dy}{dx} = \frac{dy}{du} \cdot \frac{du}{dv} \cdot \frac{dv}{dx}$$
或
$$y' = (f\{\varphi[\psi(x)]\})' = f'(u) \cdot \varphi'(v) \cdot \psi'(x).$$

例 8　求函数 $y = \sin^2(3x)$ 的导数.

解　函数 $y = \sin^2(3x)$ 是由函数 $y = u^2, u = \sin v$ 及 $v = 3x$ 复合而成. 由复合函数求导法则,有
$$y' = (u^2)' \cdot (\sin v)' \cdot (3x)' = 2u \cdot \cos v \cdot 3 = 6\sin 3x \cdot \cos 3x = 3\sin 6x.$$

通过上面的例子可以看出,运用复合函数求导法则的关键在于理清复合关系,把复合函数分解成基本初等函数或初等函数的和、差、积、商形式,然后运用复合函数求导法则和适当的导数公式进行计算.复合函数求导后必须把引进的中间变量以自变量的函数代换.对复合函数的分解比较熟悉后,就不必再写出中间变量,只要把中间变量所代替的式子默写在心,直接由外往里,逐层求导即可.所谓"由外向里"指的是从式子的最后一次运算程序开始往里复合;"逐层求导"指的是每次只对一个中间变量进行求导.

例如,对 $y = (1-x)^5$(默记 $1-x = u$),
$$y' = 5(1-x)^4(1-x)' = 5(1-x)^4 \cdot (-1) = -5(1-x)^4.$$

又如,对 $y = \sqrt{1-x^2}$(默记 $1-x^2 = u$,最后一次运算程序是开方),
$$y' = [(1-x^2)^{\frac{1}{2}}]' = \frac{1}{2}(1-x^2)^{-\frac{1}{2}} \cdot (1-x^2)' = \frac{1}{2\sqrt{1-x^2}} \cdot (-2x) = -\frac{x}{\sqrt{1-x^2}}.$$

例 9 求 $y=\cos^2 x$ 的导数.

解 $y'=\left[(\cos x)^2\right]'=2\cos x\cdot(\cos x)'=2\cos x\cdot(-\sin x)$

$\qquad =-2\sin x\cos x=-\sin 2x.$

例 10 求 $y=\ln(\sin 2x)$ 的导数.

解 $\dfrac{\mathrm{d}y}{\mathrm{d}x}=\dfrac{1}{\sin 2x}\cdot(\sin 2x)'=\dfrac{1}{\sin 2x}\cdot\cos 2x\cdot(2x)'=2\cot 2x.$

例 11 求函数 $y=\left(\arctan\dfrac{1}{x}\right)^3$ 的导数.

解 $y'=\left[\left(\arctan\dfrac{1}{x}\right)^3\right]'=3\left(\arctan\dfrac{1}{x}\right)^2\cdot\left(\arctan\dfrac{1}{x}\right)'$

$\qquad =3\left(\arctan\dfrac{1}{x}\right)^2\cdot\dfrac{1}{1+\left(\dfrac{1}{x}\right)^2}\cdot\left(\dfrac{1}{x}\right)'$

$\qquad =3\left(\arctan\dfrac{1}{x}\right)^2\cdot\dfrac{x^2}{x^2+1}\cdot\left(-\dfrac{1}{x^2}\right)$

$\qquad =-\dfrac{3}{x^2+1}\left(\arctan\dfrac{1}{x}\right)^2.$

任务实施

下面我们来完成前面提出的问题.

求 $y=\dfrac{\arctan x}{x^2}+\ln(2\sin 3x)$ 的导数.

解 $y'=\left[\dfrac{\arctan x}{x^2}+\ln(2\sin 3x)\right]'=\left(\dfrac{\arctan x}{x^2}\right)'+\left[\ln(2\sin 3x)\right]'$

$\qquad =\dfrac{(\arctan x)'\cdot x^2-\arctan x\cdot(x^2)'}{(x^2)^2}+\dfrac{1}{2\sin 3x}\cdot 2(\sin 3x)'$

$\qquad =\dfrac{x^2-2x(1+x^2)\arctan x}{x^4(1+x^2)}+\dfrac{1}{\sin 3x}\cos 3x\cdot(3x)'$

$\qquad =\dfrac{x^2-2x(1+x^2)\arctan x}{x^4(1+x^2)}+3\cot 3x.$

课堂练习

1. 运用导数的四则运算法则求下列导数:

(1) $(x^5\cos x)'$;

(2) $\left(\dfrac{x^2+1}{\ln x}\right)'$.

2. 运用复合函数的求导法则求下列导数:

(1) $\left[2\arcsin(3x-1)\right]'$;

(2) $(\mathrm{e}^{x^2})'$.

知识拓展

▶▶ 三、隐函数求导法

由方程 $F(x,y)=0$ 确定的函数称为隐函数. 如果能从 $F(x,y)=0$ 解出 $y=f(x)$,则我们可以按照前面的求导法则将其导函数求出;如果 y 不能从方程中解出,那么要求出 $y=f(x)$ 的导数,就必须用隐函数求导法. 即:

将 y 当作中间变量,根据复合函数的求导法则对方程两边关于自变量 x 求导,然后从中把 y' 解出.

例 12 已知函数 $y=y(x)$ 由方程 $\mathrm{e}^y-xy+\mathrm{e}^x=0$ 确定,求导数 $\dfrac{\mathrm{d}y}{\mathrm{d}x}$.

解 对方程两端关于 x 求导,将 y 看成中间变量,有

$$\mathrm{e}^y \cdot \frac{\mathrm{d}y}{\mathrm{d}x}-y-x\frac{\mathrm{d}y}{\mathrm{d}x}+\mathrm{e}^x=0,$$

从中解出

$$\frac{\mathrm{d}y}{\mathrm{d}x}=\frac{y-\mathrm{e}^x}{\mathrm{e}^y-x}.$$

▶▶ 四、对数求导法

形如 $y=[f(x)]^{\varphi(x)}$ $(f(x)>0)$ 的函数称为幂指函数. 要求它的导数,既不能用幂函数的求导公式,也不能用指数函数的求导公式,必须采用对数求导法. 下面通过例子来说明.

例 13 求函数 $y=(3x)^{\sin x}$ $(x>0)$ 的导数.

解 对 $y=(3x)^{\sin x}$ 两边取对数,得

$$\ln y=\sin x\ln 3x,$$

将 y 看成中间变量,根据隐函数求导法,方程两边同时对 x 求导,得

$$\frac{1}{y} \cdot y'=\cos x\ln 3x+\frac{\sin x}{x}.$$

所以

$$y'=y\left(\cos x\ln 3x+\frac{\sin x}{x}\right)=(3x)^{\sin x}\left(\cos x\ln 3x+\frac{\sin x}{x}\right).$$

习题 3-2

A 组

1. 求下列函数的导数：

(1) $y=3x^2+5x-3^x$；

(2) $y=4\sin x-\ln x-7\cot x$.

2. 求下列函数的导数：

(1) $y=(1-x^2)\arctan x$；

(2) $y=x\tan x-2\sec x$；

(3) $y=\dfrac{e^x-1}{x^3}$；

(4) $y=\dfrac{1+\cos x}{1-\sin x}$.

3. 求下列函数的导数：

(1) $y=\arccos(2x^2-1)$；

(2) $y=\sqrt{\cos(1-x)}$；

(3) $y=(x^2-x+1)^3$.

4. 求下列函数在给定点的导数：

(1) $y=\sqrt{1+\ln^2 x}$ 在 $x=e$ 处；

(2) $y=3x^2+e^{2x}$ 在 $x=1$ 处.

B 组

1. 求下列函数的导数：

(1) $y=e^{2x}\arccos x$；

(2) $y=\dfrac{\arcsin x}{\sqrt{1-x^2}}$.

2. 求下列函数的导数：

(1) $y=\sin^3\ln x$；

(2) $y=\dfrac{x\ln x}{x+\ln x}$.

3. 求下列函数的二阶导数：

(1) $y=(2x-1)^6$；

(2) $y=\tan^2(x+1)$.

4. 求由方程 $\sqrt{x+y}=1+x^2y^2$ 确定的隐函数的导数.

5. 求函数 $y=(\sin x)^{\cos x}$ 的导数.

§3-3　　函数的微分

学习目标

1. 理解微分的概念,了解微分的几何意义.
2. 会求函数的微分.
3. 能用微分进行一些简单的近似计算.

任务引入

已知:半径为 10 cm 的金属圆片加热后,半径伸长了 0.05 cm.

问:面积约增加了多少?(π 取 3.14)

主要知识

▶▶一、微分的概念

定义　如果函数 $y = f(x)$ 在点 x 处可导,则称 $f'(x)\Delta x$ 是函数 $y = f(x)$ 在点 x 处的**微分**,记作 $\mathrm{d}y$,即 $\mathrm{d}y = f'(x)\Delta x$.

函数在一点 x_0 的微分为 $\mathrm{d}y\big|_{x=x_0}$,即 $\mathrm{d}y\big|_{x=x_0} = f'(x_0)\Delta x$.

特别地,如果 $y = f(x) = x$,则 $\mathrm{d}y = \mathrm{d}x$,由于 $x' = 1$,所以

$$\mathrm{d}y = f'(x)\Delta x = 1 \cdot \Delta x = \Delta x,$$

从而

$$\mathrm{d}x = \Delta x.$$

即自变量的微分等于自变量的改变量(或增量).

因此,函数 $y = f(x)$ 在点 x 的微分,也可以记作

$$\mathrm{d}y = f'(x)\mathrm{d}x.$$

即函数的微分等于函数的导数乘自变量的微分.

由公式 $\mathrm{d}y = f'(x)\mathrm{d}x$,得

$$f'(x) = \frac{\mathrm{d}y}{\mathrm{d}x}.$$

此式说明,函数的导数等于函数的微分与自变量的微分之商.因此,导数也称为**微商**.函数在点 x 处可导,又称为函数在该点**可微**.可导函数也称为可微函数.反之,函数在点 x 可

微,必有函数在该点可导.

例 1 求函数 $y=x^3-\cos x$ 的微分.

解 因为 $y'=f'(x)=(x^3-\cos x)'=3x^2+\sin x$,

所以 $$\mathrm{d}y=f'(x)\mathrm{d}x=(3x^2+\sin x)\mathrm{d}x.$$

例 2 求函数 $y=x^2\ln x$ 的微分.

解 因为 $y'=f'(x)=(x^2\ln x)'=x(2\ln x+1)$,

所以 $$\mathrm{d}y=f'(x)\mathrm{d}x=x(2\ln x+1)\mathrm{d}x.$$

▶▶ 二、微分的几何意义

如图 3-3 所示,M_0T 是过曲线 $y=f(x)$ 上点 $M_0(x_0,y_0)$ 处的切线.当曲线的横坐标由 x_0 改变到 $x_0+\Delta x$ 时,曲线相应的纵坐标的改变量

$$NM=f(x_0+\Delta x)-f(x_0)=\Delta y,$$

而切线相应纵坐标的改变量(由 $\triangle M_0NT$ 得)是

$$NT=\tan\alpha\cdot\Delta x=f'(x)\cdot\Delta x.$$

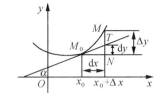

图 3-3

由此可知,函数 $y=f(x)$ 在点 x_0 的微分 $\mathrm{d}y$ 的几何意义是:曲线 $y=f(x)$ 在点 $M_0(x_0,y_0)$ 处的切线的纵坐标的改变量.

由 $\mathrm{d}y$ 近似代替 Δy,就是用点 M_0 处切线上纵坐标相应的增量 NT 近似代替函数的增量 NM,其误差

$$TM=\Delta y-\mathrm{d}y.$$

当 $\Delta x\to 0$ 时,它也趋于 0,且趋于 0 的速度要比 Δx 要快.因此,在点 M_0 的邻近,可用切线上的直线段 M_0T 近似代替函数的曲线段 M_0M.这种在一定条件下"以直代曲"的思想方法,是高等数学中常用的典型方法,也是生活实践和工程技术中常见的方法.

由微分的几何意义,我们知道,当 $|\Delta x|$ 很小时,可以用微分

$$\mathrm{d}y\big|_{x=x_0}=f'(x_0)\Delta x$$

来近似地代替函数的改变量

$$\Delta y=f(x_0+\Delta x)-f(x_0),$$

从而得到近似计算公式

$$\Delta y=f(x_0+\Delta x)-f(x_0)\approx\mathrm{d}y\big|_{x=x_0}=f'(x_0)\Delta x.$$

▶▶ 三、微分形式不变性

对于函数 $y=f(u)$,当 u 为自变量时,由微分定义有 $\mathrm{d}y=f'(u)\mathrm{d}u$;如果 u 是中间变量,x 是自变量,即 $u=\varphi(x)$,那么,当 $f(u)$ 与 $u=\varphi(x)$ 都可导时,由微分定义和复合函数求导法则有

$$\mathrm{d}y=\{f[\varphi(x)]\}'\mathrm{d}x=f'[\varphi(x)]\cdot\varphi'(x)\mathrm{d}x,$$

而 $\varphi'(x)\mathrm{d}x=\mathrm{d}u$,于是 $\mathrm{d}y=f'(u)\mathrm{d}u$.

这就是说,不论 u 是自变量还是中间变量,函数 $y=f(u)$ 的微分形式都是 $\mathrm{d}y=f'(u)\mathrm{d}u$,这个性质称为**微分形式的不变性**.

例 3 求函数 $y=\mathrm{e}^{\sin x}$ 的微分.

解法 1 根据微分定义 $\mathrm{d}y=y'\mathrm{d}x$,

因为 $y'=(\mathrm{e}^{\sin x})'=\mathrm{e}^{\sin x}\cdot(\sin x)'=\mathrm{e}^{\sin x}\cdot\cos x$,

所以 $\mathrm{d}y=\mathrm{e}^{\sin x}\cos x\mathrm{d}x$.

解法 2 利用微分形式不变性,

$\mathrm{d}y=\mathrm{d}(\mathrm{e}^{\sin x})=\mathrm{e}^{\sin x}\mathrm{d}(\sin x)=\mathrm{e}^{\sin x}\cos x\mathrm{d}x$.

 **任务实施**

我们现在回到开始时提出的问题.本题当然可以用面积之差来计算,下面我们用微分这一新的数学工具来解决.

解 (1)设圆的面积为 S,半径为 r,则

$$S(r)=\pi r^2.$$

由题意知 $r_0=10,\Delta r=0.05$(很小).

(2) $S'(10)=2\pi r\big|_{r=10}=20\pi$,

$\Delta S=S(10.05)-S(10)\approx\mathrm{d}S=S'(10)\cdot\Delta r=20\pi\times0.05\approx3.14(\mathrm{cm}^2)$.

答 面积约增加了 $3.14\ \mathrm{cm}^2$.

课堂练习

求下列函数的微分:

(1) $y=x\csc x+\operatorname{arccot}x$; (2) $y=\ln^2 x$.

应用举例

作为微分概念的简单应用,这里讲述用微分作近似计算的问题.

前面已经叙述过,对函数 $y=f(x)$ 在点 x_0,当 $|\Delta x|$ 很小时,可用微分 $\mathrm{d}y$ 近似代替改变量 Δy. 由于

$$\Delta y\approx\mathrm{d}y,$$
$$\Delta y=f(x_0+\Delta x)-f(x_0),$$

所以,我们可得到两个近似公式:

$$\Delta y\approx f'(x)\Delta x, \tag{1}$$
$$f(x_0+\Delta x)\approx f(x_0)+f'(x_0)\Delta x. \tag{2}$$

利用上述近似公式进行计算时,一般按如下步骤进行:

(1) 选择合适的函数 $f(x)$，找出点 $x_0, x_0+\Delta x$ 及 Δx（点 x_0 应使 $f(x_0)$ 及 $f'(x_0)$ 易算，且使 $|\Delta x|$ 相对比较小）；

(2) 求出 $f(x_0), f'(x_0)$；

(3) 将 $f(x_0), f'(x_0)$ 及 Δx 的值代入近似公式中，得所求近似值.

例 4　计算 $\sqrt[3]{998.5}$ 的近似值.

解　(1) 设 $f(x)=\sqrt[3]{x}$，由 $x=998.5$，取 $x_0=1000$，则

$$\Delta x = x - x_0 = 998.5 - 1000 = -1.5.$$

(2) $f(1000)=10$，$f'(1000)=\dfrac{1}{3}x^{-\frac{2}{3}}\Big|_{x=1000}=\dfrac{1}{300}$.

(3) 由近似公式(2)有

$$f(998.5) \approx f(1000) + f'(1000)\Delta x,$$

即

$$\sqrt[3]{998.5} \approx 10 + \frac{1}{300}\times(-1.5) = 10 - 0.005 = 9.995.$$

在近似公式(2)中，若令 $x_0=0, \Delta x=x$，则有

$$f(x) \approx f(0) + f'(0)x.$$

由此得到工程技术中经常用到的几个近似公式：

$$\sqrt[n]{1+x} \approx 1 + \frac{x}{n}; \quad \sin x \approx x; \quad \tan x \approx x;$$

$$e^x \approx 1 + x; \quad \ln(1+x) \approx x.$$

实际使用时注意 $|x|$ 要比较小.

这里我们介绍例 4 的另一个解法，应用近似公式 $\sqrt[n]{1+x}=1+\dfrac{x}{n}$.

解　因为 $n=3$，所以 $\sqrt[3]{1+x}=1+\dfrac{x}{3}$，这时需将 $\sqrt[3]{998.5}$ 变形，使它满足 $\sqrt[3]{1+x}$ 的形式（注意 $|x|$ 要比较小）. 因为

$$\sqrt[3]{998.5} = \sqrt[3]{1000-1.5} = \sqrt[3]{1000\left(1-\frac{5}{1000}\right)} = 10\sqrt[3]{1-0.0015},$$

所以

$$\sqrt[3]{998.5} \approx 10\left(1 - \frac{0.0015}{3}\right) = 9.995.$$

 **知识拓展**

误差的估计

1. 设某量真值为 x，其测量值为 x_0，则称 $\Delta x = x - x_0$ 为 x 的**测量误差**或**度量误差**，$|\Delta x| = |x - x_0|$ 为 x 的**绝对误差**，$\left|\dfrac{\Delta x}{x_0}\right|$ 为 x 的**相对误差**.

2. 设某量 y 由函数 $y=f(x)$ 确定，如果 x 有度量误差 Δx，则 y 相应地也有度量误差

$\Delta y = f(x_0 + \Delta x) - f(x_0)$,绝对误差$|\Delta y|$及相对误差$\left|\dfrac{\Delta y}{y}\right|$.

3. 设函数$y = f(x)$可微,以$\mathrm{d}y$代替Δy,则绝对误差公式和相对误差估计公式分别为

$$|\Delta y| \approx \mathrm{d}y = |f'(x)|\,|\Delta x|,$$

$$\left|\frac{\Delta y}{y}\right| \approx \left|\frac{\mathrm{d}y}{y}\right| = \left|\frac{f'(x)}{f(x)}\right|\,|\Delta x|.$$

例 5 有一立方体水箱,测得它的边长为 70 cm,度量误差为± 0.1 cm. 试估计用此测量数据计算水箱体积时,产生的绝对误差与相对误差.

解 设立方体边长为x,体积为V,则$V = x^3$.

由题意知
$$x_0 = 70, \Delta x = \pm 0.1,$$
$$V'(70) = (x^3)'\big|_{x=70} = 14700.$$

由误差估计公式,体积的绝对误差为
$$|\Delta V| \approx |\mathrm{d}V| = |V'(70)|\,|\Delta x| = 14700 \times 0.1 = 1470(\mathrm{cm}^3),$$

体积的相对误差为
$$\left|\frac{\Delta V}{V}\right| \approx \left|\frac{\mathrm{d}V}{V}\right| = \left|\frac{V'(70)}{V(70)}\right|\,|\Delta x| = \frac{3}{70} \times 0.1 = \frac{0.3}{70} \approx 0.43\%.$$

习题 3-3

A 组

1. 在下列括号内填入适当的函数使等式成立:

(1) $\mathrm{d}(\quad) = 2\mathrm{d}x$;

(2) $\mathrm{d}(\quad) = 3x\mathrm{d}x$;

(3) $\mathrm{d}(\quad) = \cos x\mathrm{d}x$;

(4) $\mathrm{d}(\quad) = \sin\omega x\mathrm{d}x$;

(5) $\mathrm{d}(\quad) = \dfrac{1}{1+x^2}\mathrm{d}x$;

(6) $\mathrm{d}(\quad) = \mathrm{e}^{-2x}\mathrm{d}x$;

(7) $\mathrm{d}(\quad) = \dfrac{1}{\sqrt{x}}\mathrm{d}x$;

(8) $\mathrm{d}(\quad) = \mathrm{e}^{x^2}\mathrm{d}(x^2)$;

(9) $\mathrm{d}(\sin^2 x) = (\quad)\mathrm{d}(\sin x)$;

(10) $\mathrm{d}[\ln(2x+3)] = (\quad)\mathrm{d}(2x+3) = (\quad)\mathrm{d}x$.

2. 求下列函数的微分:

(1) $y = \mathrm{e}^{-3x}\arcsin x$;

(2) $y = \dfrac{\tan^2 x}{x}$.

3. 设函数$f(x) = \ln(x+1)$,求$\mathrm{d}f(x)\big|_{\substack{x=2 \\ \Delta x=0.01}}$.

4. 半径为 10 cm 的金属球加热后,半径伸长了$\dfrac{1}{16}$ cm,

(1) 试求该球增加的体积的近似值；

(2) 如果半径的度量误差为 0.2 cm，求计算体积时由此产生的绝对误差与相对误差.

B 组

1. 求下列函数的微分：

(1) $y=(x-\cos^2 x)^4$；

(2) $y=\arctan(\ln x)$ 在 $x=e$ 处.

2. 计算下列近似值：

(1) $\sqrt[5]{1.003}$；

(2) $\sqrt[3]{1010}$；

(3) $\ln 1.02$；

(4) $e^{0.05}$.

§ 3-4　　导数的应用

学习目标

1. 知道拉格朗日中值定理及其几何意义.

2. 会判断函数的单调性.

3. 理解函数极值的概念，会求函数的极值.

4. 会求函数的最值并能解决简单的实际应用问题.

任务引入

欲围一个面积为 150 m² 的矩形场地，所用材料其正面的造价是每平方米 6 元，其余三面是每平方米 3 元，问：场地的长、宽各为多少时，才能使造价最低？

主要知识

▶▶▶ **一、拉格朗日中值定理**

我们先从几何直观上看这样一个事实(图 3-4)：

设在闭区间 $[a,b]$ 上函数 $y=f(x)$ 的图象是一条连续的曲线 AB，连结 A,B 两点作弦 AB，它的斜率是

$$\tan\alpha=\frac{f(b)-f(a)}{b-a}.$$

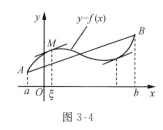

图 3-4

如果 $f(x)$ 在 (a,b) 内可导,也就是除端点外,在曲线 $y=f(x)$ 上每一点处都有不垂直于 x 轴的切线,那么,当我们把弦 AB 平行移动时,在曲线上至少能找到一点 $M(\xi,f(\xi))$,使得过 M 的切线与弦 AB 平行,这就是说,曲线 $y=f(x)$ 在点 M 处的切线的斜率 $f'(\xi)$ 与弦 AB 的斜率相等,即

$$f'(\xi)=\frac{f(b)-f(a)}{b-a}$$

或

$$f(b)-f(a)=f'(\xi)(b-a).$$

上述事实就是拉格朗日中值定理所要表达的内容.我们写成下面的定理.

定理 1(拉格朗日中值定理) 如果函数 $f(x)$ 满足条件:

(1) 在闭区间 $[a,b]$ 上连续,

(2) 在开区间 (a,b) 内可导,

那么在 (a,b) 内至少有一点 ξ,使等式

$$f(b)-f(a)=f'(\xi)(b-a)$$

成立.

(证明从略)

利用拉格朗日中值定理,可立即得到下面的推论:

推论 如果对区间 (a,b) 内任取一点 x,都有 $f'(x)=0$,那么在此区间内 $f(x)=C(C$ 为常数).

这个推论是"常数的导数为零"的逆定理.

例 1 验证拉格朗日中值定理对函数 $f(x)=\ln x$ 在区间 $[1,e]$ 上的正确性.

解 因为 $f(x)=\ln x$ 是初等函数,它在 $[1,e]$ 上是连续的,且导数 $f'(x)=\frac{1}{x}$ 在 $(1,e)$ 内存在,所以函数 $f(x)=\ln x$ 在 $[1,e]$ 上满足拉格朗日中值定理的两个条件.

令 $f'(x)=\frac{f(e)-f(1)}{e-1}$,即 $\frac{1}{x}=\frac{1}{e-1}$,得 $x=e-1$,且 $x=e-1$ 在区间 $(1,e)$ 内,这说明 $f(x)$ 在 $(1,e)$ 内有一点 $\xi=e-1$,能使 $f'(\xi)=\frac{f(e)-f(1)}{e-1}$,因此,拉格朗日中值定理对函数 $y=\ln x$ 在区间 $[1,e]$ 上是正确的.

▶▶ 二、函数单调性的判定法

由图 3-5 可以看出,如果函数 $y=f(x)$ 在区间 $[a,b]$ 上单调增加,那么它的图象是一条沿 x 轴正向上升的曲线,这时曲线上各点的切线的倾斜角都是锐角,因此,它们的斜率 $f'(x)$ 都是正的,即 $f'(x)>0$;同样由图 3-6 可以看出,如果函数 $y=f(x)$ 在 $[a,b]$ 上单调减少,那么它的图象是一条沿 x 轴正向下降的曲线,这时曲线上各点切线的斜率都是钝角,它们的斜率 $f'(x)$ 都是负的,即 $f'(x)<0$.

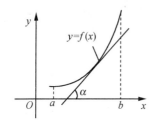

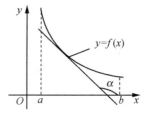

图 3-5   图 3-6

由此可见,函数的单调性与导数的符号有关.下面我们给出利用导数判定函数单调性的定理.

定理 2   设函数 $y=f(x)$ 在 $[a,b]$ 上连续,在 (a,b) 内可导.

(1) 如果在 (a,b) 内 $f'(x)>0$,那么函数 $y=f(x)$ 在 $[a,b]$ 上单调增加;

(2) 如果在 (a,b) 内 $f'(x)<0$,那么函数 $y=f(x)$ 在 $[a,b]$ 上单调减少.

(利用拉格朗日中值定理证明,证明从略)

上述定理中的闭区间 $[a,b]$ 若改为开区间 (a,b) 或无限区间,结论同样成立.

若可导函数在某区间内的个别点处的导数为零,但在其余点上 $f'(x)>0$(或 <0),则函数在该区间内仍为单调增加(或单调减少).例如,函数 $y=x^3$ 的导数为 $y'=3x^2$,当 $x=0$ 时,$y'=0$,但它在 $(-\infty,+\infty)$ 内是单调增加的.

例 2   判定函数 $y=x^3-\dfrac{1}{x}$ 的单调性.

解   函数 $f(x)$ 的定义域为 $(-\infty,0)\bigcup(0,+\infty)$,它的导数为 $y'=3x^2+\dfrac{1}{x^2}>0$,所以 $f(x)$ 在 $(-\infty,0)$,$(0,+\infty)$ 内单调增加.

例 3   判定函数 $f(x)=e^x-x-1$ 的单调性.

解   函数的定义域为 $(-\infty,+\infty)$,它的导数为 $f'(x)=e^x-1$.当 $x>0$ 时,$e^x>1$,则 $f'(x)>0$;当 $x<0$ 时,$e^x<1$,则 $f'(x)<0$;当 $x=0$ 时,$e^x=1$,则 $f'(x)=0$.

因为 $f(x)$ 在 $(-\infty,+\infty)$ 内连续可导,所以根据上面的讨论可知函数的单调性如下表所示(表中"↗"表示单调增加,"↘"表示单调减少):

x	$(-\infty,0)$	0	$(0,+\infty)$
y'	$-$	0	$+$
y	↘		↗

即函数在 $(-\infty,0]$ 内单调减少,在 $[0,+\infty)$ 内单调增加,其中 $x=0$ 是单调减少区间 $(-\infty,0]$ 和单调增加区间 $[0,+\infty)$ 的分界点,在 $x=0$ 处 $y'=0$.

从上例我们注意到,有些函数在它的定义区间上不是单调的,但令 $f'(x)=0$,就可以得到划分单调区间的分界点,而函数 $f(x)$ 在各个部分区间上就具有单调性.这是因为如果函数 $f(x)$ 在定义区间内可导,并且导数在该区间上连续,根据闭区间上连续函数的介值定理知,当 $f'(x)$ 的符号由正变负,或由负变正时,$f'(x)$ 必须经过零点.所以用方程

$f'(x)=0$ 的根来划分 $f(x)$ 的定义区间,就能保证 $f'(x)$ 在各个部分区间内保持固定符号,因而函数 $f(x)$ 在各个部分区间上具有单调性.下面我们利用列表的方式讨论函数的单调区间.

例 4 确定函数 $f(x)=2x^3-9x^2+12x-3$ 的单调区间.

解 函数 $f(x)$ 的定义域为 $(-\infty,+\infty)$,求导数得

$$f'(x)=6x^2-18x+12=6(x-1)(x-2),$$

令 $f'(x)=0$,得 $x_1=1,x_2=2$.

这两个根把 $(-\infty,+\infty)$ 分为三个区间: $(-\infty,1),(1,2),(2,+\infty)$.

列表考察 $f'(x)$ 在区间 $(-\infty,1),(1,2),(2,+\infty)$ 内的符号,以确定函数的单调性:

x	$(-\infty,1)$	1	$(1,2)$	2	$(2,+\infty)$
$f'(x)$	$+$	0	$-$	0	$+$
$f(x)$	↗		↘		↗

从上表可知,函数的单调增加区间为 $(-\infty,1]$ 和 $[2,+\infty)$,单调减少区间为 $[1,2]$.

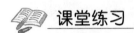

课堂练习

1. 设函数 $f(x)$ 在闭区间 $[0,1]$ 上连续,在开区间 $(0,1)$ 内可导,且 $f'(x)>0$,则

                                                        (   )

(A) $f(0)<0$ (B) $f(1)>0$

(C) $f(1)>f(0)$ (D) $f(1)<f(0)$

2. 函数 $y=x+\dfrac{4}{x}$ 的单调减少区间为   (   )

(A) $(-\infty,-2)\bigcup(2,+\infty)$ (B) $(-2,2)$

(C) $(-\infty,0)\bigcup(0,+\infty)$ (D) $(-2,0)\bigcup(0,2)$

▶▶▶ 三、函数的极值及其求法

1. 函数极值的定义

由图 3-7 可以看出,函数 $y=f(x)$ 在 c_1,c_4 的函数值 $f(c_1),f(c_4)$ 比它们近旁各点的函数值都大,而在点 c_2,c_5 的函数值 $f(c_2),f(c_5)$ 比它们近旁各点的函数值都小,对于这种性质的点和对应的函数值,我们给出如下定义:

定义 设函数 $f(x)$ 在区间 (a,b) 内有定义,$x_0\in(a,b)$.如果对于点 x_0 近旁的任意点 $x(x\neq x_0)$ 均有 $f(x)<f(x_0)$ 成立,则称 $f(x_0)$ 是函数 $f(x)$ 的一个**极大值**,点 x_0 称为 $f(x)$ 的**极大值点**;如果对于点 x_0 近旁的任意点 $x(x\neq x_0)$,均有 $f(x)>f(x_0)$ 成立,则称 $f(x_0)$ 是函数 $f(x)$ 的一个**极小值**,点 x_0 称为 $f(x)$ 的**极小值点**.

函数的极大值和极小值统称为**极值**.使函数取得极值的极大值点和极小值点统称为

极值点.

例如,在图 3-7 中,点 c_1,c_4 为 $f(x)$ 的极大值点,$f(c_1)$,$f(c_4)$ 为极大值;c_2,c_5 为 $f(x)$ 的极小值点,$f(c_2)$,$f(c_5)$ 为极小值;$f(c_3)$ 不是极值.

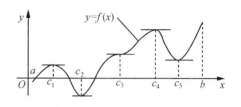

图 3-7

极值是局部性的概念,由图 3-7 知,极大值未必比极小值大,极小值也未必是最小值,而且由极值的定义知,极值点未必是连续点或可导点.例如,函数 $f(x)=|x|$ 在 $x=0$ 处取得极小值,但在 $x=0$ 处却不可导.

2. 函数极值的判定和求法

由图 3-7 可以看出,在可导函数取得极值处,曲线的切线是水平的,即在极值点处函数的导数为零.反过来,曲线上有水平切线的地方,即在导数为零的点处,函数却不一定取得极值.例如,在点 c_3 处,曲线具有水平切线,这时 $f'(c_3)=0$,但 $f(c_3)$ 并不是极值.由此,我们给出函数取得极值的必要条件.

定理 3 设函数 $f(x)$ 在点 x_0 处可导,且在点 x_0 处取得极值,则必有 $f'(x_0)=0$.

使导数为零的点(即方程 $f'(x_0)$ 的实根)叫作函数的**驻点**(又叫**稳定点**).

定理 3 说明可导函数的极值点必是驻点,但函数的驻点并不一定是极值点.例如,$x=0$ 是函数 $f(x)=x^3$ 的驻点,但 $x=0$ 不是它的极值点.

既然函数的驻点不一定是它的极值点,那么什么样的驻点一定是极值点呢?如果是极值点,怎样判定是极大值点还是极小值点呢?为了解决这些问题,我们先借助图形来分析一下函数 $f(x)$ 在点 x_0 取得极值时,点 x_0 左右两侧导数 $f'(x)$ 的符号变化的情况.

如图 3-8 所示,函数 $f(x)$ 在点 x_0 取得极大值.在点 x_0 的左侧单调增加,有 $f'(x)>0$;在点 x_0 的右侧单调减少,有 $f'(x)<0$.

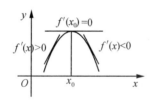

图 3-8   图 3-9

对于函数在点 x_0 取得极小值的情形,读者可结合图 3-9 类似地进行讨论.

由此可给出函数在某点处取得极值的充分条件.

定理 4 设函数在点 x_0 及其近旁可导,且 $f'(x_0)=0$.

(1) 如果当 x 取 x_0 左侧近旁的值时,有 $f'(x)>0$;当 x 取 x_0 右侧近旁的值时,有 $f'(x)<0$,那么函数 $f(x)$ 在点 x_0 处取得极大值 $f(x_0)$.

(2) 如果当 x 取 x_0 左侧近旁的值时,有 $f'(x)<0$;当 x 取 x_0 右侧近旁的值时,有 $f'(x)>0$,那么函数 $f(x)$ 在点 x_0 处取得极小值 $f(x_0)$.

(3) 如果在 x_0 的两侧，函数的导数符号相同，那么函数 $f(x)$ 在点 x_0 处没有极值.

根据上面两个定理，如果函数 $f(x)$ 在所讨论的区间内可导，我们可按下列步骤来求函数 $f(x)$ 的极值点和极值：

(1) 求出函数 $f(x)$ 的定义域；

(2) 求出函数 $f(x)$ 的导数 $f'(x)$；

(3) 令 $f'(x)=0$，解此方程求出 $f(x)$ 的全部驻点；

(4) 用驻点把函数的定义域划分为若干个部分区间，考察每个部分区间内导数 $f'(x)$ 的符号，以确定该驻点是否为极值点，并由极值点求出函数的极值.

例 5 求函数 $f(x)=\dfrac{1}{3}x^3-x^2-3x+3$ 的极值.

解 (1) $f(x)$ 的定义域为 $(-\infty,+\infty)$；

(2) $f'(x)=x^2-2x-3=(x+1)(x-3)$；

(3) 令 $f'(x)=0$，得驻点 $x_1=-1,x_2=3$；

(4) 列表考察 $f'(x)$ 的符号如下：

x	$(-\infty,-1)$	-1	$(-1,3)$	3	$(3,+\infty)$
$f'(x)$	$+$	0	$-$	0	$+$
$f(x)$	↗	极大值 $\dfrac{14}{3}$	↘	极小值 -6	↗

由上表可知，函数的极大值为 $f(-1)=\dfrac{14}{3}$，极小值为 $f(3)=-6$.

例 6 求函数 $y=\sqrt[3]{x^2}$ 的极值.

解 (1) 函数的定义域为 $(-\infty,+\infty)$；

(2) $y'=\dfrac{2}{3}\cdot\dfrac{1}{\sqrt[3]{x}}$；

(3) 令 $y'=0$，即 $\dfrac{2}{3}\cdot\dfrac{1}{\sqrt[3]{x}}=0$，无解，所以函数无驻点，但有一个不可导点 $x=0$；

(4) 由于 $x<0$ 时，$y'<0$，$x>0$ 时，$y'>0$，所以函数 $y=\sqrt[3]{x^2}$ 在 $x=0$ 取得极小值 0.

例 7 求函数 $f(x)=(x^2-1)^3+1$ 的极值.

解 (1) $f(x)$ 的定义域为 $(-\infty,+\infty)$；

(2) $f'(x)=3(x^2-1)^2\cdot 2x=6x(x+1)^2\cdot(x-1)^2$；

(3) 令 $f'(x)=0$，得驻点 $x_1=-1,x_2=0,x_3=1$；

(4) 列表考察 $f(x)$ 的符号如下：

x	$(-\infty,-1)$	-1	$(-1,0)$	0	$(0,1)$	1	$(1,+\infty)$
$f'(x)$	$-$	0	$-$	0	$+$	0	$+$
$f(x)$	↘		↘	极小值 0	↗		↗

由上表可知，函数有极小值 $f(0)=0$，驻点 $x_1=-1$ 和 $x_3=1$ 不是极值点.

例 8 求函数 $f(x)=\sin x+\cos x$ 在 $[0,2\pi]$ 上的极值.

解 （1）函数的定义域为 $[0,2\pi]$；

（2）$f'(x)=\cos x-\sin x$；

（3）令 $f'(x)=0$，得驻点 $x_1=\dfrac{\pi}{4}$，$x_2=\dfrac{5\pi}{4}$；

（4）列表考察 $f(x)$ 的符号如下：

x	$\left(0,\dfrac{\pi}{4}\right)$	$\dfrac{\pi}{4}$	$\left(\dfrac{\pi}{4},\dfrac{5\pi}{4}\right)$	$\dfrac{5\pi}{4}$	$\left(\dfrac{5\pi}{4},2\pi\right)$
$f'(x)$	$+$	0	$-$	0	$+$
$f(x)$	↗	极大值 $\sqrt{2}$	↘	极小值 $-\sqrt{2}$	↗

由上表可知，函数有极大值 $f\left(\dfrac{\pi}{4}\right)=\sqrt{2}$，极小值 $f\left(\dfrac{5\pi}{4}\right)=-\sqrt{2}$.

以上我们讨论函数的极值时，假定函数在所讨论的区间内可导，在此条件下，函数的极值点一定是驻点，但如果函数在个别点处不可导，这时便不能肯定极值点一定是驻点了.事实上，在导数不存在的点处，函数也可能取得极值，如例 6.

▶▶ 四、函数的最大值和最小值

我们知道，函数 $f(x)$ 在闭区间 $[a,b]$ 上连续，则在 $[a,b]$ 上必有最大值和最小值，显然，对于可导函数来说，在闭区间 $[a,b]$ 上的最大值和最小值只能在区间内的极值点或端点处取得.因此，可直接求出一切可能的极值点（即驻点）处的函数值及端点处的函数值，比较这些值的大小，其中最大的便是函数的最大值，最小的便是函数的最小值.

例 9 求函数 $f(x)=x^3-3x^2-9x+5$ 在区间 $[-2,6]$ 上的最大值和最小值.

解 （1）$f'(x)=3x^2-6x-9=3(x+1)(x-3)$；

（2）令 $f'(x)=0$，得驻点 $x_1=-1$，$x_2=3$；

（3）计算得 $f(-2)=3$，$f(-1)=10$，$f(3)=-22$，$f(6)=59$；

（4）比较大小可得，在 $[-2,6]$ 上函数的最大值为 $f(6)=59$，最小值为 $f(3)=-22$.

如果函数 $f(x)$ 在一个开区间或无穷区间 $(-\infty,+\infty)$ 内可导，且有唯一的极值点 x_0，那么当 $f(x_0)$ 是极大值时，$f(x_0)$ 就是该区间上的最大值；当 $f(x_0)$ 是极小值时，$f(x_0)$ 就是该区间上的最小值.有时，函数 $f(x)$ 也可能在导数不存在的点取得最大值或最小值.

例 10 求函数 $y=x^2-2x+6$ 的最小值.

解 函数的定义域为 $(-\infty,+\infty)$，求导数得 $y'=2x-2=2(x-1)$.

令 $y'=0$，得驻点 $x=1$.因为当 $x<1$ 时，$y'<0$；当 $x>1$ 时，$y'>0$，所以 $x=1$ 是函数的极小值点.

由于函数在 $(-\infty,+\infty)$ 内有唯一的极值点，所以函数的极小值就是函数的最小值，即最小值为 $y|_{x=1}=5$.

高等数学

任务实施

现在我们来解决开始时提出的问题.

解 设正面长为 $x(0<x<150)$ m,侧面长为 y m.依题意,$y=\dfrac{150}{x}$ m.

注意到四面围墙高度应该是相同的,不妨设为 h m.我们建立造价 $f(x)$ 与场地长 x 之间的函数关系:

$$f(x)=6xh+3(2yh)+3xh=9h\left(x+\frac{100}{x}\right),$$

求导得

$$f'(x)=9h\left(1-\frac{100}{x^2}\right).$$

令 $f'(x)=0$,得驻点 $x_1=10,x_2=-10$(舍去).

由于驻点唯一,且我们根据问题的实际意义知道,必有最小值.因此,当正面长为 10 m,侧面长为 15 m 时造价最低.

课堂练习

1. 求函数 $f(x)=x^4-2x^3$ 的单调区间和极值.

2. 设 $f(x)=\dfrac{1}{3}x^3-3x^2+4x$,求函数在 $[-1,2]$ 上的最值.

应用举例

例 11 在如图 3-10 所示的电路中,已知电源电压为 E,内阻为 r,求负载电阻 R 为多大时,输出功率最大?

解 由电学知道,消耗在负载电阻 R 的功率为

$$P=I^2R,$$

其中 I 为回路中的电流.

根据欧姆定律,有

$$I=\frac{E}{r+R},$$

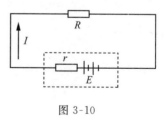

图 3-10

代入上式,得

$$P=\left(\frac{E}{r+R}\right)^2R,$$

即

$$P=\frac{E^2R}{(r+R)^2},\quad R\in(0,+\infty),$$

两端对 R 求导数,得
$$\frac{\mathrm{d}P}{\mathrm{d}R}=E^2\cdot\frac{r-R}{(r+R)^3},$$

令 $\dfrac{\mathrm{d}P}{\mathrm{d}R}=0$,得 $E^2\cdot\dfrac{r-R}{(r+R)^3}=0$,故 $R=r$.

由于在区间 $(0,+\infty)$ 内函数 P 只有一个驻点 $R=r$,所以当 $R=r$ 时,输出功率最大.

例 12 如图 3-11 所示,铁路线上 AB 段的距离为 $100\ \mathrm{km}$,某工厂 C 距 A 点为 $20\ \mathrm{km}$,$AC\perp AB$,要在 AB 线上选定一点 D 向工厂 C 修筑一条公路.已知铁路与公路的运费之比为 $3:5$.为了使货物从供应站 B 运到工厂 C 的运费最省,问 D 点应选在何处?

解 要求运费最省,即求运费函数的最小值.

由于铁路与公路运费之比为 $3:5$,不妨设铁路每吨每千米的运费为 $3k$,则公路每吨每千米的运费为 $5k$.设 AD 长为 $x\ \mathrm{km}$,则 $BD=(100-x)\ \mathrm{km}$,由 $AC=20$,有 $CD=\sqrt{x^2+20^2}$,于是把原料从 B 运到 C 的每吨的总运费为

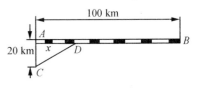

图 3-11

$$f(x)=3k(100-x)+5k\sqrt{x^2+20^2}\quad(0\leqslant x\leqslant100).$$

下面求 x 在区间 $[0,100]$ 上取何值时,函数 $f(x)$ 的值最小.

对函数 $f(x)$ 求导数得

$$f'(x)=\left(-3+\frac{5x}{\sqrt{x^2+20^2}}\right)k.$$

令 $f'(x)=0$,得驻点 $x_1=-15,x_2=15$.其中 $-15\notin[0,100]$,舍去.故只有一个驻点 $x=15$.

比较函数值 $f(0)=400k,f(15)=380k,f(100)\approx510k$ 知函数 $f(x)$ 在 $[0,100]$ 上的最小值为 $f(15)=380k$.

从而当 $AD=15\ \mathrm{km}$ 时,货物的运费最省.

习题 3-4

A 组

1. 验证拉格朗日中值定理对下列函数在指定区间上的正确性:

(1) $f(x)=\dfrac{1}{x},x\in[1,2]$;　　　　(2) $f(x)=x^3,x\in[0,2]$.

2. 求下列函数的单调区间:

(1) $f(x)=x^3-x^2-x$;　　　　(2) $f(x)=x\ln x$.

3. 求下列函数的极值点和极值:

(1) $f(x)=x^2-\dfrac{1}{2}x^4$；　　　　　　　　(2) $f(x)=x-\ln(1+x)$.

4. 求下列函数在指定区间上的最值：

(1) $f(x)=\dfrac{x}{1+x^2},x\in[0,2]$；　　　　　　(2) $f(x)=x-2\sin x,x\in[0,2\pi]$.

5. 设某工厂生产某种产品的日产量为 x 件，次品率为 $\dfrac{x}{100+x}$，若生产一件正品可获得 3 元，而出一件次品要损失 1 元，问日产量为多少时获利最大？

B 组

1. 求函数 $f(x)=x^3+2x$ 在区间 $[0,1]$ 内满足拉格朗日中值定理条件的 ξ 的值.

2. 求下列函数的单调区间：

(1) $f(x)=\ln x-x-1$；　　　　　　(2) $f(x)=\dfrac{1}{2-x}$.

3. 求函数 $f(x)=2e^x+e^{-x}$ 的极值点和极值.

4. 生产易拉罐饮料，当饮料容积一定时，若规定易拉罐的侧面和底面的材料厚度相同，而顶部的厚度是底部厚度的 3 倍，试问如何设计易拉罐的直径和高，才能使制作易拉罐的材料最省？市场上的易拉罐，其高度和底面直径之比是否符合你得到的结果？

本 章 小 结

▶▶▶ 一、导数的概念

1. 定义

函数 $f(x)$ 在任意一点 x 的导数（导函数）

$$f'(x)=\lim_{\Delta x\to 0}\frac{\Delta y}{\Delta x}=\lim_{\Delta x\to 0}\frac{f(x+\Delta x)-f(x)}{\Delta x},$$

函数在一点 x_0 处的导数

$$f'(x_0)=\lim_{\Delta x\to 0}\frac{\Delta y}{\Delta x}=\lim_{\Delta x\to 0}\frac{f(x_0+\Delta x)-f(x_0)}{\Delta x}\text{ 或 } f'(x_0)=f'(x)\big|_{x=x_0}.$$

2. 导数的几何意义

$f'(x_0)$ 是曲线 $y=f(x)$ 在点 $(x_0,f(x_0))$ 处切线的斜率.

3. 高阶导数

$y''=(y')',y^{(3)}=(y'')',\cdots,y^{(n)}=[y^{(n-1)}]'$.

▶▶▶ 二、求函数的导数

1. 运用导数的基本公式和导数的和、差、积、商求导法则.

2. 运用复合函数的求导法.

3. 运用隐函数的求导法.

4. 运用对数求导法.

▶▶ **三、微分的概念**

1. 定义

函数 $f(x)$ 在任意一点 x 的微分

$$\mathrm{d}y = f'(x)\mathrm{d}x \ (\mathrm{d}x = \Delta x),$$

函数 $f(x)$ 在一点 x_0 的微分

$$\mathrm{d}y\big|_{x=x_0} = f'(x_0)\Delta x.$$

2. 微分的计算

求函数微分可运用微分定义先求出函数的导数.

3. 微分形式不变性

不论 u 是自变量还是中间变量,函数 $y = f(u)$ 的微分形式都是 $\mathrm{d}y = f'(u)\mathrm{d}u$.

4. 微分在近似计算中的应用

$$\Delta y \approx f'(x)\mathrm{d}x,$$

$$f(x_0 + \Delta x) \approx f(x_0) + f'(x_0)\Delta x.$$

▶▶ **四、导数的应用**

1. 运用导数的几何意义可以求曲线在一点的切线方程.

2. 运用导数来判定函数在某个区间上的单调性.

3. 对照极值的定义,通过讨论函数的单调性来求函数的极值.

4. 运用导数求出函数在某个区间上的最值.

复习题三

1. 填空题:

(1) 设 $f(x) = x^2$,则 $f'(2) = $ _____ ,$f[f'(2)] = $ _____ ,
$f'[f(2)] = $ _____ .

(2) 曲线 $y = \mathrm{e}^{-x} - x^2$ 在点 $(0,1)$ 处的切线方程为 _____ .

(3) 一物体做变速直线运动,其运动方程为 $s(t) = 10 + 20t - 5t^2$,当瞬时速度为 0 时,
所经过的时间 $t_0 = $ _____ ,在时间 $t = 2$ 时的加速度为 _____ .

(4) 设函数 $f(x) = \mathrm{e}^{3x-1}$,则 $f''(1) = $ _____ .

(5) 若曲线 $y = x\ln x$ 的切线垂直于直线 $x - y - 5 = 0$,则切线方程为 _____
_____ .

(6) 函数 $y = x - \ln(1+x)$ 在区间＿＿＿＿内单调增加,在区间＿＿＿＿内单调减少,在＿＿＿＿处取得极值.

2. 选择题:

(1) 曲线 $y = \ln x$ 上某点的切线平行于直线 $y = 2x - 3$,该点的坐标是 （ ）

(A) $\left(\dfrac{1}{2}, \ln 2\right)$ (B) $\left(\dfrac{1}{2}, -\ln 2\right)$

(C) $\left(2, \ln \dfrac{1}{2}\right)$ (D) $\left(2, -\ln \dfrac{1}{2}\right)$

(2) 如果函数 $f(x)$ 在点 x 可导,则 $f'(x)$ 为 （ ）

(A) $\lim\limits_{\Delta x \to 0} \dfrac{f(x-\Delta x) - f(x)}{\Delta x}$ (B) $\lim\limits_{\Delta x \to 0} \dfrac{f(x-\Delta x) - f(x)}{2\Delta x}$

(C) $\lim\limits_{\Delta x \to 0} \dfrac{f(x) - f(x-\Delta x)}{\Delta x}$ (D) $\lim\limits_{\Delta x \to 0} \dfrac{f(x+\Delta x) - f(x-\Delta x)}{\Delta x}$

(3) 函数 $f(x)$ 在点 x_0 处可导,且 $f'(x_0) > 0$,则曲线 $y = f(x)$ 在点 $[x_0, f(x_0)]$ 处的切线的倾斜角是 （ ）

(A) $0°$ (B) $90°$ (C) 锐角   (D) 钝角

(4) 下列导数等于 $\dfrac{1}{2}\cos 2x$ 的函数是 （ ）

(A) $\dfrac{1}{2}\cos^2 x$ (B) $\dfrac{1}{4}\sin 2x$ (C) $\dfrac{1}{2}\sin^2 x$ (D) $1 - \dfrac{1}{2}\sin 2x$

(5) 下列函数在点 $x = 0$ 处可微的是 （ ）

(A) $y = x^{-\frac{1}{3}}$ (B) $y = \ln x$ (C) $y = x^{-1}$ (D) $y = x^2$

(6) 函数 $f(x) = \ln\sin x$ 在区间 $\left[\dfrac{\pi}{6}, \dfrac{5\pi}{6}\right]$ 上满足拉格朗日中值定理的条件和结论,这时 ξ 的值为 （ ）

(A) $\dfrac{\pi}{6}$ (B) $\dfrac{\pi}{4}$ (C) $\dfrac{\pi}{3}$ (D) $\dfrac{\pi}{2}$

(7) 抛物线 $y = x^2 + x + 1$ 在点 $x = 0$ 处的切线方程为 （ ）

(A) $x + y + 1 = 0$ (B) $x - y + 12 = 0$

(C) $7x + y - 6 = 0$ (D) $x - y + 1 = 0$

(8) 在曲线 $y = \dfrac{1}{3}x^3 + 2x^2 - ax - 1$ 上横坐标为 2 的点处的切线平行于 x 轴,那么 a 的值为 （ ）

(A) 4   (B) 6   (C) 12   (D) 16

3. 求下列函数的导数:

(1) $y = \dfrac{2t^2 - 3t + \sqrt{t} - 1}{t}$;   (2) $y = 2^x (x\sin x + \cos x)$;

(3) $y = \ln\left[\tan\left(\dfrac{x}{2} + \dfrac{\pi}{4}\right)\right]$;   (4) $y = \dfrac{1}{\sqrt{2}}\operatorname{arccot}\dfrac{1}{x}$.

4. 求下列函数的单调区间和极值：

(1) $y=\dfrac{2x}{1+x^2}$；

(2) $y=x-3(x-1)^{\frac{2}{3}}$.

5. 一租赁公司有 40 套设备要出租，当租金定为每套每月 200 元时，该设备可以全部出租；当每套租金增加 10 元时，出租的设备就会减少一套；而对于出租的设备，每套每月还需要花 20 元的维修费．问每套每月的租金定为多少时，该公司可以获得最大利润？

拓展阅读

微积分的产生因素

微积分的发明不仅是 17 世纪科学界的荣誉，也是自有人类科学以来最重大的事件之一．微积分的创建首先是为了解决 17 世纪的主要科学问题．归结起来，大约有四种主要类型的问题：第一类是研究运动的时候直接出现的，也就是求即时速度的问题；第二类问题是求曲线的切线的问题；第三类问题是求函数的最大值和最小值问题；第四类问题是求曲线长、曲线围成的面积、曲面围成的体积、物体的重心、一个体积相当大的物体作用于另一个物体上的引力．

17 世纪的许多著名的数学家、天文学家、物理学家都为解决上述几类问题做了大量的研究工作，如法国的费尔玛、笛卡儿、罗伯瓦、笛沙格，英国的巴罗、瓦里士，德国的开普勒，意大利的卡瓦列利等人都提出了许多很有建树的理论，为微积分的创立做出了贡献．

17 世纪下半叶，在前人工作的基础上，英国大科学家牛顿和德国数学家莱布尼兹分别独自研究和完成了微积分的创立工作，虽然这只是十分初步的工作．他们的最大功绩是把两个貌似毫不相关的问题联系在一起，一个是切线问题（微分学的中心问题），一个是求积问题（积分学的中心问题）．

牛顿和莱布尼兹建立微积分的出发点是直观的无穷小量，因此这门学科早期也被称为无穷小分析，这正是现在数学中分析学这一大分支名称的起源．牛顿研究微积分着重于从运动学来考虑，莱布尼兹却是侧重于从几何学来考虑的．

牛顿在 1671 年写了《流数法和无穷级数》，他在这本书里指出，变量是由点、线、面的连续运动产生的，否定了以前自己认为的变量是无穷小元素的静止集合．他把连续变量称为流动量，把这些流动量的导数称为流数．牛顿在流数术中所提出的中心问题是：已知连续运动的路径，求给定时刻的速度（微分法）；已知运动的速度求给定时间内经过的路程（积分法）．

德国的莱布尼兹是一个博才多学的学者，1684 年，他发表了现在世界上认为是最早的微积分文献，这篇文章有一个很长而且很古怪的名字《一种求极大极小和切线的新方

高等数学

法,它也适用于分式和无理量,以及这种新方法的奇妙类型的计算》.就是这样一篇说理也颇含糊的文章,却有着划时代的意义,它已含有现代的微分符号和基本微分法则.1686年,莱布尼兹发表了第一篇积分学的文献,他是历史上最伟大的符号学者之一,他所创设的微积分符号,远远优于牛顿的符号,这对微积分的发展有极大的影响.现在我们使用的微积分通用符号就是当时莱布尼兹精心选用的.

微积分学的创立,极大地推动了数学的发展,过去很多初等数学束手无策的问题,运用微积分,往往迎刃而解,显示出微积分学的非凡威力.

第四章

不 定 积 分

前面我们讨论了一元函数的微分学,解决了求已知函数的导数(或微分)的问题,但是在科学技术中,常常需要研究与它相反的问题,这就是要由一个函数的已知导数(或微分),求出这个函数.本章主要讨论导数(或微分)的逆运算——不定积分的概念、性质及其运算.

§4-1   不定积分的概念与性质

学习目标

1. 理解原函数与不定积分的概念.
2. 理解不定积分与导数(或求微分)的互为逆运算的关系.
3. 掌握不定积分的性质.
4. 了解不定积分的几何意义.

任务引入

已知真空中的自由落体在任意时刻 t 的运动速度为

$$v = v(t) = gt.$$

其中 g 是重力加速度,又知当时间 $t=0$ 时,路程 $s=0$,求自由落体的运动规律.

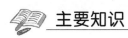 主要知识

▶▶▶ 一、不定积分的概念

1. 原函数

定义 1 设 $f(x)$ 是定义在某区间内的一个已知函数,如果存在函数 $F(x)$,使得在该区间内每一点都有 $F'(x)=f(x)$ 或 $\mathrm{d}F(x)=f(x)\mathrm{d}x$,则称 $F(x)$ 是 $f(x)$ 在该区间上的一个原函数.

例如,因为 $(x^3)'=3x^2$,所以 x^3 是 $3x^2$ 的一个原函数;

因为 $(x^3+1)'=3x^2$,所以 x^3+1 是 $3x^2$ 的一个原函数;

又因为 $\left(x^3-\dfrac{1}{4}\right)'=3x^2$,所以 $x^3-\dfrac{1}{4}$ 也是 $3x^2$ 的一个原函数.

从上面的例子中可以看出,一个已知函数,如果有一个原函数,那么它就有无数个原函数,并且其中任意两个原函数的差是一个常数.

一般地,(1)若 $F(x)$ 是 $f(x)$ 的一个原函数,C 是一个任意常数,那么 $F(x)+C$ 也是 $f(x)$ 的原函数,并且 $F(x)+C$ 包括了 $f(x)$ 的全部原函数.

(2)函数 $f(x)$ 的任意两个原函数之间仅相差一个常数.

值得注意的是,不是任何一个函数都有原函数. 关于原函数存在问题,我们给出下面的定理:

定理(原函数存在定理) 如果函数 $f(x)$ 在闭区间 $[a,b]$ 上连续,则函数 $f(x)$ 在该区间上的原函数必定存在.

(证明从略)

2. 不定积分

定义 2 我们把函数 $f(x)$ 的原函数的全体 $F(x)+C$,叫作函数 $f(x)$ 的**不定积分**,记作

$$\int f(x)\mathrm{d}x,$$

即

$$\int f(x)\mathrm{d}x = F(x) + C(C \text{ 为任意常数}).$$

其中 $\int$ 称为**积分号**,$f(x)$ 称为**被积函数**,$f(x)\mathrm{d}x$ 称为**被积表达式**,x 称为**积分变量**.

例 1 求下列不定积分:

(1) $\displaystyle\int x^2\mathrm{d}x$;

(2) $\displaystyle\int \cos x\mathrm{d}x$;

(3) $\displaystyle\int \mathrm{e}^x\mathrm{d}x$;

(4) $\displaystyle\int \dfrac{1}{x}\mathrm{d}x$.

解 (1) 因为$\left(\dfrac{1}{3}x^3\right)' = x^2$，所以$\dfrac{1}{3}x^3$是$x^2$的一个原函数，即

$$\int x^2 \mathrm{d}x = \frac{1}{3}x^3 + C.$$

(2) 因为$(\sin x)' = \cos x$，所以$\sin x$是$\cos x$的一个原函数，即

$$\int \cos x \mathrm{d}x = \sin x + C.$$

(3) 因为$(\mathrm{e}^x)' = \mathrm{e}^x$，所以$\mathrm{e}^x$是$\mathrm{e}^x$的一个原函数，即

$$\int \mathrm{e}^x \mathrm{d}x = \mathrm{e}^x + C.$$

(4) 因为$x > 0$时，$(\ln x)' = \dfrac{1}{x}$，所以在$(0, +\infty)$内，

$$\int \frac{1}{x} \mathrm{d}x = \ln x + C.$$

又因为$x < 0$时，$-x > 0$，$[\ln(-x)]' = \dfrac{1}{-x} \cdot (-1) = \dfrac{1}{x}$，所以在$(-\infty, 0)$内，

$$\int \frac{1}{x} \mathrm{d}x = \ln(-x) + C.$$

综合上述两种情况得

$$\int \frac{1}{x} \mathrm{d}x = \ln|x| + C \,(x \neq 0).$$

▶▶ 二、不定积分的性质

性质 1 求不定积分与求导数或求微分互为逆运算.

(1) $\dfrac{\mathrm{d}}{\mathrm{d}x}\left[\displaystyle\int f(x)\mathrm{d}x\right] = f(x)$ 或 $\mathrm{d}\left[\displaystyle\int f(x)\mathrm{d}x\right] = f(x)\mathrm{d}x$；

(2) $\displaystyle\int F'(x)\mathrm{d}x = F(x) + C$ 或 $\displaystyle\int \mathrm{d}F(x) = F(x) + C.$

这些等式，由不定积分的定义立即可以得到. 需要注意的是，一个函数先进行微分运算，再进行积分运算，得到的不是一个函数，而是一族函数，必须加上一个任意常数 C.

性质 2 被积函数中不为零的常数因子 k 可以移到积分符号外. 即

$$\int kf(x)\mathrm{d}x = k\int f(x)\mathrm{d}x \,(k \neq 0).$$

性质 3 函数代数和的不定积分等于函数的不定积分的代数和. 即

$$\int [f(x) \pm g(x)]\mathrm{d}x = \int f(x)\mathrm{d}x \pm \int g(x)\mathrm{d}x.$$

▶▶ 三、不定积分的几何意义

由于函数 $f(x)$ 的不定积分是其原函数的全体 $F(x) + C$（C 为任意常数），所以对每一个给定的常数 C，都对应一个确定的原函数. 从几何角度看，就相应有一条平面曲线与之

相对应,称为积分曲线,因此不定积分 $\int f(x)\mathrm{d}x$ 在几何上表示的是一族积分曲线,这族曲线可以由族中任何一条积分曲线沿 y 轴方向平行移动而得到,且族中曲线在横坐标相同点处的切线是平行的,如图 4-1 所示.如果想确定积分曲线族中的某一条特定的积分曲线,只要根据已知条件,把不定积分中的常数 C 求出来即可.

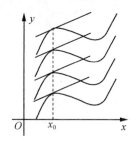

图 4-1

例 2   求过点 $(2,2)$ 且切线斜率为 $2x$ 的曲线方程.

解   由题意可知,切线斜率为 $2x$ 的曲线为

$$y = \int 2x\mathrm{d}x.$$

因为 $(x^2)' = 2x$,所以 $y = x^2 + C$.由于曲线过点 $(2,2)$,所以有 $2 = 2^2 + C$,从而得到 $C = -2$,于是所求曲线方程为 $y = x^2 - 2$.

📖 任务实施

现在我们来应用所学知识解决本节开始时提出的问题.

解   设所求自由落体的运动规律为

$$s = s(t).$$

于是有

$$s' = s'(t) = v(t) = gt.$$

则

$$s = s(t) = \int v(t)\mathrm{d}t = \int gt\,\mathrm{d}t = \frac{1}{2}gt^2 + C.$$

又 $t = 0$ 时,$s = 0$,从而得 $C = 0$.

即 $s = \dfrac{1}{2}gt^2$ 为所求自由落体的运动规律.

📖 课堂练习

1. 选择题:

(1) 函数 $y = \mathrm{e}^{-x}$ 的一个原函数是   (   )

(A) e^{-x} (B) $-\mathrm{e}^{-x}$ (C) e^{x} (D) $-\mathrm{e}^{x}$

(2) 下列函数不是 $f(x) = \dfrac{1}{x}$ 的原函数的是   (   )

(A) $\ln x$ (B) $\ln x + 1$ (C) $\ln 2x$ (D) $2\ln x$

(3) 设 $f(x)$ 为连续函数,则 $\left[\int f(x)\mathrm{d}x\right]'$ 等于   (   )

(A) $f(x) + C$ (B) $f(x)$ (C) $f(x)\mathrm{d}x$ (D) $f'(x)$

2. 填空题:

(1) 设 $f(x) = \sin x$,则 $\int f'(x)\,\mathrm{d}x =$ _____,$\int f(x)\,\mathrm{d}x =$ _____;

(2) 设 $\int f(x)\,\mathrm{d}x = x^2 \mathrm{e}^x + C$,则 $f(x) =$ _____;

(3) 设 $f(x) = \ln x$,则 $\int \mathrm{e}^{2x} f'(\mathrm{e}^x)\,\mathrm{d}x =$ _____.

习题 4-1

A 组

1. 试求下列函数 $f(x)$ 的一个原函数 $F(x)$:

(1) $f(x) = x^4$;   (2) $f(x) = x^{\frac{1}{2}}$;

(3) $f(x) = \mathrm{e}^x + x$;   (4) $f(x) = 2\sin x$.

2. 用不定积分的定义验证下列各等式:

(1) $\int \dfrac{1}{x^2}\,\mathrm{d}x = -\dfrac{1}{x} + C$;

(2) $\int a^x\,\mathrm{d}x = \dfrac{a^x}{\ln a} + C$;

(3) $\int \sec^2 x\,\mathrm{d}x = \tan x + C$;

(4) $\int \dfrac{1}{1+x^2}\,\mathrm{d}x = \arctan x + C$;

(5) $\int \cos^2 x\,\mathrm{d}x = \dfrac{x}{2} + \dfrac{1}{4}\sin 2x + C$;

(6) $\int \dfrac{x}{\sqrt{a^2+x^2}}\,\mathrm{d}x = \sqrt{a^2+x^2} + C$.

B 组

1. 已知曲线过点 $(1,0)$,且曲线上每一点 (x,y) 处的切线斜率为横坐标 x 的 3 倍,求该曲线的方程.

2. 设物体的运动速度为

$$v = \cos t (\mathrm{m/s}).$$

当 $t = \dfrac{\pi}{2}$ s 时,物体所经过的路程 $s = 10$ m,求该物体的运动规律.

§4-2 直接积分法

学习目标

1. 熟记不定积分的基本积分公式.
2. 会运用直接积分法解决不定积分问题.

任务引入

前一章我们解决了由一个已知函数如何求出它的导数的问题,上一节我们知道了一个函数的全部原函数是它的不定积分,那么如何求一个函数的不定积分呢? 比如: 求 $\int \dfrac{x^4}{1+x^2}\mathrm{d}x$. 很显然,通过观察我们是寻找不到答案的.

主要知识

▶▶一、基本积分公式

由于求不定积分是求导数的逆运算,由基本初等函数的导数公式便可得到相应的基本积分公式:

(1) $\displaystyle\int \mathrm{d}x = x + C$;　　　　　　(2) $\displaystyle\int x^a \mathrm{d}x = \dfrac{1}{\alpha+1}x^{\alpha+1} + C(\alpha \neq -1)$;

(3) $\displaystyle\int \dfrac{1}{x}\mathrm{d}x = \ln|x| + C$;　　　　(4) $\displaystyle\int a^x \mathrm{d}x = \dfrac{a^x}{\ln a} + C$;

(5) $\displaystyle\int e^x \mathrm{d}x = e^x + C$;　　　　　(6) $\displaystyle\int \sin x \mathrm{d}x = -\cos x + C$;

(7) $\displaystyle\int \cos x \mathrm{d}x = \sin x + C$;　　　　(8) $\displaystyle\int \sec^2 x \mathrm{d}x = \int \dfrac{1}{\cos^2 x}\mathrm{d}x = \tan x + C$;

(9) $\displaystyle\int \csc^2 x \mathrm{d}x = \int \dfrac{1}{\sin^2 x}\mathrm{d}x = -\cot x + C$;

(10) $\displaystyle\int \sec x \tan x \mathrm{d}x = \sec x + C$;　　(11) $\displaystyle\int \csc x \cot x \mathrm{d}x = -\csc x + C$;

(12) $\displaystyle\int \dfrac{1}{\sqrt{1-x^2}}\mathrm{d}x = \arcsin x + C$;　　(13) $\displaystyle\int \dfrac{1}{1+x^2}\mathrm{d}x = \arctan x + C$.

以上 13 个基本积分公式是求不定积分的基础,必须熟记. 此外,要验证这些公式,只需对公式中等号右端求导,看是否与公式左端的被积函数一致即可.

▶▶ 二、直接积分法

在求积分问题中,可以直接利用积分基本公式和性质求出结果,有些被积函数经过适当的恒等变形后也可利用上述方法求出结果. 这样的积分方法称为**直接积分法**.

例 1 求 $\int (x^3 - 2^x + 3\sin x)\mathrm{d}x$.

解 由不定积分的性质和基本积分公式得

$$\int (x^3 - 2^x + 3\sin x)\mathrm{d}x = \int x^3 \mathrm{d}x - \int 2^x \mathrm{d}x + 3\int \sin x \mathrm{d}x$$
$$= \frac{1}{4}x^4 - \frac{2^x}{\ln 2} - 3\cos x + C.$$

例 2 求 $\int \left(2\mathrm{e}^x - \dfrac{1}{x} + \dfrac{1}{x^3}\right)\mathrm{d}x$.

解 由不定积分的性质和基本积分公式得

$$\int \left(2\mathrm{e}^x - \frac{1}{x} + \frac{1}{x^3}\right)\mathrm{d}x = 2\int \mathrm{e}^x \mathrm{d}x - \int \frac{1}{x}\mathrm{d}x + \int x^{-3}\mathrm{d}x$$
$$= 2\mathrm{e}^x - \ln|x| - \frac{1}{2x^2} + C.$$

例 3 求 $\int \dfrac{x^3 - 3x^2 + 2x + 4}{x^2}\mathrm{d}x$.

解 先将被积函数进行代数恒等变形,再用基本积分公式.

$$\int \frac{x^3 - 3x^2 + 2x + 4}{x^2}\mathrm{d}x = \int \left(x - 3 + \frac{2}{x} + \frac{4}{x^2}\right)\mathrm{d}x$$
$$= \int x\mathrm{d}x - 3\int \mathrm{d}x + 2\int \frac{1}{x}\mathrm{d}x + 4\int \frac{1}{x^2}\mathrm{d}x$$
$$= \frac{1}{2}x^2 - 3x + 2\ln|x| - \frac{4}{x} + C.$$

例 4 求 $\int \dfrac{1 + x^2 + x}{x(1 + x^2)}\mathrm{d}x$.

解 先把被积函数作恒等变形,再逐项积分.

$$\int \frac{1 + x^2 + x}{x(1 + x^2)}\mathrm{d}x = \int \frac{1}{x}\mathrm{d}x + \int \frac{1}{1 + x^2}\mathrm{d}x = \ln|x| + \arctan x + C.$$

例 5 求 $\int \dfrac{1}{\sin^2 x \cos^2 x}\mathrm{d}x$.

解 被积函数是分式,观察分母 $\sin^2 x \cos^2 x$,利用三角恒等式 $\sin^2 x + \cos^2 x = 1$,先将被积函数恒等变形,再用基本积分公式.

$$\int \frac{1}{\sin^2 x \cos^2 x}\mathrm{d}x = \int \frac{\sin^2 x + \cos^2 x}{\sin^2 x \cos^2 x}\mathrm{d}x$$

$$= \int \frac{1}{\cos^2 x} \mathrm{d}x + \int \frac{1}{\sin^2 x} \mathrm{d}x$$

$$= \tan x - \cot x + C.$$

例 6 求 $\int \tan^2 x \mathrm{d}x$.

解 注意到公式：$\tan^2 x = \sec^2 x - 1$，先将被积函数三角恒等变形，再用基本积分公式.

$$\int \tan^2 x \mathrm{d}x = \int (\sec^2 x - 1)\mathrm{d}x = \int \sec^2 x \mathrm{d}x - \int \mathrm{d}x = \tan x - x + C.$$

直接积分法是计算不定积分的基本方法，要求我们一定要在熟记 13 个基本积分公式的基础上，正确使用不定积分的性质，有些还要根据被积函数的特点，进行适当的代数或三角恒等变形，然后求出不定积分.

说明 （1）在逐项积分时，不必每一项后各加上一个积分常数，因为任意常数之和还是任意常数，所以只需在最后的积分结果上加上一个任意常数 C 就可以了.

（2）对不定积分计算出来的结果是否正确，可以进行检验，检验的方法很简单，只需对所得结果求导数看它是否等于被积函数.

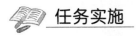 **任务实施**

现在我们利用新的知识来解决本节开始时提出的问题：

解 注意到 $x^4 = (x^4 - 1) + 1 = (x^2 + 1)(x^2 - 1) + 1$，先将被积函数恒等变形，再用基本积分公式.

$$\int \frac{x^4}{1 + x^2} \mathrm{d}x = \int \frac{(x^4 - 1) + 1}{1 + x^2} \mathrm{d}x = \int \frac{(x^2 + 1)(x^2 - 1) + 1}{1 + x^2} \mathrm{d}x$$

$$= \int (x^2 - 1)\mathrm{d}x + \int \frac{1}{1 + x^2} \mathrm{d}x = \frac{1}{3}x^3 - x + \arctan x + C.$$

 **课堂练习**

求下列不定积分：

（1）$\int x \sqrt{x \sqrt{x}} \mathrm{d}x$；

（2）$\int \left(\frac{1}{x} - 5^x + 4\cos x \right) \mathrm{d}x$；

（3）$\int \left(3\sin x + \frac{1}{\sin^2 x} \right) \mathrm{d}x$；

（4）$\int \frac{3x^4 + 3x^2 + 1}{x^2 + 1} \mathrm{d}x$.

应用举例

例 7 一物体以加速度 $a = a(t) = 12t^2 - 3\sin t$ 做直线运动，当 $t = 0$ 时，$v_0 = 5$，$s_0 =$

-3,求:

(1) 物体运动的速度 $v = v(t)$;

(2) 物体的运动规律 $s = s(t)$.

解 (1) $v(t) = \int a(t)\mathrm{d}t = \int (12t^2 - 3\sin t)\mathrm{d}t$

$$= 12\int t^2\mathrm{d}t - 3\int \sin t\mathrm{d}t = 4t^3 + 3\cos t + C.$$

当 $t = 0$ 时,$v_0 = 5$,故 $C = 2$.

所以物体的运动速度 $v = v(t) = 4t^3 + 3\cos t + 2$.

(2) $s(t) = \int v(t)\mathrm{d}t = \int (4t^3 + 3\cos t + 2)\mathrm{d}t$

$$= 4\int t^3\mathrm{d}t + 3\int \cos t\mathrm{d}t + 2\int \mathrm{d}t = t^4 + 3\sin t + 2t + C.$$

当 $t = 0$ 时,$s_0 = -3$,故 $C = -3$.

所以物体的运动规律 $s = s(t) = t^4 + 3\sin t + 2t - 3$.

习题 4-2

A 组

1. 求下列各不定积分:

(1) $\displaystyle\int (\mathrm{e}^x + 1)\mathrm{d}x$;

(2) $\displaystyle\int (3x^2 + x - 1)\mathrm{d}x$;

(3) $\displaystyle\int \dfrac{\mathrm{d}x}{x^2\sqrt{x}}$;

(4) $\displaystyle\int \left(\dfrac{2}{x} + 3^x - \dfrac{1}{\cos^2 x}\right)\mathrm{d}x$.

2. 求下列函数的不定积分:

(1) $\displaystyle\int \left(\dfrac{x + 2}{x}\right)^2\mathrm{d}x$;

(2) $\displaystyle\int \dfrac{x^2}{1 + x^2}\mathrm{d}x$;

(3) $\displaystyle\int \dfrac{\sin 2x}{\sin x}\mathrm{d}x$;

(4) $\displaystyle\int \sec x(\sec x - \tan x)\mathrm{d}x$.

B 组

1. 求下列函数的不定积分:

(1) $\displaystyle\int \dfrac{x - 4}{\sqrt{x} + 2}\mathrm{d}x$;

(2) $\displaystyle\int \dfrac{\mathrm{d}x}{1 + \cos 2x}$;

(3) $\displaystyle\int 2^x\left(1 - \dfrac{2^{-x}}{\sqrt{x}}\right)\mathrm{d}x$;

(4) $\displaystyle\int 10^t \cdot 3^{2t}\mathrm{d}t$.

2. 已知某函数的导数是 $x-3$，又知当 $x=2$ 时，函数的值等于 9，求此函数.

$$\S\,4\text{-}3 \qquad 换元积分法$$

学习目标

1. 了解求积分中变量代换的基本思想.
2. 会运用第一类换元积分法计算不定积分.
3. 能运用变量代换的方法去掉根号并计算简单函数的不定积分.

任务引入

用直接积分法能计算的不定积分只是一些相对简单的积分，对于形如：

$$\int \frac{\arctan\sqrt{x}}{\sqrt{x}(1+x)}\mathrm{d}x \quad （任务一）$$

和

$$\int \frac{1}{x\,\sqrt{x^2-1}}\mathrm{d}x \quad （任务二）$$

的积分是无法利用积分基本公式进行计算的. 那么，如何求这一类函数的积分呢？这就是本节内容所要解决的问题.

主要知识

▶▶ **一、第一类换元积分法**

第一类换元积分法　设函数 $u=\varphi(x)$ 可导，若 $\int f(u)\mathrm{d}u=F(u)+C$，则

$$\int f[\varphi(x)]\varphi'(x)\mathrm{d}x = \int f[\varphi(x)]\mathrm{d}\varphi(x)$$

$$\xrightarrow[\text{令}\,u=\varphi(x)]{\text{换元}} \int f(u)\mathrm{d}u = F(u)+C$$

$$\xrightarrow[u=\varphi(x)]{\text{回代}} F[\varphi(x)]+C.$$

在第一类换元积分法中，关键在于把被积表达式中 $\varphi'(x)\mathrm{d}x$ 凑成微分形式 $\mathrm{d}\varphi(x)$，使原积分变形为基本积分公式的类型，因此又称第一类换元积分法为**凑微分法**.

例 1　求 $\int(3x-2)^{10}\mathrm{d}x$.

解　$\int(3x-2)^{10}\mathrm{d}x = \dfrac{1}{3}\int(3x-2)^{10}\cdot 3\mathrm{d}x = \dfrac{1}{3}\int(3x-2)^{10}\mathrm{d}(3x)$

$$= \dfrac{1}{3}\int(3x-2)^{10}\mathrm{d}(3x-2).$$

令 $u=3x-2$,则 $\mathrm{d}u=\mathrm{d}(3x-2)$,所以

$$\int(3x-2)^{10}\mathrm{d}x = \dfrac{1}{3}\int(3x-2)^{10}\mathrm{d}(3x-2)$$

$$\xrightarrow[\text{令}\,u=3x-2]{}\dfrac{1}{3}\int u^{10}\mathrm{d}u = \dfrac{1}{3}\cdot\dfrac{1}{10+1}u^{10+1}+C$$

$$\xrightarrow[u=3x-2]{\text{回代}}\dfrac{1}{33}(3x-2)^{11}+C.$$

例 2　求 $\int 2\mathrm{e}^{2x}\mathrm{d}x$.

解　$\int 2\mathrm{e}^{2x}\mathrm{d}x = \int\mathrm{e}^{2x}\mathrm{d}(2x)$,令 $u=2x$,则 $\mathrm{d}u=\mathrm{d}(2x)$,所以

$$\int 2\mathrm{e}^{2x}\mathrm{d}x = \int\mathrm{e}^{2x}\mathrm{d}(2x)\xrightarrow[\text{令}\,u=2x]{}\int\mathrm{e}^{u}\mathrm{d}u = \mathrm{e}^{u}+C\xrightarrow[u=2x]{\text{回代}}\mathrm{e}^{2x}+C.$$

从上面两个例题中可以看出,求积分时经常用到以下微分的两个性质:

(1) $\mathrm{d}[a\varphi(x)] = a\mathrm{d}\varphi(x)$,即常系数可以从微分号内移进移出,如

$$2\mathrm{d}x = \mathrm{d}(2x),\mathrm{d}(-x)=-\mathrm{d}x,\mathrm{d}\left(\dfrac{1}{2}x^2\right)=\dfrac{1}{2}\mathrm{d}(x^2).$$

(2) $\mathrm{d}\varphi(x) = \mathrm{d}[\varphi(x)\pm b]$,即微分号内的函数可加(或减)一个常数,如

$$\mathrm{d}x = \mathrm{d}(x+1),\mathrm{d}(3x)=\mathrm{d}(3x+2),\mathrm{d}(x^2)=\mathrm{d}(x^2\pm 1).$$

把上面两个微分性质结合起来就得到

$$\mathrm{d}x = \dfrac{1}{a}\mathrm{d}(ax+b)\ (a\neq 0).$$

例 3　求 $\int\sqrt{ax+b}\,\mathrm{d}x(a\neq 0)$.

解　因为 $\mathrm{d}x = \dfrac{1}{a}\mathrm{d}(ax+b)$,所以

$$\int\sqrt{ax+b}\,\mathrm{d}x = \dfrac{1}{a}\int\sqrt{ax+b}\,\mathrm{d}(ax+b)$$

$$\xrightarrow[\text{令}\,ax+b=u]{}\dfrac{1}{a}\int u^{\frac{1}{2}}\mathrm{d}u = \dfrac{2}{3a}u^{\frac{3}{2}}+C$$

$$\xrightarrow[u=ax+b]{\text{回代}}\dfrac{2}{3a}(ax+b)^{\frac{3}{2}}+C.$$

例 4　求 $\int x\mathrm{e}^{x^2}\mathrm{d}x$.

解　因为 $x\mathrm{d}x = \dfrac{1}{2}\mathrm{d}(x^2)$,所以

$$\int x \mathrm{e}^{x^2} \,\mathrm{d}x = \frac{1}{2}\int \mathrm{e}^{x^2} \,\mathrm{d}(x^2)$$

$$\xlongequal{\text{令 } x^2 = u} \frac{1}{2}\int \mathrm{e}^u \,\mathrm{d}u = \frac{1}{2}\mathrm{e}^u + C$$

$$\xlongequal[u = x^2]{\text{回代}} \frac{1}{2}\mathrm{e}^{x^2} + C.$$

当运算比较熟练后,设变量代换 $\varphi(x) = u$ 和回代这两个步骤可省略不写. 另外,凑微分时经常用到下面的式子,希望在练习过程中不断熟悉它们.

(1) $\mathrm{d}x = \dfrac{1}{a}\mathrm{d}(ax + b)\ (a \neq 0)$; (2) $x\mathrm{d}x = \dfrac{1}{2}\mathrm{d}(x^2)$;

(3) $\dfrac{1}{x}\mathrm{d}x = \mathrm{d}(\ln|x|)$; (4) $\dfrac{1}{\sqrt{x}}\mathrm{d}x = 2\mathrm{d}(\sqrt{x})$;

(5) $\dfrac{1}{x^2}\mathrm{d}x = -\mathrm{d}\left(\dfrac{1}{x}\right)$; (6) $\dfrac{1}{1+x^2}\mathrm{d}x = \mathrm{d}(\arctan x)$;

(7) $\dfrac{1}{\sqrt{1-x^2}}\mathrm{d}x = \mathrm{d}(\arcsin x)$; (8) $\mathrm{e}^x\mathrm{d}x = \mathrm{d}(\mathrm{e}^x)$;

(9) $\sin x\mathrm{d}x = -\mathrm{d}(\cos x)$; (10) $\cos x\mathrm{d}x = \mathrm{d}(\sin x)$;

(11) $\sec^2 x\mathrm{d}x = \mathrm{d}(\tan x)$; (12) $\csc^2 x\mathrm{d}x = -\mathrm{d}(\cot x)$;

(13) $\sec x\tan x\mathrm{d}x = \mathrm{d}(\sec x)$; (14) $\csc x\cot x\mathrm{d}x = -\mathrm{d}(\csc x)$.

例 5 求 $\displaystyle\int \frac{\sin(\sqrt{x}+1)}{\sqrt{x}}\mathrm{d}x$.

解 $\displaystyle\int \frac{\sin(\sqrt{x}+1)}{\sqrt{x}}\mathrm{d}x = 2\int \sin(\sqrt{x}+1)\mathrm{d}(\sqrt{x}) = 2\int \sin(\sqrt{x}+1)\mathrm{d}(\sqrt{x}+1)$

$$= -2\cos(\sqrt{x}+1) + C.$$

例 6 求 $\displaystyle\int \frac{\mathrm{d}x}{a^2 + x^2}$.

解 $\displaystyle\int \frac{\mathrm{d}x}{a^2 + x^2} = \frac{1}{a^2}\int \frac{\mathrm{d}x}{1 + \left(\dfrac{x}{a}\right)^2} = \frac{1}{a}\int \frac{\mathrm{d}\left(\dfrac{x}{a}\right)}{1 + \left(\dfrac{x}{a}\right)^2} = \frac{1}{a}\arctan \frac{x}{a} + C.$

类似可求得

$$\int \frac{1}{\sqrt{a^2 - x^2}}\mathrm{d}x = \arcsin \frac{x}{a} + C\,(a > 0).$$

例 7 求下列不定积分:

(1) $\displaystyle\int \frac{1}{x^2}\mathrm{e}^{\frac{1}{x}}\mathrm{d}x$; (2) $\displaystyle\int \frac{\mathrm{d}x}{x\sqrt{1 - \ln^2 x}}$.

解 (1) $\displaystyle\int \frac{1}{x^2}\mathrm{e}^{\frac{1}{x}}\mathrm{d}x = \int \mathrm{e}^{\frac{1}{x}}\left(\frac{1}{x^2}\mathrm{d}x\right) = \int \mathrm{e}^{\frac{1}{x}}\left[-\mathrm{d}\left(\frac{1}{x}\right)\right] = -\int \mathrm{e}^{\frac{1}{x}}\mathrm{d}\left(\frac{1}{x}\right) = -\mathrm{e}^{\frac{1}{x}} + C.$

(2) $\displaystyle\int \frac{\mathrm{d}x}{x\sqrt{1 - \ln^2 x}} = \int \frac{1}{\sqrt{1 - \ln^2 x}}\mathrm{d}(\ln x) = \arcsin(\ln x) + C.$

有时需要通过代数或三角恒等变换,把被积函数适当变形后再用凑微分法求积分.

例 8　求 $\int \dfrac{\mathrm{d}x}{x^2 - a^2}$.

解
$$\int \frac{\mathrm{d}x}{x^2 - a^2} = \int \frac{\mathrm{d}x}{(x+a)(x-a)}$$
$$= \frac{1}{2a}\int \frac{(x+a)-(x-a)}{(x+a)(x-a)}\mathrm{d}x$$
$$= \frac{1}{2a}\int \left(\frac{1}{x-a} - \frac{1}{x+a}\right)\mathrm{d}x$$
$$= \frac{1}{2a}\left[\int \frac{\mathrm{d}(x-a)}{x-a} - \int \frac{\mathrm{d}(x+a)}{x+a}\right]$$
$$= \frac{1}{2a}(\ln|x-a| - \ln|x+a|) + C$$
$$= \frac{1}{2a}\ln\left|\frac{x-a}{x+a}\right| + C.$$

例 9　求 $\int \tan x \mathrm{d}x$.

解
$$\int \tan x \mathrm{d}x = \int \frac{\sin x}{\cos x}\mathrm{d}x$$
$$= -\int \frac{1}{\cos x}\mathrm{d}(\cos x) = -\ln|\cos x| + C.$$

例 10　求 $\int \sec x \mathrm{d}x$.

解
$$\int \sec x \mathrm{d}x = \int \frac{1}{\cos x}\mathrm{d}x = \int \frac{\cos x}{\cos^2 x}\mathrm{d}x = \int \frac{\mathrm{d}(\sin x)}{1-\sin^2 x} = \frac{1}{2}\ln\frac{1+\sin x}{1-\sin x} + C$$
$$= \ln|\sec x + \tan x| + C.$$

类似可求得

$$\int \csc x \mathrm{d}x = \ln|\csc x - \cot x| + C.$$

📖 **课堂练习一**

计算下列不定积分:

(1) $\int \dfrac{2x}{1+x^2}\mathrm{d}x$;

(2) $\int (3-2x)^8 \mathrm{d}x$;

(3) $\int \dfrac{\sin\sqrt{t}}{\sqrt{t}}\mathrm{d}t$;

(4) $\int \tan^{10} x \sec^2 x \mathrm{d}x$.

任务实施一

下面我们利用第一类换元积分法来解决开始提出的任务一.

解 $\displaystyle\int \frac{\arctan \sqrt{x}}{\sqrt{x}(1+x)}dx = 2\int \frac{\arctan \sqrt{x}}{1+(\sqrt{x})^2}d(\sqrt{x}) \xrightarrow{\text{令} \sqrt{x}=u} 2\int \frac{\arctan u}{1+u^2}du$

$$= 2\int \arctan u \, d(\arctan u) \xrightarrow{\text{令} \arctan u = v} 2\int v \, dv = v^2 + C$$

$$\xrightarrow[v=\arctan u]{\text{变量回代}} (\arctan u)^2 + C$$

$$\xrightarrow[u=\sqrt{x}]{\text{变量回代}} (\arctan \sqrt{x})^2 + C.$$

▶▶ 二、第二类换元积分法

第一类换元积分法中对被积函数变形,拆出一个因子 $\varphi'(x)$ 与 dx 构成新的微分 $d\varphi(x)$. 有时,在被积函数中,不能拆出因子 $\varphi'(x)$ 来,比如形如 $\displaystyle\int \sqrt{a^2-x^2}\,dx$ 的积分,凑微分法就不能直接奏效,而用相反的方式令 $x = a\sin t$ 却能比较顺利地求出结果.

第二类换元积分法 设 $x = \varphi(t)$ 具有连续导数,其反函数 $t = \varphi^{-1}(x)$ 存在且可导,则 $dx = \varphi'(t)dt$,于是

$$\int f(x)dx = \int f[\varphi(t)]\varphi'(t)dt.$$

若上式右端积分为

$$\int f[\varphi(t)]\varphi'(t)dt = F(t) + C.$$

则以 $x = \varphi(t)$ 的反函数 $t = \varphi^{-1}(x)$ 代入上式,即得

$$\int f(x)dx = F[\varphi^{-1}(x)] + C.$$

例 11 求 $\displaystyle\int \frac{\sqrt{x-1}}{x}dx$.

解 令 $\sqrt{x-1} = t$,得 $x = t^2 + 1$,于是 $dx = 2t\,dt$,从而

$$\int \frac{\sqrt{x-1}}{x}dx = \int \frac{t}{t^2+1}2t\,dt = 2\int \frac{t^2+1-1}{t^2+1}dt = 2\left(\int dt - \int \frac{1}{1+t^2}dt\right)$$

$$= 2(t - \arctan t) + C$$

$$\xrightarrow[t=\sqrt{x-1}]{\text{变量回代}} 2(\sqrt{x-1} - \arctan \sqrt{x-1}) + C.$$

例 12 求 $\displaystyle\int \frac{dx}{\sqrt{x} + \sqrt[3]{x}}$.

解 为了去掉根号,令 $\sqrt[6]{x} = t$,则 $x = t^6$,于是 $dx = 6t^5 dt$,从而

$$\int \frac{\mathrm{d}x}{\sqrt{x}+\sqrt[3]{x}} = \int \frac{6t^5}{t^3+t^2}\mathrm{d}t = 6\int \frac{t^3}{t+1}\mathrm{d}t$$

$$= 6\int \frac{t^3+1-1}{t+1}\mathrm{d}t = 6\int \left(t^2-t+1-\frac{1}{t+1}\right)\mathrm{d}t$$

$$= 2t^3 - 3t^2 + 6t - 6\ln(1+t) + C$$

$$\xrightarrow[t=\sqrt[6]{x}]{\text{变量回代}} 2\sqrt{x} - 3\sqrt[3]{x} + 6\sqrt[6]{x} - \ln(1+\sqrt[6]{x}) + C.$$

例 13 求 $\int \sqrt{a^2-x^2}\,\mathrm{d}x$.

解 为了去掉根号,令 $x=a\sin t, t\in\left(-\frac{\pi}{2},\frac{\pi}{2}\right)$,则

$$\mathrm{d}x = a\cos t\mathrm{d}t, \sqrt{a^2-x^2} = a\cos t,$$

于是 $\int \sqrt{a^2-x^2}\,\mathrm{d}x = \int a\cos t\cdot a\cos t\mathrm{d}t = a^2\int \cos^2 t\mathrm{d}t$

$$= \frac{a^2}{2}\int (1+\cos 2t)\mathrm{d}t = \frac{a^2}{2}\left(t+\frac{1}{2}\sin 2t\right)+C.$$

为了还原变量,根据 $x=a\sin t$ 作辅助直角三角形(如图 4-2 所示).

由 $\sin t = \frac{x}{a}, t = \arcsin \frac{x}{a}$,得 $\cos t = \frac{\sqrt{a^2-x^2}}{a}$,从而

$$\sin 2t = 2\sin t\cos t = 2\frac{x\sqrt{a^2-x^2}}{a^2},$$

所以 $\int \sqrt{a^2-x^2}\,\mathrm{d}x = \frac{a^2}{2}\arcsin \frac{x}{a} + \frac{x}{2}\sqrt{a^2-x^2} + C.$

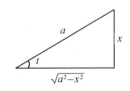

图 4-2

例 14 求 $\int \frac{\mathrm{d}x}{\sqrt{x^2+a^2}}(a>0)$.

解 令 $x=a\tan t, t\in\left(-\frac{\pi}{2},\frac{\pi}{2}\right)$,则 $\mathrm{d}x = a\sec^2 t\mathrm{d}t$,于是

$$\int \frac{\mathrm{d}x}{\sqrt{x^2+a^2}} = \int \frac{a\sec^2 t}{a\sec t}\mathrm{d}t = \int \sec t\mathrm{d}t = \ln|\sec t + \tan t| + C_1.$$

根据 $x=a\tan t$ 作辅助直角三角形(如图 4-3 所示).

由图可知,$\sec t = \frac{\sqrt{x^2+a^2}}{a}, \tan t = \frac{x}{a}$,因此

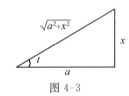

图 4-3

$$\int \frac{\mathrm{d}x}{\sqrt{x^2+a^2}} = \ln\left|\frac{x}{a} + \frac{\sqrt{x^2+a^2}}{a}\right| + C_1$$

$$= \ln\left|x + \sqrt{x^2+a^2}\right| + C_1 - \ln a$$

$$= \ln\left|x + \sqrt{x^2+a^2}\right| + C(C = C_1 - \ln a).$$

例 15 求 $\int \frac{\mathrm{d}x}{\sqrt{x^2-a^2}}(a>0)$.

解 令 $x=a\sec t$,则 $\mathrm{d}x = a\sec t\tan t\mathrm{d}t$,

$$\sqrt{x^2 - a^2} = a\tan t,$$

于是 $\displaystyle\int \frac{\mathrm{d}x}{\sqrt{x^2 - a^2}} = \int \frac{a\sec t\tan t}{a\tan t}\mathrm{d}t = \int \sec t\mathrm{d}t = \ln|\sec t + \tan t| + C_1.$

由 $x = a\sec t$ 作辅助直角三角形（如图 4-4 所示）.

由图可知 $\sec t = \dfrac{x}{a}, \tan t = \dfrac{\sqrt{x^2 - a^2}}{a}$，因此

$$\int \frac{\mathrm{d}x}{\sqrt{x^2 - a^2}} = \ln|\sec t + \tan t| + C_1$$

$$= \ln\left|\frac{x}{a} + \frac{\sqrt{x^2 - a^2}}{a}\right| + C_1$$

$$= \ln\left|x + \sqrt{x^2 - a^2}\right| + C_1 - \ln a$$

$$= \ln\left|x + \sqrt{x^2 - a^2}\right| + C(C = C_1 - \ln a).$$

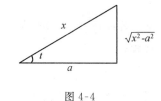

图 4-4

由上面三例可以看到，若被积函数包含有

① $\sqrt{a^2 - x^2}$，作代换 $x = a\sin t$；

② $\sqrt{x^2 + a^2}$，作代换 $x = a\tan t$；

③ $\sqrt{x^2 - a^2}$，作代换 $x = a\sec t$，

可以化去相应的根式.

📖 **课堂练习二**

计算下列不定积分：

(1) $\displaystyle\int \frac{\mathrm{d}x}{x + \sqrt{x}}$；

(2) $\displaystyle\int \frac{\mathrm{d}x}{2 + \sqrt{x - 1}}$；

(3) $\displaystyle\int \sqrt{1 - 4x^2}\,\mathrm{d}x$；

(4) $\displaystyle\int \frac{\sqrt{x^2} - 9}{x}\,\mathrm{d}x$.

📖 **实施任务二**

下面我们利用第二类换元积分法来解决开始提出的任务二.

解 在 $\displaystyle\int \frac{1}{x\sqrt{x^2 - 1}}\mathrm{d}x$ 中，为了去掉根号，令 $x = \sec t$，则 $\mathrm{d}x = \sec t\tan t\mathrm{d}t$，

于是 $\displaystyle\int \frac{1}{x\sqrt{x^2 - 1}}\mathrm{d}x = \int \frac{1}{\sec t\tan t} \cdot \sec t\tan t\mathrm{d}t = \int \mathrm{d}t = t + C.$

为了还原变量，我们参考图 4-4（本题中 $a = 1$）.

由 $\sec t = x$，得 $\cos t = \dfrac{1}{x}, t = \arccos\dfrac{1}{x}$，从而

$$\int \frac{1}{x\sqrt{x^2-1}}\mathrm{d}x = \arccos\frac{1}{x} + C.$$

📖 课后思考

在实施任务一时,如果我们先从第二类换元积分的角度考虑,令 $x = t^2\,(t > 0)$,会怎样呢?

应用换元积分法时,选择适当的变量代换是关键,这就要分析被积函数的具体情况,通过多练习,做到灵活运用.

在本节例题中,有几个积分结果是经常会遇到的,因此将它们作为基本积分公式列在下面.

接基本积分公式:

(14) $\int \tan x\,\mathrm{d}x = -\ln|\cos x| + C$;　　　(15) $\int \cot x\,\mathrm{d}x = \ln|\sin x| + C$;

(16) $\int \sec x\,\mathrm{d}x = \ln|\sec x + \tan x| + C$;　　(17) $\int \csc x\,\mathrm{d}x = \ln|\csc x - \cot x| + C$;

(18) $\int \frac{1}{a^2+x^2}\mathrm{d}x = \frac{1}{a}\arctan\frac{x}{a} + C$;　　(19) $\int \frac{\mathrm{d}x}{x^2-a^2} = \frac{1}{2a}\ln\left|\frac{x-a}{x+a}\right| + C$;

(20) $\int \frac{1}{\sqrt{a^2-x^2}}\mathrm{d}x = \arcsin\frac{x}{a} + C$;

(21) $\int \frac{\mathrm{d}x}{\sqrt{x^2 \pm a^2}} = \ln\left|x + \sqrt{x^2 \pm a^2}\right| + C$.

习题 4-3

A 组

1. 选择题:

(1) 若 $\int f(x)\mathrm{e}^{\frac{1}{x}}\mathrm{d}x = -\mathrm{e}^{\frac{1}{x}} + C$,则 $f(x)$ 为　　　　　　　　　　　　(　　)

(A) $\frac{1}{x}$　　　　　(B) $\frac{1}{x^2}$　　　　　(C) $-\frac{1}{x}$　　　　　(D) $-\frac{1}{x^2}$

(2) 若 $\int f(x)\mathrm{d}x = F(x) + C$,则计算 $\int \mathrm{e}^{-x}f(\mathrm{e}^{-x})\mathrm{d}x$ 结果为　　　　(　　)

(A) $F(\mathrm{e}^x) + C$　　(B) $F(\mathrm{e}^{-x}) + C$　　(C) $-F(\mathrm{e}^x) + C$　　(D) $-F(\mathrm{e}^{-x}) + C$

(3) 设 $f(x) = 2^x + x^2$,则计算 $\int f'(2x)\mathrm{d}x$ 结果为　　　　　　　　　　(　　)

(A) $\dfrac{1}{2}(2^{2x}+x^2)+C$ (B) $2^{2x}+(2x)^2+C$

(C) $\dfrac{1}{2}2^{2x}+2x^2+C$ (D) $\dfrac{1}{2}\mathrm{e}^{2x}+x^2+C$

2. 求下列不定积分：

(1) $\displaystyle\int(1+2x)^5\mathrm{d}x$；

(2) $\displaystyle\int\sqrt[3]{2-3x}\,\mathrm{d}x$；

(3) $\displaystyle\int\dfrac{x}{\sqrt{x^2-2}}\mathrm{d}x$；

(4) $\displaystyle\int\dfrac{2x-3}{x^2-3x+8}\mathrm{d}x$；

(5) $\displaystyle\int\cot x\mathrm{d}x$；

(6) $\displaystyle\int\dfrac{1}{x^2}\cos\dfrac{1}{x}\mathrm{d}x$.

3. 求下列不定积分：

(1) $\displaystyle\int\dfrac{\mathrm{d}x}{1+\sqrt[3]{x+1}}$；

(2) $\displaystyle\int\dfrac{\sqrt{x}}{1+\sqrt[3]{x}}\mathrm{d}x$；

(3) $\displaystyle\int\dfrac{\mathrm{d}x}{\sqrt{9+4x^2}}$；

(4) $\displaystyle\int\dfrac{1}{1+\sqrt{1-x^2}}\mathrm{d}x$.

B 组

1. 求下列不定积分：

(1) $\displaystyle\int\dfrac{\mathrm{d}x}{x(2+5\ln x)}$；

(2) $\displaystyle\int\sin^5 x\mathrm{d}x$；

(3) $\displaystyle\int\dfrac{\mathrm{e}^x}{1+\mathrm{e}^{2x}}\mathrm{d}x$；

(4) $\displaystyle\int\dfrac{\mathrm{e}^x}{\sqrt{1-\mathrm{e}^{2x}}}\mathrm{d}x$.

2. 求下列不定积分：

(1) $\displaystyle\int\dfrac{\sin x\cos x}{1+\sin^4 x}\mathrm{d}x$；

(2) $\displaystyle\int\dfrac{1}{(x^2+1)^{\frac{3}{2}}}\mathrm{d}x$.

3. 求下列不定积分：

(1) $\displaystyle\int\dfrac{\mathrm{d}x}{\sqrt{1+\mathrm{e}^x}}$；

(2) $\displaystyle\int\dfrac{x^2}{(1+x^2)^2}\mathrm{d}x$；

(3) $\displaystyle\int\sqrt{3-2x-x^2}\,\mathrm{d}x$；

(4) $\displaystyle\int\dfrac{\mathrm{d}x}{x^2\sqrt{x^2-1}}$.

§4-4　分部积分法

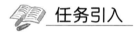

1. 了解分部积分法的基本思路.
2. 会运用分部积分法计算简单函数的不定积分.

任务引入

观察积分:

$$\int \sin(\ln x)\,\mathrm{d}x.$$

显然不能采用直接积分法写出结果. 而如果采用换元积分的方法, 你很快就会发现同样无法解决这个问题. 那么怎样计算这一类函数的不定积分呢?

 主要知识

分部积分公式　设函数 $u=u(x)$, $v=v(x)$ 都有连续的导数, 由求导法则,

$$[u(x)v(x)]' = u'(x)v(x) + u(x)v'(x),$$

两端积分, 得

$$u(x)v(x) = \int u'(x)v(x)\,\mathrm{d}x + \int u(x)v'(x)\,\mathrm{d}x,$$

移项有

$$\int u(x)v'(x)\,\mathrm{d}x = u(x)v(x) - \int v(x)u'(x)\,\mathrm{d}x,$$

上式可简单写作

$$\int uv'\,\mathrm{d}x = uv - \int vu'\,\mathrm{d}x \text{ 或 } \int u\,\mathrm{d}v = uv - \int v\,\mathrm{d}u.$$

此式称为分部积分公式.

下面利用分部积分公式来计算一些积分.

例 1　求 $\int x\mathrm{e}^x\,\mathrm{d}x$.

解　被积函数可以看作两个函数 x 和 e^x 的乘积, 用分部积分法.

设 $u = x, v' = \mathrm{e}^x$,则 $u' = 1, v = \mathrm{e}^x$,于是

$$\int x\mathrm{e}^x \mathrm{d}x = x\mathrm{e}^x - \int \mathrm{e}^x \cdot 1\mathrm{d}x = x\mathrm{e}^x - \mathrm{e}^x + C.$$

再看另一种情况:

若设 $u = \mathrm{e}^x, v' = x$,则 $u' = \mathrm{e}^x, v = \dfrac{1}{2}x^2$,用分部积分公式

$$\int x\mathrm{e}^x \mathrm{d}x = \frac{1}{2}x^2 \mathrm{e}^x - \frac{1}{2}\int x^2 \cdot \mathrm{e}^x \mathrm{d}x.$$

这时,上式右端的积分比左端的积分更难于计算,显然这样的 $u(x), v'(x)$ 是不可取的.

说明 实际使用分部积分公式的过程中,因为被积函数可以看作是两个函数的乘积,所以 $u(x)$ 和 $v'(x)$ 的选择显得十分重要,必须要把握以下两个基本原则:

(1) 选作 $v'(x)$ 的函数,必须能求出它的原函数;

(2) 选取 $u(x)$ 和 $v'(x)$,最终要使公式中右端的积分 $\int v(x)u'(x)\mathrm{d}x$ 较左端的积分 $\int u(x)v'(x)\mathrm{d}x$ 易于计算.

例 2 求 $\int \ln x \mathrm{d}x$.

解 被积函数可以看作是两个函数 $\ln x$ 与 1 的乘积,用分部积分法.

设 $u = \ln x, v' = 1$,则 $u' = \dfrac{1}{x}, v = x$,于是

$$\int \ln x \mathrm{d}x = x\ln x - \int x \mathrm{d}(\ln x) = x\ln x - \int x \cdot \frac{1}{x}\mathrm{d}x$$
$$= x\ln x - x + C.$$

说明 被积函数是一个函数的情况下,可考虑直接使用分部积分公式,如求 $\int \arcsin x \mathrm{d}x, \int \arctan x \mathrm{d}x$ 等.

例 3 求 $\int x\ln x \mathrm{d}x$.

解 被积函数是 x 与 $\ln x$ 的乘积,注意到 $\ln x$ 的原函数不易求.

设 $u = \ln x, v' = x$,则 $v = \dfrac{1}{2}x^2$,于是

$$\int x\ln x \mathrm{d}x = \int \ln x \mathrm{d}\left(\frac{1}{2}x^2\right) = \frac{1}{2}x^2 \ln x - \int \frac{1}{2}x^2 \mathrm{d}(\ln x) = \frac{1}{2}x^2 \ln x - \int \frac{1}{x} \cdot \frac{1}{2}x^2 \mathrm{d}x$$
$$= \frac{1}{2}x^2 \ln x - \frac{1}{4}x^2 + C.$$

例 4 求 $\int x^2 \mathrm{e}^{-x} \mathrm{d}x$.

解 被积函数可以看作 x^2 和 e^{-x} 的乘积,用分部积分法.

设 $u = x^2, v' = \mathrm{e}^{-x}$，则 $u' = 2x, v = -\mathrm{e}^{-x}$，于是

$$\int x^2 \mathrm{e}^{-x} \mathrm{d}x = -x^2 \mathrm{e}^{-x} + 2\int x\mathrm{e}^{-x}\mathrm{d}x.$$

对上式右端的不定积分再用一次分部积分公式.

设 $u = x, v' = \mathrm{e}^{-x}$，则 $u' = 1, v = -\mathrm{e}^{-x}$，于是

$$\int x\mathrm{e}^{-x}\mathrm{d}x = -x\mathrm{e}^{-x} + \int \mathrm{e}^{-x}\mathrm{d}x = -x\mathrm{e}^{-x} - \mathrm{e}^{-x} + C.$$

将该结果代入前式，有

$$\int x^2 \mathrm{e}^{-x}\mathrm{d}x = -x^2\mathrm{e}^{-x} + 2(-x\mathrm{e}^{-x} - \mathrm{e}^{-x}) + C$$
$$= -\mathrm{e}^{-x}(x^2 + 2x + 2) + C.$$

当熟练掌握分部积分法后，在运算过程中就不必每次都写出 u 和 v'，直接运用分部积分法即可.

例 5　求 $\int x\arctan x\mathrm{d}x$.

解　被积表达式 $x\arctan x\mathrm{d}x$ 可以看成 $\arctan x\mathrm{d}\left(\dfrac{x^2}{2}\right)$，将 $\arctan x$ 看作公式中的 u，$\dfrac{1}{2}x^2$ 看作 v，于是

$$\int x\arctan x\mathrm{d}x = \int \arctan x\mathrm{d}\left(\frac{x^2}{2}\right) = \frac{x^2}{2}\arctan x - \int \frac{x^2}{2}\mathrm{d}(\arctan x)$$
$$= \frac{x^2}{2}\arctan x - \frac{1}{2}\int \frac{x^2}{1+x^2}\mathrm{d}x$$
$$= \frac{x^2}{2}\arctan x - \frac{1}{2}\int \left(1 - \frac{1}{1+x^2}\right)\mathrm{d}x$$
$$= \frac{x^2}{2}\arctan x - \frac{1}{2}(x - \arctan x) + C$$
$$= \frac{1}{2}(x^2 + 1)\arctan x - \frac{1}{2}x + C.$$

由以上三个例子可以看出，如果被积函数里含有幂函数和对数函数的乘积或幂函数与反三角函数的乘积，就可以考虑用分部积分法，并设对数函数或反三角函数为 u.

从例 4 中还可以看到，有时还必须要连续使用分部积分法，才能计算出结果. 另外，计算不定积分，有时还要综合使用换元法和分部积分法. 下面再举几个例子.

例 6　求 $\int \mathrm{e}^{\sqrt{x}}\mathrm{d}x$.

解　被积函数中含有 $\sqrt{x}$，先用第二类换元积分法去掉 $\sqrt{x}$.

设 $x = t^2 (t > 0)$，则 $\mathrm{d}x = 2t\mathrm{d}t$，于是

$$\int \mathrm{e}^{\sqrt{x}}\mathrm{d}x = \int \mathrm{e}^t \cdot 2t\mathrm{d}t$$

$$\xrightarrow{\text{分部积分}} 2\int t\mathrm{d}(\mathrm{e}^t) = 2t\mathrm{e}^t - 2\int \mathrm{e}^t\mathrm{d}t = 2t\mathrm{e}^t - 2\mathrm{e}^t + C$$

$$\xrightarrow[t=\sqrt{x}]{\text{还原变量}} (2\sqrt{x}-2)e^{\sqrt{x}}+C.$$

例 7 求 $\int(x^2+2)\cos x\mathrm{d}x.$

解
$$\begin{aligned}
\int(x^2+2)\cos x\mathrm{d}x &= \int(x^2+2)\mathrm{d}(\sin x)\\
&= (x^2+2)\sin x - \int\sin x\mathrm{d}(x^2+2)\\
&= (x^2+2)\sin x - 2\int x\sin x\mathrm{d}x\\
&= (x^2+2)\sin x + 2\int x\mathrm{d}(\cos x)\\
&= (x^2+2)\sin x + 2x\cos x - 2\int\cos x\mathrm{d}x\\
&= (x^2+2)\sin x + 2x\cos x - 2\sin x + C\\
&= x^2\sin x + 2x\cos x + C.
\end{aligned}$$

例 8 求 $\int e^x\sin x\mathrm{d}x.$

解
$$\begin{aligned}
\int e^x\sin x\mathrm{d}x &= \int\sin x\mathrm{d}(e^x)\\
&= e^x\sin x - \int e^x\cos x\mathrm{d}x = e^x\sin x - \int\cos x\mathrm{d}(e^x)\\
&= e^x\sin x - e^x\cos x - \int e^x\sin x\mathrm{d}x.
\end{aligned}$$

可以看到,连续两次用分部积分法,出现了循环现象,我们把上式视为关于 $\int e^x\sin x\mathrm{d}x$ 的方程,移项得

$$2\int e^x\sin x\mathrm{d}x = e^x(\sin x-\cos x)+C_1,$$

所以
$$\int e^x\sin x\mathrm{d}x = \frac{1}{2}e^x(\sin x-\cos x)+C.$$

任务实施

现在我们利用分部积分公式来解决本节开始提出的问题.

解 观察 $\int\sin(\ln x)\mathrm{d}x$,被积函数只有一个,故可直接使用分部积分公式.

$$\begin{aligned}
\int\sin(\ln x)\mathrm{d}x &= x\sin(\ln x) - \int x\mathrm{d}[\sin(\ln x)]\\
&= x\sin(\ln x) - \int x\cos(\ln x)\cdot\frac{1}{x}\mathrm{d}x\\
&= x\sin(\ln x) - \int\cos(\ln x)\mathrm{d}x.
\end{aligned}$$

对上式右端第二个积分,再一次使用分部积分公式,得

$$\int \sin(\ln x)\mathrm{d}x = x\sin(\ln x) - \left\{ x\cos(\ln x) - \int x\mathrm{d}[\cos(\ln x)] \right\}$$

$$= x\sin(\ln x) - x\cos(\ln x) - \int \sin(\ln x)\mathrm{d}x.$$

移项后,有

$$\int \sin(\ln x)\mathrm{d}x = \frac{x}{2}\left[\sin(\ln x) - \cos(\ln x)\right] + C.$$

也可令 $x = \mathrm{e}^t$,化为例 8 的形式.

📖 课堂练习

1. 选择题:

(1) 计算 $\int x\mathrm{d}f'(x)$ 的结果为 ( )

(A) $xf(x) - f(x) + C$ (B) $xf'(x) - f(x) + C$

(C) $xf(x) - f'(x) + C$ (D) $xf'(x) - f'(x) + C$

(2) 计算 $\int \mathrm{e}^{\sin\theta}\sin\theta\cos\theta\mathrm{d}\theta$ 的结果为 ( )

(A) $\mathrm{e}^{\sin\theta} + C$ (B) $\mathrm{e}^{\sin\theta}\sin\theta + C$

(C) $\mathrm{e}^{\sin\theta}\cos\theta + C$ (D) $\mathrm{e}^{\sin\theta}(\sin\theta - 1) + C$

2. 求下列不定积分:

(1) $\int x\sin x\mathrm{d}x$; (2) $\int \arccos x\mathrm{d}x$.

📖 知识拓展

从前面讨论的例题以及所做的练习,我们可以看出,在使用分部积分法计算不定积分的过程中,对于 u, v' 的选取,不难得出以下规律:

被积表达式($p(x)$ 为多项式)	$u(x)$	$\mathrm{d}v$ 或 $v'\mathrm{d}x$
$p(x)\sin ax\mathrm{d}x, p(x)\cos ax\mathrm{d}x,$ $p(x)\mathrm{e}^{ax}\mathrm{d}x$	$p(x)$	$\sin ax\mathrm{d}x, \cos ax\mathrm{d}x,$ $\mathrm{e}^{ax}\mathrm{d}x$
$p(x)\ln x\mathrm{d}x, p(x)\arcsin x\mathrm{d}x,$ $p(x)\arccos x\mathrm{d}x$	$\ln x, \arcsin x$ $\arccos x$	$p(x)\mathrm{d}x$
$\mathrm{e}^{ax}\sin bx\mathrm{d}x, \mathrm{e}^{ax}\cos bx\mathrm{d}x$	$\mathrm{e}^{ax}, \sin bx, \cos bx$ 均可选作 $u(x)$,其余作 $\mathrm{d}v$	

高等数学

*M*ath

习题 4-4

A 组

求下列不定积分：

(1) $\int x\mathrm{e}^{-4x}\mathrm{d}x$；

(2) $\int x^2\ln x\mathrm{d}x$；

(3) $\int \sqrt{x}\ln x\mathrm{d}x$；

(4) $\int x\sin x\cos x\mathrm{d}x$；

(5) $\int x^2\mathrm{e}^x\mathrm{d}x$；

(6) $\int x\ln(x-1)\mathrm{d}x$.

B 组

求下列不定积分：

(1) $\int (\ln x)^2\mathrm{d}x$；

(2) $\int x^3\mathrm{e}^{x^2}\mathrm{d}x$；

(3) $\int \dfrac{\ln(\ln x)}{x}\mathrm{d}x$；

(4) $\int x\sec^2 x\mathrm{d}x$；

(5) $\int \ln(1-\sqrt{x})\mathrm{d}x$.

本 章 小 结

▶▶ **一、原函数与不定积分的概念**

1. 原函数的定义：如果在某个区间上，$F'(x)=f(x)$ 或 $\mathrm{d}F(x)=f(x)\mathrm{d}x$，则在这个区间上 $F(x)$ 是 $f(x)$ 的一个原函数.

2. 原函数的存在性：如果函数 $f(x)$ 在某个区间上连续，则在这个区间上 $f(x)$ 的原函数一定存在.

3. 原函数的无限性：如果函数 $f(x)$ 在某个区间上有原函数 $F(x)$，那么在这个区间上函数 $f(x)$ 就有无数个原函数 $F(x)+C$.

4. 不定积分的定义：如果 $F(x)$ 是 $f(x)$ 的一个原函数，则 $f(x)$ 的全部原函数称为 $f(x)$ 的不定积分，记作 $\int f(x)\mathrm{d}x = F(x)+C$.

▶▶ 二、不定积分的性质和积分基本公式

1. 函数的代数和的积分等于它们积分的代数和；非零常数可以提到积分号的外面. 即

$$\int [f(x) \pm g(x)]dx = \int f(x)dx \pm \int g(x)dx,$$

$$\int kf(x)dx = k\int f(x)dx (k \neq 0).$$

2. 求函数不定积分的运算与求函数导数（或微分）的运算是互逆运算. 即

$$\left[\int f(x)dx\right]' = f(x) \text{ 或 } d\left[\int f(x)dx\right] = f(x)dx,$$

$$\int F'(x)dx = F(x) + C \text{ 或 } \int dF(x) = F(x) + C.$$

3. 本章第二小节和第三小节共给出了 21 个基本积分公式，同学们务必要熟记并通过反复练习来加深印象.

▶▶ 三、计算不定积分的基本方法

1. 直接积分法：运用积分的基本公式和积分的基本性质直接求出函数的不定积分，或通过对被积函数进行适当变形可以直接求出函数不定积分的方法. 这是计算不定积分的基础.

2. 换元积分法：

第一类换元积分的基本思想是对形如 $\int f[\varphi(x)]\varphi'(x)dx$ 的积分通过凑微分的方法可以转化为已知类型的不定积分，令 $u = \varphi(x)$，从而使原积分变为 $\int f(u)du$，对这个积分我们可以直接写出其结果 $\int f(u)du = F(u) + C$，然后再回代变量得出原积分 $\int f[\varphi(x)]\varphi'(x)dx = F[\varphi(x)] + C.$

第二类换元积分的基本思想是通过变量代换：$x = \varphi(t)$，从而达到简化积分并能直接求出不定积分的方法.

3. 分部积分法：$\int udv = uv - \int vdu.$ 其关键是恰当地选择 u, dv，使得使用分部积分后，等式右边的积分 $\int vdu$ 比左边的积分 $\int udv$ 更易于计算.

复习题四

1. 选择题：

(1) 下列计算正确的是 　　　　　　　　　　　　　　　　　　(　)

(A) $\int \arctan x \, \mathrm{d}x = \dfrac{1}{1+x^2} + C$ 　　　　(B) $\int \sin(-x) \, \mathrm{d}x = -\cos(-x) + C$

(C) $\int \dfrac{1}{\sqrt{1-x^2}} \mathrm{d}x = -\arccos x + C$ 　　(D) $\int x \, \mathrm{d}x = \dfrac{1}{2} x^2$

(2) 下列等式成立的是 　　　　　　　　　　　　　　　　　　(　)

(A) $\int x^\alpha \, \mathrm{d}x = \dfrac{1}{\alpha+1} x^{\alpha-1} + C$ 　　(B) $\int \cos x \, \mathrm{d}x = \sin x + C$

(C) $\int a^x \, \mathrm{d}x = a^x \ln a + C$ 　　　　　(D) $\int \tan x \, \mathrm{d}x = \dfrac{1}{1+x^2} + C$

(3) 以下计算 $\int f'\left(\dfrac{1}{x}\right) \cdot \dfrac{1}{x^2} \mathrm{d}x$ 的结果正确的是 　　　　(　)

(A) $f\left(-\dfrac{1}{x}\right) + C$ 　　　　　　(B) $-f\left(-\dfrac{1}{x}\right) + C$

(C) $f\left(\dfrac{1}{x}\right) + C$ 　　　　　　(D) $-f\left(\dfrac{1}{x}\right) + C$

(4) 若 $\int f(x) \, \mathrm{d}x = x^2 + C$，则计算 $\int x f(1-x^2) \, \mathrm{d}x$ 的结果为 　(　)

(A) $2(1-x^2)^2$ 　　　　　　(B) $-\dfrac{1}{2}(1-x^2)^2 + C$

(C) $\dfrac{1}{2}(1-x^2) + C$ 　　　　　　(D) $\dfrac{1}{2}(1-x^2)^2 + C$

2. 求下列不定积分：

(1) $\int x^2 \sqrt[3]{x} \, \mathrm{d}x$；　　　　　　(2) $\int \dfrac{3x^4 + 3x^2 + 1}{x^2 + 1}$；

(3) $\int \dfrac{\cos 2x}{\cos x - \sin x} \mathrm{d}x$；　　　　(4) $\int \sec x (\sec x - \tan x) \, \mathrm{d}x$.

3. 求下列不定积分：

(1) $\int \dfrac{1}{2x-1} \mathrm{d}x$；　　　　　　(2) $\int \dfrac{1}{x^2} \sin \dfrac{1}{x} \mathrm{d}x$；

(3) $\int \dfrac{x^2}{1+x^2} \mathrm{d}x$；　　　　　(4) $\int \dfrac{2 \cdot 3^x - 5 \cdot 2^x}{3^x} \mathrm{d}x$；

(5) $\int \sin^5 x \cos x \, \mathrm{d}x$；　　　　(6) $\int \dfrac{\mathrm{e}^x}{1+\mathrm{e}^x} \mathrm{d}x$；

(7) $\int \dfrac{x+1}{\sqrt{3x+1}} \mathrm{d}x$；　　　　(8) $\int \dfrac{1}{1+\sqrt{2x}} \mathrm{d}x$；

(9) $\displaystyle\int \frac{e^{\sqrt{x}}}{\sqrt{x}}dx$;

(10) $\displaystyle\int \frac{1}{1+\sqrt{1-x^2}}dx$;

(11) $\displaystyle\int \sqrt{1-4x^2}dx$;

(12) $\displaystyle\int \frac{x^2}{\sqrt{1-x^2}}dx$.

4. 求下列不定积分：

(1) $\displaystyle\int (\ln x)^2 dx$;

(2) $\displaystyle\int x^2 \sin x dx$;

(3) $\displaystyle\int x\cos^2 x dx$;

(4) $\displaystyle\int \frac{x\arctan x}{\sqrt{1+x^2}}dx$.

5. 求下列不定积分：

(1) $\displaystyle\int \frac{x+1}{x\sqrt{x-2}}dx$;

(2) $\displaystyle\int \ln(x+\sqrt{x^2+a^2})dx$;

(3) $\displaystyle\int \cos^3 x dx$;

(4) $\displaystyle\int \sin^3 x dx$.

拓展阅读

微积分的危机

到了 17 世纪，微积分成为解决问题的重要工具，但同时关于微积分的问题也越来越严重. 以求速度为例，瞬时速度是 $\frac{\Delta s}{\Delta t}$，当 Δt 趋向于零时的值. 那么 Δt 是零还是很小的量，还是其他什么东西，这个无穷小量究竟是不是零，这引起了极大的争论，从而引发了微积分的危机.

微积分危机的实际问题来源于牛顿的求导数方法. 牛顿在《求积术》一文中论证得出了 $y=x^n$ 的导数是 nx^{n-1}，这个方法和结果在实际应用中非常成功. 然而，牛顿的论证其实是有严重纰漏的. 在增量无穷小的情况下，牛顿直接令其等于零从而解决问题，但是，一个无穷小的量真的等于零吗？

显然，牛顿时代对于极限这一问题的研究尚不够深入，使得增量时有时无的逻辑问题显得尤为严重. 牛顿在微积分问题上的不严谨，也直接导致了微积分的危机.

在极限的问题尚未被完全认清之前，微积分的基础问题一直受到一些人的批判和攻击，其中最有名的是贝克莱主教的攻击. 贝克莱主教是英国著名的哲学家，1734 年，他在《分析家或致一位不信神的数学家》的书中明确指出牛顿论证的逻辑问题，比如计算 x^2 的导数，先将 x 取一个不为 0 的增量 Δx，由 $(x+\Delta x)^2-x^2$ 得到 $2x\Delta x+\Delta x^2$，再被 Δx 除，得到 $2x+\Delta x$，最后突然令 $\Delta x=0$，求得导数为 $2x$. 这是"依靠双重错误得到了不科学却正确的结果".因为无穷小量在牛顿的理论中一会儿是零,一会儿又不是零.因此,贝克莱嘲笑无穷小量是"已死量的幽灵".贝克莱的攻击虽出自维护神学的目的,但却真正抓住了牛顿理论中的缺陷,是切中要害的.数学史上把贝克莱的问题称之为"贝克莱悖论".笼统地说,贝克莱悖论可以表述为"无穷小量究竟是否为0"的问题.就无穷小量在当时实际问题中的应用而言,它必须既是0,又不是0,但从形式逻辑而言,这无疑是一个矛盾.这一问题的提出在当时的数学界引起了一定的混乱,由此导致了微积分危机的产生.

现在看来,18世纪的数学思想的确是不严密的、直观的,只强调形式的计算,而不管基础的可靠与否,特别是:没有清楚的无穷小概念,因此导数、微分、积分等的概念说不清楚.

第五章 定 积 分

定积分是一元函数积分学中的另一个问题,在自然科学和工程技术中有着广泛应用.本章将采用极限的方法来讨论求和式的极限问题,讲述定积分的定义与性质,介绍定积分的计算方法,并在此基础上讨论定积分在几何及机械、物理等方面的一些简单应用.

§5-1   定积分的概念与性质

学习目标

1. 知道定积分是一个和式的极限.
2. 知道定积分的几何意义.
3. 掌握定积分的性质1、性质2,了解定积分的其他性质.

任务引入

对于平面图形的面积计算,前面我们已经掌握了多边形甚至圆的面积的计算方法,但是对于平面曲线和直线所围成的平面图形的面积如何计算呢? 比如在直角坐标系中,由抛物线 $y=x^2$ 与 x 轴及直线 $x=2$ 所围成的平面图形(图 5-1)的面积如何计算呢?

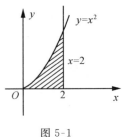

图 5-1

案例介绍

案例 求曲边梯形的面积.

在平面直角坐标系中,由连续曲线 $y=f(x)$ 与直线 $x=a, x=b$ 及 $y=0$(即 x 轴)围成的图形,称为曲边梯形,如图 5-2 所示. 设 $f(x) \geqslant 0$,现在我们来计算这个曲边梯形的面积 A.

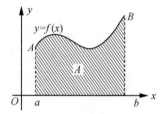 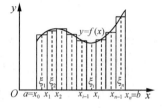

图 5-2 图 5-3

(1) 分割——分曲边梯形为 n 个小曲边梯形

在 $[a,b]$ 中任意插入 $n-1$ 个分点 $x_1, x_2, \cdots, x_{n-1}$,使

$$a=x_0<x_1<x_2<\cdots<x_i<x_{i+1}<\cdots<x_{n-1}<x_n=b,$$

从而将 $[a,b]$ 分成 n 个小区间 $[x_0,x_1], [x_1,x_2], \cdots, [x_{n-1},x_n]$,简记作

$$[x_{i-1},x_i], i=1,2,3,\cdots,n.$$

每个小区间的长度是

$$\Delta x_i=x_i-x_{i-1}, i=1,2,3,\cdots,n.$$

其中最长的记作 Δx,即

$$\Delta x=\max_{1\leqslant i\leqslant n}\{\Delta x_i\}.$$

过各分点作 x 轴的垂线,这样得到了 n 个小曲边梯形,如图 5-3 所示,第 i 个小曲边梯形的面积记作 ΔA_i.

(2) 近似代替——用小矩形的面积代替小曲边梯形的面积

在每一个小区间 $[x_{i-1},x_i](i=1,2,3,\cdots,n)$ 上任选一点 ξ_i,用 n 个小矩形的面积近似代替相应的小曲边梯形的面积. 这些以 $f(\xi_i)$ 为高、Δx_i 为宽的小矩形面积近似于相应小曲边梯形的面积. 即

$$\Delta A_i\approx f(\xi_i)\Delta x_i(i=1,2,3,\cdots,n).$$

(3) 求和——求 n 个小矩形面积之和

这 n 个小矩形面积之和是曲边梯形面积 A 的近似值. 即

$$A=\sum_{i=1}^{n}\Delta A_i\approx\sum_{i=1}^{n}f(\xi_i)\Delta x_i.$$

分割越细,即 n 越大,且每个小区间的长度 Δx_i 越短时,近似程度越高.

(4) 取极限——由近似值过渡到精确值

现将区间 $[a,b]$ 无限分割下去,并使每个小区间的长度 Δx_i 都趋于零(只需 Δx 趋于

零），这时和式的极限就是原曲边梯形的面积的精确值. 即

$$A = \lim_{\Delta x \to 0} \sum_{i=1}^{n} f(\xi_i) \Delta x_i.$$

这就得到了曲边梯形的面积. 我们看到，求曲边梯形的面积经过了"分割取近似，求和取极限"这几个步骤，最后归结为求一个和式的极限，这就是求定积分的基本思路.

📖 主要知识

▶▶▶ 一、定积分的定义

定义 设函数 $y = f(x)$ 在闭区间 $[a, b]$ 上有定义，用分点

$$a = x_0 < x_1 < x_2 < \cdots < x_{n-1} < x_n = b$$

把区间 $[a, b]$ 任意分割成 n 个小区间：

$$[x_{i-1}, x_i](i = 1, 2, 3, \cdots, n),$$

其长度

$$\Delta x_i = x_i - x_{i-1}(i = 1, 2, 3, \cdots, n).$$

并记

$$\Delta x = \max_{1 \leqslant i \leqslant n} \{\Delta x_i\}.$$

在每个小区间上任取一点 $\xi_i(x_{i-1} \leqslant \xi_i \leqslant x_i)$，作和式

$$\sum_{i=1}^{n} f(\xi_i) \Delta x_i.$$

当 $\Delta x \to 0$ 时，若上述和式的极限存在，且这个极限与区间 $[a, b]$ 的分法无关，与点 ξ_i 的取法无关，则称函数 $f(x)$ 在 $[a, b]$ 上可积，这个极限值称为 $f(x)$ 在 $[a, b]$ 上的**定积分**，记为

$$\int_a^b f(x) \mathrm{d}x,$$

即

$$\int_a^b f(x) \mathrm{d}x = \lim_{\Delta x \to 0} \sum_{i=1}^{n} f(\xi_i) \Delta x_i.$$

这里 $f(x)$ 称为**被积函数**，$f(x) \mathrm{d}x$ 称为**被积表达式**，x 称为**积分变量**，a 称为**积分下限**，b 称为**积分上限**，$[a, b]$ 称为**积分区间**.

于是案例中曲边梯形的面积可表示为 $A = \int_a^b f(x) \mathrm{d}x$.

关于定积分，在此作几点说明：

（1）定积分 $\int_a^b f(x) \mathrm{d}x$ 表示一个数值，这个值取决于被积函数 $f(x)$ 和积分区间 $[a, b]$，而与积分变量用什么字母表示无关，即

$$\int_a^b f(x) \mathrm{d}x = \int_a^b f(t) \mathrm{d}t = \int_a^b f(u) \mathrm{d}u.$$

（2）上述定义中 $a < b$，当 $a > b$ 时，规定

$$\int_a^b f(x) \mathrm{d}x = -\int_b^a f(x) \mathrm{d}x.$$

当 $a = b$ 时，$\int_a^a f(x) \mathrm{d}x = 0.$

（3）若 $f(x) = 1$，由定积分的定义可知 $\int_a^b \mathrm{d}x = b - a.$

（4）可以证明：如果函数 $y = f(x)$ 在闭区间 $[a,b]$ 上连续，则函数 $f(x)$ 在 $[a,b]$ 上可积.

▶▶ 二、定积分的几何意义

由定积分的定义可知，如果函数 $y = f(x)$ 在 $[a,b]$ 上连续且 $f(x) \geqslant 0$，那么定积分 $\int_a^b f(x)\mathrm{d}x$ 就表示以 $y = f(x)$ 为曲边的曲边梯形的面积，如图 5-4 所示.

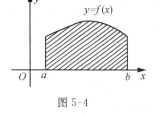

图 5-4

如果 $f(x)$ 在 $[a,b]$ 上连续，且 $f(x) \leqslant 0$，这时定积分 $\int_a^b f(x)\mathrm{d}x$ 就表示曲边梯形面积的负值，若以 A 表示曲面梯形的面积，则 $\int_a^b f(x)\mathrm{d}x = -A$，如图 5-5 所示.

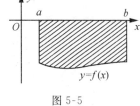

图 5-5

如果 $f(x)$ 在 $[a,b]$ 上变号，这时 $\int_a^b f(x)\mathrm{d}x$ 表示曲线 $y = f(x)$ 与直线 $x = a$，$x = b$ 及 x 轴所围平面图形面积的代数和，如图 5-6 所示. 即

$$\int_a^b f(x)\mathrm{d}x = A_1 - A_2 + A_3.$$

总之，尽管定积分 $\int_a^b f(x)\mathrm{d}x$ 在各种实际问题中所代表的实际意义不同，但是它们的数值在几何上都可用曲边梯形面积的代数和来表示，这就是定积分的几何意义.

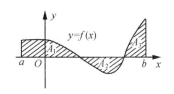

图 5-6

▶▶ 三、定积分的性质

在下述的性质中，均假设函数 $f(x),g(x)$ 在 $[a,b]$ 上是可积的.

性质 1 被积函数中的常数因子 k 可提到积分号外. 即

$$\int_a^b kf(x)\mathrm{d}x = k\int_a^b f(x)\mathrm{d}x \quad (k \in \mathbf{R}).$$

证 由定积分定义及极限性质，可得

$$\int_a^b kf(x)\mathrm{d}x = \lim_{\Delta x \to 0}\sum_{i=1}^n kf(\xi_i)\Delta x_i = k\lim_{\Delta x \to 0}\sum_{i=1}^n f(\xi_i)\Delta x_i = k\int_a^b f(x)\mathrm{d}x.$$

性质 2 函数代数和的定积分等于它们定积分的代数和. 即

$$\int_a^b [f(x) \pm g(x)] \mathrm{d}x = \int_a^b f(x) \mathrm{d}x \pm \int_a^b g(x) \mathrm{d}x.$$

用证明性质 1 的方法类似可证.

任务实施

显然,根据定积分的几何意义,前面任务中求图 5-1 所示的曲边图形的面积就是求定积分 $\int_0^2 x^2 \mathrm{d}x$.

解 因为 $f(x)$ 在 $[0,2]$ 上连续,所以定积分 $\int_0^2 x^2 \mathrm{d}x$ 存在.

(1) 分割:因为定积分与区间的分法无关,与 ξ_i 的选取无关,所以为了便于计算,将区间 $[0,2]$ 分成 n 等份,则每个小区间的长度 $\Delta x_i = \dfrac{2}{n}$,选取每个小区间的左端点为 ξ_i,即

$$\xi_i = x_{i-1} = \frac{2(i-1)}{n} \ (i = 1,2,3,\cdots,n).$$

(2) 作乘积:$f(\xi_i)\Delta x_i = \left[\dfrac{2(i-1)}{n} \right]^2 \cdot \dfrac{2}{n} = \dfrac{8(i-1)^2}{n^3}.$

(3) 求和:$\displaystyle\sum_{i=1}^n f(\xi_i)\Delta x_i = \sum_{i=1}^n \frac{8(i-1)^2}{n^3} = \frac{8}{n^3} \sum_{i=1}^n (i-1)^2$

$$= \frac{8}{n^3} [1^2 + 2^2 + 3^2 + \cdots + (n-1)^2]$$

$$= \frac{4}{3} \frac{(n-1)(2n-1)}{n^2}.$$

(4) 求极限:当 $\Delta x \to 0$ 时,$n \to \infty$,

$$\int_0^2 x^2 \mathrm{d}x = \lim_{n \to \infty} \sum_{i=1}^n f(\xi_i)\Delta x_i = \lim_{n \to \infty} \frac{4}{3} \cdot \frac{(n-1)(2n-1)}{n^2} = \frac{8}{3}.$$

所以,图 5-1 所示的平面图形的面积为 $S = \dfrac{8}{3}$.

知识拓展

下面介绍定积分其他的一些性质.

性质 3(积分区间的可加性) 对任意三个数 a,b,c,总有

$$\int_a^b f(x)\mathrm{d}x = \int_a^c f(x)\mathrm{d}x + \int_c^b f(x)\mathrm{d}x.$$

性质 3 的几何说明可参考图 5-7.

性质 4 在区间 $[a,b]$ 上,若 $f(x) \geqslant 0$,则

$$\int_a^b f(x)\mathrm{d}x \geqslant 0.$$

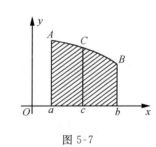

图 5-7

$\mathcal{M}ath$

这个性质由定积分的定义不难得到证明.

由性质 2 和性质 4 立即可以得出：

推论　在区间 $[a,b]$ 上,若 $f(x) \geqslant g(x)$,则

$$\int_a^b f(x)\mathrm{d}x \geqslant \int_a^b g(x)\mathrm{d}x.$$

性质 5　设 M 和 m 分别是函数 $f(x)$ 在 $[a,b]$ 上的最大值和最小值,则

$$m(b-a) \leqslant \int_a^b f(x)\mathrm{d}x \leqslant M(b-a).$$

此性质不难由图 5-8 看出.

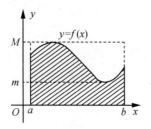 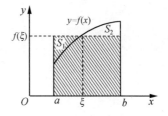

图 5-8　　　　　　　　　　　图 5-9

性质 6(积分中值定理)　设 $f(x)$ 在 $[a,b]$ 上连续,则在 $[a,b]$ 上至少存在一点 ξ,使得

$$\int_a^b f(x)\mathrm{d}x = f(\xi)(b-a).$$

此性质可由图 5-9 直观地得到验证($S_1 = S_2$).

例　比较定积分 $\int_1^2 \ln x \mathrm{d}x$ 与 $\int_1^2 (\ln x)^2 \mathrm{d}x$ 的大小.

解　因为　　　　　　　　　　　$1 < x < 2,$

所以　　　　　　　　　　　　　　$0 < \ln x < 1,$

所以　　　　　　　　　　　　　　$(\ln x)^2 < \ln x,$

所以　　　　　　　　　$\int_1^2 (\ln x)^2 \mathrm{d}x < \int_1^2 \ln x \mathrm{d}x.$

 课堂练习

利用定积分表示下列各图中阴影部分的面积：

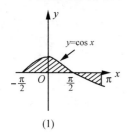 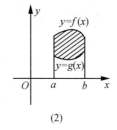 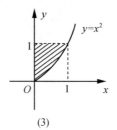 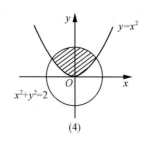

(1)　　　　　　　　(2)　　　　　　　　(3)　　　　　　　　(4)

1. 选择题：

(1) 下列定积分的值为负的是   (   )

(A) $\int_0^{\frac{\pi}{2}} \sin x \mathrm{d}x$ (B) $\int_{-\frac{\pi}{2}}^0 \cos x \mathrm{d}x$ (C) $\int_{-3}^{-2} x^3 \mathrm{d}x$ (D) $\int_{-3}^{-2} x^2 \mathrm{d}x$

(2) 下列等式正确的是   (   )

(A) $\dfrac{\mathrm{d}}{\mathrm{d}x} \int_a^b \mathrm{e}^{-x^2} \mathrm{d}x = 0$ (B) $\dfrac{\mathrm{d}}{\mathrm{d}x} \int \mathrm{e}^{-x^2} \mathrm{d}x = 0$

(C) $\dfrac{\mathrm{d}}{\mathrm{d}x} \int_a^b \mathrm{e}^{-x^2} \mathrm{d}x = \mathrm{e}^{-x^2}$ (D) $\dfrac{\mathrm{d}}{\mathrm{d}x} \int (\mathrm{e}^{-x^2})' \mathrm{d}x = \mathrm{e}^{-x^2}$

(3) 下列不等式正确的是   (   )

(A) $\int_0^1 x \mathrm{d}x \leqslant \int_0^1 t^2 \mathrm{d}t$ (B) $\int_0^1 x^3 \mathrm{d}x \leqslant \int_0^1 t^2 \mathrm{d}t$

(C) $\int_0^1 \sqrt{x} \mathrm{d}x \leqslant \int_0^1 \mathrm{d}x$ (D) $\int_0^1 \sqrt{x} \mathrm{d}x \leqslant \int_0^1 \mathrm{d}x$

2. 利用定积分的性质，比较下列定积分的大小：

(1) $\int_{-\frac{\pi}{2}}^0 \sin x \mathrm{d}x$ 与 $\int_{-\frac{\pi}{2}}^0 \cos x \mathrm{d}x$ ；   (2) $\int_0^{\frac{\pi}{2}} x \mathrm{d}x$ 与 $\int_0^{\frac{\pi}{2}} \sin x \mathrm{d}x$ ．

3. 利用定积分的性质和 $\int_0^2 x^2 \mathrm{d}x = \dfrac{8}{3}$ 计算下列定积分：

(1) $\int_0^2 2x^2 \mathrm{d}x$ ；   (2) $\int_0^2 (x - \sqrt{3})(x + \sqrt{3}) \mathrm{d}x$ ．

§5-2   微积分基本公式

学习目标

1. 知道变上限积分函数及其几何意义．
2. 能运用微积分基本公式计算简单函数的定积分．

任务引入

上节运用定积分的几何意义，通过计算平面图形的面积来求定积分，但是根据定积分

的定义求定积分计算十分复杂,对大多数函数来说是行不通的.例如,计算定积分

$$\int_1^e \frac{1+\ln^2 x}{x}\mathrm{d}x.$$

显然函数 $f(x)=\dfrac{1+\ln^2 x}{x}$ 的图形十分复杂,不能用定积分的几何意义来计算.那么如何来计算上面这个定积分呢?

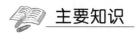 ## 主要知识

▶▶一、变上限积分函数

定义 设函数 $f(x)$ 在 $[a,b]$ 上连续,并设 x 为 $[a,b]$ 上的任一点,则称 $\int_a^x f(t)\mathrm{d}t$ 是定义在区间 $[a,b]$ 上的**变上限积分函数**,记作

$$\Phi(x)=\int_a^x f(t)\mathrm{d}t \quad (a\leqslant x\leqslant b).$$

从几何上看,函数 $\Phi(x)$ 表示区间 $[a,x]$ 上曲边梯形(图 5-10 中的阴影部分)的面积.关于这个函数我们给出如下定理,这里我们不作证明.

定理 1 如果函数 $f(x)$ 在 $[a,b]$ 上连续,则函数

$$\Phi(x)=\int_a^x f(t)\mathrm{d}t$$

就是 $f(x)$ 在 $[a,b]$ 上的一个原函数,即有

$$\Phi'(x)=\frac{\mathrm{d}}{\mathrm{d}x}\int_a^x f(t)\mathrm{d}t=f(x)$$

或

$$\mathrm{d}\Phi(x)=\mathrm{d}\int_a^x f(t)\mathrm{d}t=f(x)\mathrm{d}x.$$

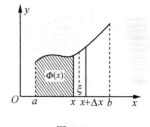

图 5-10

由此还可推知,如果 $f(x)$ 在 $[a,b]$ 上连续,则有 $\int f(x)\mathrm{d}x=\int_a^x f(t)\mathrm{d}t+C$. 这说明 $f(x)$ 的不定积分可以通过变上限积分函数来表示,这揭示了连续函数的不定积分与定积分的关系.

例 1 求下列函数的导数:

(1) $F(x)=\int_0^x \cos 3t\mathrm{d}t$; (2) $F(x)=\int_0^x \dfrac{\sin t}{t}\mathrm{d}t$;

(3) $F(x)=\int_x^1 t^2\mathrm{e}^{-t}\mathrm{d}t$.

解 (1) $F'(x)=\left(\int_0^x \cos 3t\mathrm{d}t\right)'=\cos 3x$;

(2) $F'(x)=\left(\int_0^x \dfrac{\sin t}{t}\mathrm{d}t\right)'=\dfrac{\sin x}{x}$;

(3) 因为 $F(x) = -\int_1^x t^2 \mathrm{e}^{-t}\mathrm{d}t$,则

$$F'(x) = \left(-\int_1^x t^2 \mathrm{e}^{-t}\mathrm{d}t\right)' = -x^2 \mathrm{e}^{-x}.$$

▶▶二、牛顿-莱布尼兹公式

定理 2 设函数 $f(x)$ 在 $[a,b]$ 上连续,$F(x)$ 是 $f(x)$ 的一个原函数,则

$$\int_a^b f(x)\mathrm{d}x = F(b) - F(a).$$

证 由于 $F(x)$ 是 $f(x)$ 的一个原函数,由定理 1 可知 $\varPhi(x) = \int_a^x f(t)\mathrm{d}t$ 也是 $f(x)$ 的一个原函数,于是

$$\varPhi(x) - F(x) = C \text{ 或} \int_a^x f(t)\mathrm{d}t = F(x) + C.$$

在上式中令 $x = a$ 便可确定常数 C,得

$$\int_a^a f(t)\mathrm{d}t = F(a) + C,$$

即

$$C = -F(a).$$

于是

$$\int_a^x f(t)\mathrm{d}t = F(x) - F(a).$$

在该式中 $x = b$,则有

$$\int_a^b f(t)\mathrm{d}t = F(b) - F(a),$$

将积分变量换回成 x 得

$$\int_a^b f(x)\mathrm{d}x = F(b) - F(a).$$

以上公式称为牛顿-莱布尼兹公式,它将定积分的计算转化为求被积函数的一个原函数在上、下限处函数值之差,从而极大地简化了定积分的计算. 为了使用方便,牛顿-莱布尼兹公式通常记为

$$\int_a^b f(x)\mathrm{d}x = \left[F(x)\right]_a^b \text{ 或} \int_a^b f(x)\mathrm{d}x = F(x)\,\big|_a^b.$$

上面的定理 1 和定理 2 统称为**微积分基本定理**.

例 2 计算 $\int_{-1}^1 \dfrac{1}{1 + x^2}\mathrm{d}x$.

解 $\int_{-1}^1 \dfrac{1}{1 + x^2}\mathrm{d}x = \arctan x\,\big|_{-1}^1 = \arctan 1 - \arctan(-1) = \dfrac{\pi}{2}$.

例 3 计算 $\int_0^{\frac{\pi}{3}} \tan x \mathrm{d}x$.

解 $\int_0^{\frac{\pi}{3}} \tan x \mathrm{d}x = \left[-\ln|\cos x|\right]_0^{\frac{\pi}{3}} = -\left[\ln\left(\cos\dfrac{\pi}{3}\right) - \ln(\cos 0)\right] = \ln 2$.

$\mathcal{M}ath$

例 4 计算 $\displaystyle\int_0^\pi \sqrt{1+\cos 2x}\,\mathrm{d}x$.

解 $\displaystyle\int_0^\pi \sqrt{1+\cos 2x}\,\mathrm{d}x = \int_0^\pi \sqrt{2\cos^2 x}\,\mathrm{d}x = \sqrt{2}\int_0^\pi |\cos x|\,\mathrm{d}x.$

因为 $|\cos x| = \begin{cases} \cos x, & 0 \leqslant x \leqslant \dfrac{\pi}{2}, \\ -\cos x, & \dfrac{\pi}{2} < x \leqslant \pi, \end{cases}$

又根据积分区间的可加性,所以

$$\int_0^\pi |\cos x|\,\mathrm{d}x = \int_0^{\frac{\pi}{2}} \cos x\,\mathrm{d}x + \int_{\frac{\pi}{2}}^\pi (-\cos x)\,\mathrm{d}x$$

$$= \sin x\,\Big|_0^{\frac{\pi}{2}} + (-\sin x)\,\Big|_{\frac{\pi}{2}}^\pi = 2.$$

从而 $\displaystyle\int_0^\pi \sqrt{1+\cos^2 x}\,\mathrm{d}x = 2\sqrt{2}.$

📖 任务实施

下面我们利用微积分基本定理来解决开始提出的任务.

解 根据牛顿-莱布尼兹公式,可先求出原函数:

$$\int \frac{1+\ln^2 x}{x}\,\mathrm{d}x = \int (1+\ln^2 x)\,\mathrm{d}(\ln x) = \ln x + \frac{1}{3}\ln^3 x + C,$$

从而得 $f(x) = \dfrac{1+\ln^2 x}{x}$ 的一个原函数

$$F(x) = \ln x + \frac{1}{3}\ln^3 x,$$

所以 $\displaystyle\int_1^e \frac{1+\ln^2 x}{x}\,\mathrm{d}x = \left(\ln x + \frac{1}{3}\ln^3 x\right)\Big|_1^e = \frac{4}{3}.$

📖 课堂练习

1. 填空题:

(1) 设 $F(x) = \displaystyle\int_0^x \sin t\,\mathrm{d}t$,则 $F(0) = $ _____,$F\left(\dfrac{\pi}{2}\right) = $ _____,$F'(0) = $ _____,$F'(\pi) = $ _____.

(2) 设 $F(x) = \displaystyle\int_0^x t^2 \sqrt{1+t}\,\mathrm{d}t$,则 $F'(x) = $ _____.

2. 计算下列定积分:

(1) $\displaystyle\int_0^1 \sqrt{1+x}\,\mathrm{d}x$;　　　　　　(2) $\displaystyle\int_1^2 \frac{1}{x\sqrt{x^2+1}}\,\mathrm{d}x$;

(3) $\int_1^2 \dfrac{\sqrt{x^2-1}}{x} \mathrm{d}x$.

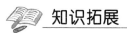 **知识拓展**

例 5　求函数 $F(x) = \displaystyle\int_0^{x^2} \sqrt{1+t^3}\,\mathrm{d}t$ 的导数.

解　注意到积分上限是 x^2, $F(x)$ 是关于 x 的复合函数, 因此要按复合函数的求导法则进行.

$$F'(x) = \left(\int_0^{x^2} \sqrt{1+t^3}\,\mathrm{d}t\right)' = \sqrt{1+(x^2)^3}\,(x^2)' = 2x\sqrt{1+x^6}.$$

注意　如果 $u(x), v(x)$ 都是关于 x 的可导(可微) 函数, 则对

$$F(x) = \int_{v(x)}^{u(x)} f(t)\,\mathrm{d}t,$$

求导有

$$F'(x) = \left[\int_{v(x)}^{u(x)} f(t)\,\mathrm{d}t\right]' = u'(x)f[u(x)] - v'(x)f[v(x)].$$

例 6　已知 $y = \displaystyle\int_{-x}^{x^2} \sin t^2\,\mathrm{d}t$, 求 $\dfrac{\mathrm{d}y}{\mathrm{d}x}$.

解　这里 $u(x) = x^2, v(x) = -x, f(t) = \sin t^2$. 则

$$\frac{\mathrm{d}y}{\mathrm{d}x} = \left(\int_{-x}^{x^2} \sin t^2\,\mathrm{d}t\right)' = (x^2)'\sin(x^2)^2 - (-x)'\sin(-x)^2$$

$$= 2x\sin x^4 + \sin x^2.$$

习题 5-2

A 组

1. 下列积分值不为零的是　　　　　　　　　　　　　　　　　　　　　　　　（　　）

(A) $\displaystyle\int_{-1}^{1} \dfrac{x}{1+x^2}\,\mathrm{d}x$ 　　　　　　　(B) $\displaystyle\int_{-3}^{3} \dfrac{x\,\mathrm{d}x}{\sqrt{1+\mathrm{e}^{x^2}}}$

(C) $\displaystyle\int_{-\pi}^{\pi} \sin^3 x\cos x\,\mathrm{d}x$ 　　　　　(D) $\displaystyle\int_{-\frac{\pi}{2}}^{\frac{\pi}{2}} \cos^4 x\,\mathrm{d}x$

2. 用牛顿-莱布尼兹公式计算下列定积分:

(1) $\displaystyle\int_a^b x^n\,\mathrm{d}x\,(n \neq -1)$;　　　　　(2) $\displaystyle\int_0^{\frac{\pi}{4}} \tan^2 x\,\mathrm{d}x$;

(3) $\displaystyle\int_0^2 x|x-1|\,\mathrm{d}x$.

3. 求下列函数的极限:

(1) $\lim\limits_{x \to 0} \dfrac{\int_0^x \cos^2 t \mathrm{d}t}{x}$;

(2) $\lim\limits_{x \to 0} \dfrac{x - \int_0^x \dfrac{\sin t}{t} \mathrm{d}t}{x - \sin x}$.

B 组

1. 计算 $\dfrac{\mathrm{d}}{\mathrm{d}x} \int_1^x f(\sin t) \mathrm{d}t$ 的结果是   (   )

(A) $f(\sin t)\cos t$ (B) $f(\sin x)$

(C) $f(\sin x)\cos x$ (D) $f(x)\cos x$

2. 设 $F(x) = \int_0^{\sqrt{x}} \sin t^2 \mathrm{d}t$,则 $F'(x) = \underline{\hspace{2cm}}$.

3. 已知 $x \geqslant 0$ 时,$\int_0^{x^2(1+x)} t^2 f(t) \mathrm{d}t = x$,求 $f(2)$.

§5-3　定积分的换元积分法与分部积分法

学习目标

1. 能正确运用换元法计算定积分.
2. 能正确运用分部积分法计算定积分.

任务引入

前面我们讨论了牛顿-莱布尼兹公式,利用积分基本公式和不定积分求原函数的方法来计算定积分,比如计算 $\int_0^2 \sqrt{4 - x^2} \mathrm{d}x$,可分两个步骤进行:

(1) 先求出 $\int \sqrt{4 - x^2}\, \mathrm{d}x$. 令 $x = 2\sin t$,则 $\mathrm{d}x = 2\cos t \mathrm{d}t$,于是

$$\int \sqrt{4 - x^2}\, \mathrm{d}x = 4\int \cos^2 t \mathrm{d}t = 2\left(t + \frac{1}{2}\sin 2t\right) + C$$

$$= 2\left(\arcsin \frac{x}{2} + \frac{x\sqrt{4 - x^2}}{4}\right) + C.$$

(2) 根据牛顿-莱布尼兹公式,得

$$\int_0^2 \sqrt{4 - x^2}\, \mathrm{d}x = 2\left[\arcsin \frac{x}{2} + \frac{x\sqrt{4 - x^2}}{4}\right]_0^2 = \pi.$$

显然这样做十分不便,那么有没有比这更简便的方法呢?

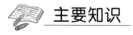 **主要知识**

▶▶ **一、定积分的换元积分法**

定理 1 若函数 $f(x)$ 在区间 $[a,b]$ 上连续,设 $x = \varphi(t)$,使之满足:

(1) $\varphi(t)$ 是区间 $[\alpha,\beta]$ 上的单调连续函数,

(2) $\varphi(\alpha) = a, \varphi(\beta) = b$,

(3) $\varphi(t)$ 在 $[\alpha,\beta]$ 上有连续的导数 $\varphi'(t)$,

则
$$\int_a^b f(x)\mathrm{d}x \xrightarrow{x = \varphi(t)} \int_\alpha^\beta f[\varphi(t)] \cdot \varphi'(t)\mathrm{d}t.$$

值得注意的是:定积分的换元积分法(相当于不定积分的第二类换元积分法),在换元的同时也相应地换了积分的上、下限,简称"换元换限",与不定积分相比较省去了代回原变量这一步.

下面我们通过具体例子来说明定积分的换元积分法的使用.

例 1 计算 $\int_0^8 \dfrac{1}{1+\sqrt[3]{x}}\mathrm{d}x$.

解 设 $x = t^3$,则 $\mathrm{d}x = 3t^2\mathrm{d}t$. 当 $x = 0$ 时,$t = 0$;当 $x = 8$ 时,$t = 2$. 于是

$$\int_0^8 \frac{1}{1+\sqrt[3]{x}}\mathrm{d}x \xrightarrow{\text{换元换限}} \int_0^2 \frac{1}{1+t} \cdot 3t^2\mathrm{d}t = 3\int_0^2 \frac{t^2-1+1}{1+t}\mathrm{d}t$$

$$= 3\int_0^2 \left(t-1+\frac{1}{1+t}\right)\mathrm{d}t = 3\left[\frac{1}{2}t^2 - t + \ln(1+t)\right]\Big|_0^2$$

$$= 3\ln 3.$$

例 2 计算 $\int_0^{\frac{1}{2}} \dfrac{x^2}{\sqrt{1-x^2}}\mathrm{d}x$.

解 设 $x = \sin t$,则 $\mathrm{d}x = \cos t\mathrm{d}t$. 当 $x = 0$ 时,$t = 0$;当 $x = \dfrac{1}{2}$ 时,$t = \dfrac{\pi}{6}$. 于是

$$\int_0^{\frac{1}{2}} \frac{x^2}{\sqrt{1-x^2}}\mathrm{d}x \xrightarrow{\text{换元换限}} \int_0^{\frac{\pi}{6}} \frac{\sin^2 t}{\cos t} \cdot \cos t\mathrm{d}t = \int_0^{\frac{\pi}{6}} \frac{1-\cos 2t}{2}\mathrm{d}t$$

$$= \left(\frac{t}{2} - \frac{1}{4}\sin 2t\right)\Big|_0^{\frac{\pi}{6}} = \frac{\pi}{12} - \frac{\sqrt{3}}{8}.$$

例 3 计算 $\int_0^{\frac{\pi}{2}} \cos^5 x\sin x\mathrm{d}x$.

解 设 $t = \cos x$,则 $\mathrm{d}t = -\sin x\mathrm{d}x$. 当 $x = 0$ 时,$t = 1$;当 $x = \dfrac{\pi}{2}$ 时,$t = 0$. 于是

$$\int_0^{\frac{\pi}{2}} \cos^5 x\sin x\mathrm{d}x \xrightarrow{\text{换元换限}} -\int_1^0 t^5\mathrm{d}t = \int_0^1 t^5\mathrm{d}t = \frac{1}{6}t^6\Big|_0^1 = \frac{1}{6}.$$

说明　以上解法事实上是反过来用换元公式.

本题也可直接用凑微分计算,即

$$\int_0^{\frac{\pi}{2}} \cos^5 x \sin x \mathrm{d}x = -\int_0^{\frac{\pi}{2}} \cos^5 x \mathrm{d}(\cos x) = -\frac{1}{6} \cos^6 x \Big|_0^{\frac{\pi}{2}} = \frac{1}{6}.$$

可以看出,由于没有进行变量代换,积分区间不变,所以计算更为简便.

例 4　计算 $\int_{\frac{1}{\pi}}^{\frac{2}{\pi}} \frac{1}{x^2} \sin \frac{1}{x} \mathrm{d}x.$

解　令 $x = \frac{1}{t}$,则 $\mathrm{d}x = -\frac{1}{t^2} \mathrm{d}t$. 当 $x = \frac{1}{\pi}$ 时,$t = \pi$;当 $x = \frac{2}{\pi}$ 时,$t = \frac{\pi}{2}$.

于是

$$\int_{\frac{1}{\pi}}^{\frac{2}{\pi}} \frac{1}{x^2} \sin \frac{1}{x} \mathrm{d}x = \int_{\pi}^{\frac{\pi}{2}} t^2 \sin t \cdot \left(-\frac{1}{t^2}\right) \mathrm{d}t = -\int_{\pi}^{\frac{\pi}{2}} \sin t \mathrm{d}t$$

$$= \int_{\frac{\pi}{2}}^{\pi} \sin t \mathrm{d}t = (-\cos t) \Big|_{\frac{\pi}{2}}^{\pi} = 1.$$

此题若直接用凑微分计算,则有

$$\int_{\frac{1}{\pi}}^{\frac{2}{\pi}} \frac{1}{x^2} \sin \frac{1}{x} \mathrm{d}x = -\int_{\frac{1}{\pi}}^{\frac{2}{\pi}} \sin \frac{1}{x} \mathrm{d}\left(\frac{1}{x}\right) = \cos \frac{1}{x} \Big|_{\frac{1}{\pi}}^{\frac{2}{\pi}} = \cos \frac{\pi}{2} - \cos \pi = 1.$$

因此,定积分的计算要注意联系不定积分的计算方法,通过反复练习,不断掌握技巧,才能使我们的计算更加简便.

例 5　若 $f(x)$ 在 $[-a, a]$ 上连续,证明:

(1) 当 $f(x)$ 为奇函数时,$\int_{-a}^{a} f(x) \mathrm{d}x = 0$;

(2) 当 $f(x)$ 为偶函数时,$\int_{-a}^{a} f(x) \mathrm{d}x = 2\int_0^a f(x) \mathrm{d}x.$

证　因为

$$\int_{-a}^{a} f(x) \mathrm{d}x = \int_0^a f(x) \mathrm{d}x + \int_{-a}^0 f(x) \mathrm{d}x,$$

在上式的 $\int_{-a}^0 f(x) \mathrm{d}x$ 中令 $x = -t$,则

$$\int_{-a}^0 f(x) \mathrm{d}x = -\int_a^0 f(-t) \mathrm{d}t = \int_0^a f(-t) \mathrm{d}t = \int_0^a f(-x) \mathrm{d}x.$$

于是

$$\int_{-a}^{a} f(x) \mathrm{d}x = \int_0^a f(x) \mathrm{d}x + \int_0^a f(-x) \mathrm{d}x = \int_0^a [f(x) + f(-x)] \mathrm{d}x.$$

(1) 如果 $f(x)$ 是奇函数,则 $f(-x) = -f(x)$,即 $f(-x) + f(x) = 0$,

所以 $\int_{-a}^{a} f(x) \mathrm{d}x = 0.$

(2) 如果 $f(x)$ 是偶函数,则 $f(-x) = f(x)$,即 $f(-x) + f(x) = 2f(x)$,

所以 $\int_{-a}^{a} f(x) \mathrm{d}x = 2\int_0^a f(x) \mathrm{d}x.$

▶▶二、定积分的分部积分法

定积分的分部积分法与不定积分的分部积分法有类似的公式.

定理 2 设函数 $u(x),v(x)$ 在 $[a,b]$ 上有连续导数,则

$$\int_a^b uv'\mathrm{d}x = uv\,\Big|_a^b - \int_a^b vu'\mathrm{d}x$$

或

$$\int_a^b u\mathrm{d}v = uv\,\Big|_a^b - \int_a^b v\mathrm{d}u.$$

这就是定积分的分部积分公式.

例 6 计算 $\int_1^e \dfrac{1}{\sqrt{x}}\ln x\mathrm{d}x.$

解 $\quad\displaystyle\int_1^e \frac{1}{\sqrt{x}}\ln x\mathrm{d}x = \int_1^e \ln x\mathrm{d}(2\sqrt{x}) = 2\sqrt{x}\ln x\,\Big|_1^e - \int_1^e 2\sqrt{x}\cdot\frac{1}{x}\mathrm{d}x$

$$= 2\sqrt{e} - 2\int_1^e \frac{1}{\sqrt{x}}\mathrm{d}x = 2\sqrt{e} - 4\sqrt{x}\,\Big|_1^e = 4 - 2\sqrt{e}.$$

例 7 计算 $\int_0^{\frac{\pi}{2}} x^2\cos x\mathrm{d}x.$

解 $\quad\displaystyle\int_0^{\frac{\pi}{2}} x^2\cos x\mathrm{d}x = \int_0^{\frac{\pi}{2}} x^2\mathrm{d}(\sin x) = x^2\sin x\,\Big|_0^{\frac{\pi}{2}} - \int_0^{\frac{\pi}{2}} 2x\sin x\mathrm{d}x$

$$= \frac{\pi^2}{4} + 2\int_0^{\frac{\pi}{2}} x\mathrm{d}(\cos x)$$

$$= \frac{\pi^2}{4} + 2x\cos x\,\Big|_0^{\frac{\pi}{2}} - 2\int_0^{\frac{\pi}{2}} \cos x\mathrm{d}x$$

$$= \frac{\pi^2}{4} - 2\sin x\,\Big|_0^{\frac{\pi}{2}} = \frac{\pi^2}{4} - 2.$$

例 8 计算 $\int_0^1 e^{\sqrt{x}}\mathrm{d}x.$

解 设 $\sqrt{x} = u$,则 $x = u^2,\mathrm{d}x = 2u\mathrm{d}u.$ 当 $x = 0$ 时,$u = 0$;当 $x = 1$ 时,$u = 1.$ 于是

$$\int_0^1 e^{\sqrt{x}}\mathrm{d}x = \int_0^1 e^u\cdot 2u\mathrm{d}u = 2\int_0^1 ue^u\mathrm{d}u$$

$$= 2\int_0^1 u\mathrm{d}(e^u) = 2ue^u\,\Big|_0^1 - 2\int_0^1 e^u\mathrm{d}u$$

$$= 2e - 2e^u\,\Big|_0^1 = 2.$$

📖 任务实施

在本节开始我们看到,先利用不定积分求出原函数,再用牛顿-莱布尼兹公式计算出定积分的方法显得十分繁琐,现在我们运用前面所掌握的知识来计算这个定积分.

解 令 $x = 2\sin t$,则 $\mathrm{d}x = 2\cos t\mathrm{d}t$,$\sqrt{4 - x^2} = 2\cos t.$

当 $x = 0$ 时, $t = 0$;当 $x = 2$ 时, $t = \dfrac{\pi}{2}$.

于是

$$\int_0^2 \sqrt{4 - x^2}\,\mathrm{d}x \xrightarrow{\text{换元换限}} 4\int_0^{\frac{\pi}{2}} \cos^2 t\,\mathrm{d}t = 2\left(t + \dfrac{1}{2}\sin 2t\right)\Big|_0^{\frac{\pi}{2}} = \pi.$$

很显然,由于减少了变量回代的过程,计算要简便得多.

 课堂练习

1. 利用定积分的换元积分法计算下列定积分:

(1) $\displaystyle\int_0^4 \dfrac{x+2}{\sqrt{2x+1}}\,\mathrm{d}x$;
    (2) $\displaystyle\int_1^2 \dfrac{\sqrt{x^2-1}}{x}\,\mathrm{d}x$.

2. 利用定积分的分部积分法计算下列定积分:

(1) $\displaystyle\int_{-1}^1 x\mathrm{e}^{-x}\,\mathrm{d}x$;
    (2) $\displaystyle\int_1^{\mathrm{e}} x\ln x\,\mathrm{d}x$.

习题 5-3

A 组

1. 计算下列定积分:

(1) $\displaystyle\int_0^{\frac{\pi}{4}} \dfrac{\sin x}{\sqrt{\cos x}}\,\mathrm{d}x$;
    (2) $\displaystyle\int_0^2 \dfrac{\mathrm{e}^x}{\mathrm{e}^{2x}+1}\,\mathrm{d}x$.

2. 计算下列定积分:

(1) $\displaystyle\int_0^3 \dfrac{x}{1+\sqrt{1+x}}\,\mathrm{d}x$;
    (2) $\displaystyle\int_0^{\frac{\sqrt{2}}{2}} \dfrac{x^2}{1+\sqrt{1-x^2}}\,\mathrm{d}x$.

3. 计算下列定积分:

(1) $\displaystyle\int_0^{\frac{\pi}{2}} x\sin x\,\mathrm{d}x$;
    (2) $\displaystyle\int_0^{\mathrm{e}-1} \ln(x+1)\,\mathrm{d}x$;

(3) $\displaystyle\int_0^3 \arctan\sqrt{x}\,\mathrm{d}x$.

B 组

1. 计算下列定积分:

(1) $\displaystyle\int_1^{\mathrm{e}^2} \dfrac{1}{x\sqrt{1+\ln x}}\,\mathrm{d}x$;
    (2) $\displaystyle\int_0^1 \dfrac{\mathrm{d}x}{1+\mathrm{e}^x}$.

2. 计算下列定积分:

(1) $\int_0^1 x^3 e^{x^2} dx$;   (2) $\int_0^{\frac{\pi}{2}} e^x \sin x dx$.

<h1 style="text-align:center">§5-4　　定积分的应用</h1>

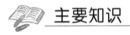

1. 知道定积分微元法的基本思想.
2. 会用微元法计算平面图形的面积和旋转体的体积.
3. 了解定积分在物理中的应用.

📖 任务引入

前面我们已经知道,定积分可以用来求曲边梯形的面积. 事实上,利用定积分这一工具,我们可以求曲线所围平面图形的面积、旋转体的体积,以及物理中变力做功、液体的压力等.

📖 主要知识

▶▶ 一、定积分的微元法

我们将具体问题中所求的量 u 表示为定积分 $u = \int_a^b f(x) dx$ 时,总是把 u 看作是与变量 x 的变化区间 $[a,b]$ 相联系的量. 从本章的案例我们可以看到,当把区间 $[a,b]$ 划分为若干小区间时,总量就相应地分为若干分量 Δu,并且总量等于各分量之和,这一性质称为所求量对于区间 $[a,b]$ 具有**可加性**.

若所求量 u 与变量 x 的变化区间 $[a,b]$ 有关,u 对于区间 $[a,b]$ 具有可加性,并且在 $[a,b]$ 中的任意一个小区间 $[x, x+dx]$ 上的部分量 Δu 的近似值 $du = f(x) dx$[叫作所求量的微元(或元素)],把所有这些微元累加(即积分)起来,便得 $u = \int_a^b f(x) dx$. 这种直接在部分区间上找微分(元素)关系,进而求积分的方法,通常称为**微元法**或**元素法**.

▶▶ 二、平面图形的面积

下面分两种情形来讨论曲线所围平面图形的面积.

（1）设平面图形由曲线 $y = f(x)$，$y = g(x)$，直线 $x = a$，$x = b$ 所围成，求其面积 S（图 5-11）.

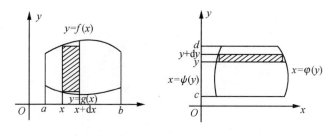

图 5-11　　　　　　　　图 5-12

先求面积微元 $\mathrm{d}S$. 选择 x 为积分变量，在 $[a,b]$ 中任取小区间 $[x, x + \mathrm{d}x]$（图 5-11）. 不妨设 $f(x) \geqslant g(x)$，则在该小区间上对应的小曲边梯形可近似看成以 $[f(x) - g(x)]$ 为高、以 $\mathrm{d}x$ 为底的小矩形，于是得面积微元

$$\mathrm{d}S = [f(x) - g(x)]\mathrm{d}x,$$

故所求平面图形的面积 S 为

$$S = \int_a^b [f(x) - g(x)]\mathrm{d}x.$$

特别地，当 $y = g(x)$ 为 x 轴，即 $g(x) = 0$ 时，有 $S = \int_a^b f(x)\mathrm{d}x$.

（2）设平面图形由曲线 $x = \varphi(y)$，$x = \psi(y)$（不妨设 $\varphi(y) \geqslant \psi(y)$）及直线 $y = c$，$y = d$ 所围成，求其面积 S（图 5-12）.

选取 y 为积分变量，积分区间为 $[c,d]$，在 $[c,d]$ 中任取一小区间 $[y, y + \mathrm{d}y]$，则面积微元 $\mathrm{d}S = [\varphi(y) - \psi(y)]\mathrm{d}y$，所以

$$S = \int_c^d [\varphi(y) - \psi(y)]\mathrm{d}y.$$

特别地，当 $x = \psi(y)$ 为 y 轴（即 $x = 0$）时，有

$$S = \int_c^d \varphi(y)\mathrm{d}y.$$

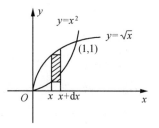

例 1　求由两条抛物线 $y^2 = x$ 和 $y = x^2$ 所围成的图形的面积（图 5-13）.

解　为确定积分区间，先求交点.

由 $\begin{cases} y^2 = x, \\ y = x^2 \end{cases}$ 得交点 $(0,0)$ 及 $(1,1)$.

图 5-13

选取 x 为积分变量，则积分区间为 $[0,1]$，显然，$\sqrt{x} \geqslant x^2$，代入公式得面积

$$S = \int_0^1 (\sqrt{x} - x^2)\mathrm{d}x = \left(\frac{2}{3}x^{\frac{3}{2}} - \frac{1}{3}x^3 \right) \Big|_0^1 = \frac{1}{3}.$$

例 2　求抛物线 $y^2 = 2x$ 与直线 $x - y = 4$ 所围成的图形的面积（图 5-14）.

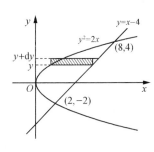

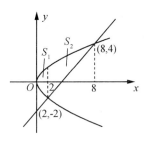

图 5-14

图 5-15

解 先求交点,然后确定积分区间.

由 $\begin{cases} y^2 = 2x, \\ x - y = 4 \end{cases}$ 得交点 $(2,-2)$ 及 $(8,4)$.

选取 y 为积分变量,则积分区间为 $[-2,4]$,此时所求面积 S 为

$$S = \int_{-2}^{4} \left[(y+4) - \frac{y^2}{2} \right] dy = \left(\frac{y^2}{2} + 4y - \frac{1}{6}y^3 \right) \Big|_{-2}^{4} = 18.$$

本题如果选取 x 为积分变量,我们看到平面图形是由 $y = \sqrt{2x}$,$y = -\sqrt{2x}$ 及 $y = x - 4$ 围成的,显然图形介于 $x = 0$ 及 $x = 8$ 之间,在这两直线之间不是两条曲线,而是三条曲线,因此图形必须分块,如图 5-15 所示,直线 $x = 2$ 将图形分为两块 S_1 和 S_2,则

$$S = S_1 + S_2$$

$$= \int_{0}^{2} \left[\sqrt{2x} - (-\sqrt{2x}) \right] dx + \int_{2}^{8} \left[\sqrt{2x} - (x-4) \right] dx$$

$$= 2\sqrt{2} \cdot \frac{2}{3} x^{\frac{3}{2}} \Big|_{0}^{2} + \left(\sqrt{2} \cdot \frac{2}{3} x^{\frac{3}{2}} - \frac{1}{2} x^2 + 4x \right) \Big|_{2}^{8}$$

$$= \frac{16}{3} + \frac{38}{3} = 18.$$

由此看来,适当选取积分变量,可以使定积分的计算简而易行.

例3 求由曲线 $y = \ln x$,x 轴及直线 $x = \frac{1}{2}$,$x = 2$ 所围成的平面图形的面积.

解 如图 5-16 所示,取 x 为积分变量,则积分区间为 $\left[\frac{1}{2}, 2 \right]$,根据定积分的几何意义,平面图形的面积可分为两块 S_1 和 S_2,则

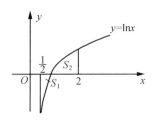

图 5-16

$$S = S_1 + S_2 = -\int_{\frac{1}{2}}^{1} \ln x \, dx + \int_{1}^{2} \ln x \, dx$$

$$= -(x\ln x - x) \Big|_{\frac{1}{2}}^{1} + (x\ln x - x) \Big|_{1}^{2}$$

$$= \frac{3}{2}\ln 2 - \frac{1}{2}.$$

例4 求椭圆 $\dfrac{x^2}{a^2} + \dfrac{y^2}{b^2} = 1$ 所围成的平面图形的面积.

Math

解 因椭圆关于两个坐标轴都对称(图5-17),所以椭圆所围成的图形的面积为 $S = 4S_1$,其中 S_1 为椭圆在第一象限部分与两坐标轴所围图形的面积.因此

$$S = 4S_1$$

$$= 4\int_0^a y\,\mathrm{d}x = 4\int_0^a \frac{b}{a}\sqrt{a^2 - x^2}\,\mathrm{d}x = \frac{4b}{a} \cdot \frac{\pi}{4}a^2$$

$$= \pi ab.$$

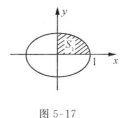

图 5-17

▶▶▶ 三、旋转体的体积

一个平面图形绕这个平面上的一条直线旋转一周而形成的空间立体称为**旋转体**,这条直线称为**旋转轴**.

现在我们来求由曲线 $y = f(x)(f(x) \geqslant 0)$,直线 $x = a, x = b(a < b)$ 和 x 轴所围成的曲边梯形绕 x 轴旋转一周而形成的旋转体的体积(图5-18).

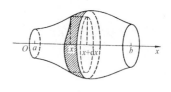

图 5-18

用微元法先确定旋转体的体积 V 的微元 $\mathrm{d}V$.

取横坐标 x 为积分变量,在它的变化区间 $[a, b]$ 上任取一小区间 $[x, x + \mathrm{d}x]$,以区间 $[x, x + \mathrm{d}x]$ 为底的小曲边梯形绕 x 轴旋转一周而形成的旋转体,它的体积可以用一个与它同底的小矩形绕 x 轴旋转一周而形成的圆柱体的体积近似代替,由此,得体积 V 的微元

$$\mathrm{d}V = \pi [f(x)]^2 \mathrm{d}x.$$

于是得旋转体的体积

$$V_x = \pi \int_a^b [f(x)]^2 \mathrm{d}x = \pi \int_a^b y^2 \mathrm{d}x.$$

159

用同样的方法可推得,由曲线 $x = \varphi(y)(\varphi(y) \geqslant 0)$,直线 $y = c, y = d(c < d)$ 和 y 轴所围成的曲边梯形绕 y 轴旋转一周而形成的旋转体的体积

$$V_y = \pi \int_c^d [\varphi(y)]^2 \mathrm{d}y = \pi \int_c^d x^2 \mathrm{d}y.$$

例 5 求由椭圆 $\dfrac{x^2}{a^2} + \dfrac{y^2}{b^2} = 1$ 所围成的图形绕 x 轴旋转而成的旋转体(称为旋转椭球体)的体积.

解 如图5-19所示,这个旋转椭球体也可以看作是由半个椭圆 $y = \dfrac{b}{a}\sqrt{a^2 - x^2}$ 及 x 轴围成的图形绕 x 轴旋转而成的立体,根据公式得

$$V = \pi \int_{-a}^a \left(\frac{b}{a}\sqrt{a^2 - x^2}\right)^2 \mathrm{d}x$$

$$= \pi \frac{b^2}{a^2}\int_{-a}^a (a^2 - x^2)\,\mathrm{d}x$$

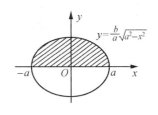

图 5-19

$$= \pi \frac{b^2}{a^2} \left(a^2 x - \frac{1}{3} x^3 \right) \Big|_{-a}^{a}$$

$$= \frac{4}{3} \pi a b^2.$$

特别地，当 $a = b$ 时，得半径为 a 的球体体积 $V_{球} = \frac{4}{3} \pi a^3$.

例 6 求由直线 $x + y = 4$ 与曲线 $xy = 3$ 所围成的平面图形绕 x 轴旋转一周而生成的旋转体的体积.

解 平面图形是图 5-20 中的阴影部分，该平面图形绕 x 轴旋转而成的旋转体，应该是两个旋转体的体积差. 由于直线 $y = 4 - x$ 与曲线 $xy = 3$ 的交点为 $A(1, 3)$ 和 $B(3, 1)$，所以由公式得旋转体的体积

$$V_x = \pi \int_1^3 (4 - x)^2 \mathrm{d}x - \pi \int_1^3 \left(\frac{3}{x} \right)^2 \mathrm{d}x$$

$$= \pi \left[-\frac{(4 - x)^3}{3} \right] \Big|_1^3 + \pi \frac{9}{x} \Big|_1^3 = \frac{8}{3} \pi.$$

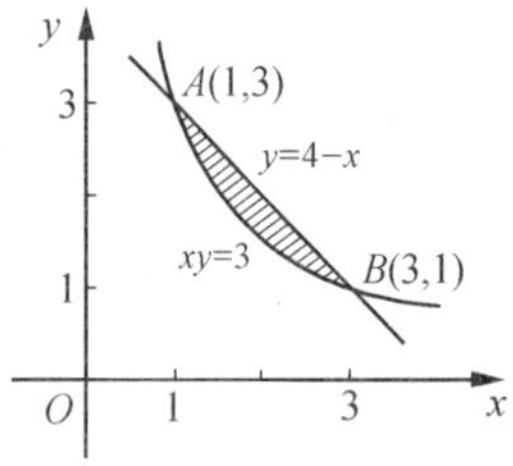

图 5-20

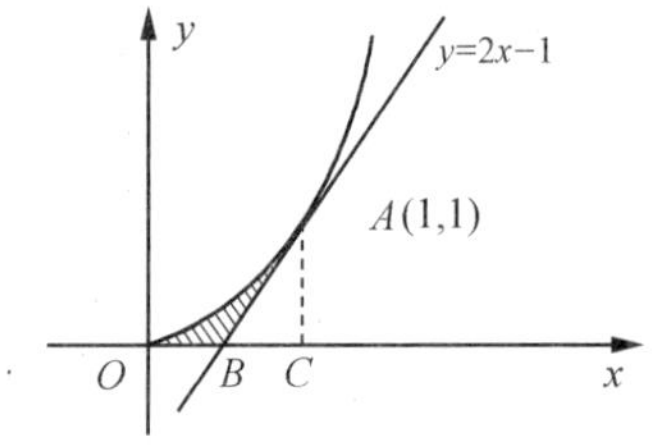

图 5-21

例 7 求抛物线 $y = x^2$ 与其在点 $(1, 1)$ 处的切线及 x 轴所围成的图形绕 x 轴旋转一周所得旋转体的体积.

解 平面图形是图 5-21 中的阴影部分，该平面图形绕 x 轴旋转而成的旋转体的体积，可以看成是曲边三角形 AOC 和直角三角形 ABC 绕 x 轴旋转而成的两个旋转体的体积之差. 由于抛物线 $y = x^2$ 在点 $(1, 1)$ 处的切线方程为 $y - 1 = 2(x - 1)$，即 $y = 2x - 1$，它与 x 轴的交点 B 的坐标为 $\left(\frac{1}{2}, 0 \right)$，所以

$$\overline{V}_x = \pi \int_0^1 (x^2)^2 \mathrm{d}x - \pi \int_{\frac{1}{2}}^1 (2x - 1)^2 \mathrm{d}x$$

$$= \pi \cdot \frac{1}{5} x^5 \Big|_0^1 - \pi \cdot \frac{1}{2} \cdot \frac{(2x - 1)^3}{3} \Big|_{\frac{1}{2}}^1 = \frac{\pi}{5} - \frac{\pi}{6} = \frac{\pi}{30}.$$

 课堂练习一

1. 求由曲线 $y = \frac{1}{4} x^2$ 与直线 $3x - 2y - 4 = 0$ 以及 x 轴所围成的平面图形的面积.

2. 求由曲线 $y = 4 - x^2$ 与曲线 $y = x^2$ 所围成的平面图形分别绕 x 轴、y 轴旋转一周

而成的旋转体的体积.

▶▶▶* 四、平面曲线的弧长

（1）设平面曲线由直角坐标方程 $y = f(x), x \in [a, b]$ 给出，其中 $f(x)$ 在 $[a, b]$ 上具有一阶连续导数，现在我们用定积分的微元法计算这段弧的长度 L.

如图 5-22 所示，取 x 为积分变量，则 $[a, b]$ 为积分区间，$f(x)$ 上相应于 $[a, b]$ 上任一小区间 $[x, x + \mathrm{d}x]$ 的一段弧 $\overset{\frown}{PQ}$ 的长度可以用该曲线在点 $(x, f(x))$ 处的切线上相应的一小直线段 PT 的长度来近似代替，而这相应的一小直线段的长度为

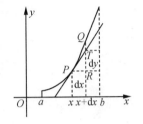

图 5-22

$$\sqrt{(\mathrm{d}x)^2 + (\mathrm{d}y)^2} = \sqrt{1 + y'^2}\,\mathrm{d}x,$$

从而得弧长的微元（弧微分）

$$\mathrm{d}L = \sqrt{1 + y'^2}\,\mathrm{d}x,$$

于是得所求弧长

$$L = \int_a^b \sqrt{1 + y'^2}\,\mathrm{d}x.$$

例 8 计算曲线 $y = x^{\frac{3}{2}}$ 在区间 $[0, 2]$ 上的弧长.

解 因为 $y' = \dfrac{3}{2} x^{\frac{1}{2}}$，则弧长微元为

$$\mathrm{d}L = \sqrt{1 + y'^2}\,\mathrm{d}x = \sqrt{1 + \left(\frac{3}{2} x^{\frac{1}{2}}\right)^2}\,\mathrm{d}x = \sqrt{1 + \frac{9}{4} x}\,\mathrm{d}x,$$

所以由弧长公式得

$$L = \int_0^2 \sqrt{1 + \frac{9}{4} x}\,\mathrm{d}x = \left[\frac{4}{9} \cdot \frac{2}{3} \left(1 + \frac{9}{4} x\right)^{\frac{3}{2}}\right]\Bigg|_0^2 = \frac{8}{27}\left[\left(\frac{11}{2}\right)^{\frac{3}{2}} - 1\right].$$

（2）若平面曲线由参数方程

$$\begin{cases} x = \varphi(t), \\ y = \psi(t) \end{cases} (\alpha \leqslant t \leqslant \beta)$$

给出，则其弧长微元为

$$\mathrm{d}L = \sqrt{(\mathrm{d}x)^2 + (\mathrm{d}y)^2} = \sqrt{[\varphi'(t)]^2 + [\psi'(t)]^2}\,\mathrm{d}t,$$

于是所求弧长为

$$L = \int_\alpha^\beta \sqrt{[\varphi'(t)]^2 + [\psi'(t)]^2}\,\mathrm{d}t.$$

例 9 圆的渐开线的参数方程为 $\begin{cases} x = a(\cos t + t\sin t), \\ y = a(\sin t - t\cos t) \end{cases}$（$a$ 为基圆数量），求曲线上 t

从 0 变化到 π 时的一段弧的长度.

解　$x'(t) = at\cos t, y'(t) = at\sin t.$ 则弧长微元

$$dL = \sqrt{(at\cos t)^2 + (at\sin t)^2}dt = at\,dt,$$

于是所求弧长

$$L = \int_0^\pi at\,dt = \left[\frac{1}{2}at^2\right]_0^\pi = \frac{1}{2}a\pi^2.$$

（3）设平面曲线由极坐标方程 $\rho = \rho(\theta)$ 给出，则根据直角坐标和极坐标的关系可知 $\begin{cases} x = \rho\cos\theta, \\ y = \rho\sin\theta \end{cases} (\alpha \leqslant \theta \leqslant \beta)$，这是以极角 θ 为参数的曲线的参数方程，于是弧长元素为

$$dL = \sqrt{[x'(\theta)]^2 + [y'(\theta)]^2} = \sqrt{\rho^2 + {\rho'}^2}d\theta,$$

从而所求弧长为

$$L = \int_\alpha^\beta \sqrt{\rho^2 + {\rho'}^2}d\theta.$$

例 10　求阿基米德螺线 $\rho = a\theta(a > 0)$ 上 θ 从 0 变化到 2π 时的一段弧长.

解　弧长微元为

$$dL = \sqrt{(a\theta)^2 + a^2}d\theta = a\sqrt{1 + \theta^2}d\theta,$$

于是所求弧长为

$$L = \int_0^{2\pi} a\sqrt{1 + \theta^2}d\theta = \frac{a}{2}[2\pi\sqrt{1 + 4\pi^2} + \ln(2\pi + \sqrt{1 + 4\pi^2})].$$

162

▶▶ 五、定积分在物理上的应用

1. 变力沿直线所做的功

一个物体做直线运动，若在运动过程中，有一个力 F 作用在这个物体上，且此力的方向与物体的方向一致，那么当物体的位移是 s 时，力对这个物体所做的功是

$$W = F \cdot s.$$

如果物体在运动中所受力的方向仍与运动方向一致，取为 x 轴正向，而大小是位移的连续函数 $F(x)$，那么物体在该力的作用下，沿 x 轴从 a 移动到 b 所做的功，就是一个变力沿直线做功的问题.

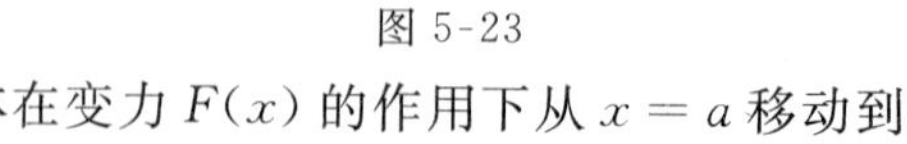

图 5-23

如图 5-23 所示，物体在变力 $F(x)$ 的作用下从 $x = a$ 移动到 $x = b$，取 x 为积分变量，在 (a,b) 内任一点 x，取一区间 $[x, x + dx]$，在这个小区间上，视 $F(x)$ 为常力，则使物体从 x 到 $x + dx$ 的力 $F(x)$ 所做的功的微元为 $dW = F(x)dx$，故

$$W = \int_a^b F(x)dx.$$

例 11　把一个带 $+q$ 电荷量的点电荷放在 x 轴上坐标原点 O 处，它产生一个电场，这

个电场对周围的电荷有作用力.由物理学知道,如果有一个单位电荷放在这个电场中距原点为 r 的地方,那么电场对它的作用大小为

$$F = k\frac{q}{r^2}(k \text{ 为常数}).$$

如图 5-24 所示,当这个单位正电荷在电场中从 $r=a$ 处沿 r 轴移动到 $r=b$ 处时,计算电场力对它所做的功.

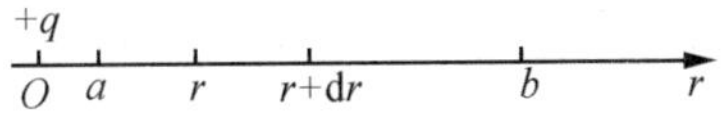

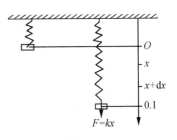

图 5-24

解 (1) 取积分变量为 r,积分区间为 $[a,b]$.

(2) 在区间 $[a,b]$ 上任取一小区间 $[r,r+\mathrm{d}r]$,与它相对应的电场力 F 所做的功近似于把 $F=k\dfrac{q}{r^2}$ 作为常力所做的功,从而得到功的微元

$$\mathrm{d}W = \frac{kq}{r^2}\mathrm{d}r.$$

(3) 电场力所做的功为

$$W = \int_a^b \frac{kq}{r^2}\mathrm{d}r = kq\int_a^b \frac{\mathrm{d}r}{r^2} = kq\left[-\frac{1}{r}\right]_a^b = kq\left(\frac{1}{a}-\frac{1}{b}\right)(\text{功单位}).$$

例 12 已知弹簧每拉长 0.02 m 需用 9.8 N 的力,求把弹簧拉长 0.1 m 所做的功.

解 我们知道,在弹性限度内,拉伸(或压缩)弹簧所需的力 F 与弹簧的伸长量(压缩量)x 成正比,即

$$F = kx(\text{其中 } k \text{ 比例系数}).$$

如图 5-25 所示,依题意 $x=0.02$ m,时,$F=9.8$ N,则变力函数为 $F(x)=4.9\times10^2 x$.

在 $[x,x+\mathrm{d}x]$ 这个小区间上把变力 F 所做的功看成常力所做的功,从而得到功元素

$$\mathrm{d}W = 4.9\times10^2 x\mathrm{d}x,$$

于是弹簧拉长 0.01 m 所做的功为

$$W = \int_0^{0.1} 4.9\times10^2 x\mathrm{d}x$$

$$= 4.9\times10^2\left[\frac{x^2}{2}\right]_0^{0.1} = 2.45(\text{J}).$$

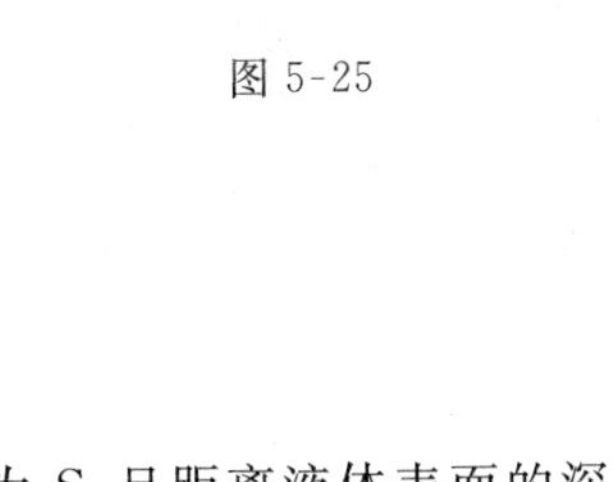

图 5-25

2. 液体对侧面的压力

由物理学可知,一水平放置在液体中的薄板,若其面积为 S,且距离液体表面的深度为 h,则该薄板一侧所受的力 F 等于底面积为 S、高为 h 的液体的重量,即 $F=\rho ghS$.其中 ρ 为液体的密度,g 为重力加速度,而 ρgh 是深度为 h 处液体的压强.如果薄板垂直放置在液体中,那么由于不同深度的液体的压强不相等,所以薄板一侧所受压力就不能用上述方

法计算,而需用微元法来解决.

例13 设水渠的等腰梯形闸门与水面垂直,其下底长为 2 m,上底长为 4 m,高为 4 m,当水渠灌满水时,问闸门所受压力是多少?(取水的密度为 10^3 kg/m³)

解 设所受压力为 F,以闸门上底中点 O 为原点、垂直向下方向为 x 轴,建立坐标系如图 5-26 所示,则直线 AB 的方程为 $y = -\frac{1}{4}x + 2(0 \leqslant x \leqslant 4)$. 取 x 为积分变量,则积分区间为 $[0,4]$. 在区间 $[0,4]$ 中任一点 x 处取一微小区间 $[x, x+\mathrm{d}x]$,视该区间对应的部分闸门为小矩形,其关于 x 轴对称,故其面积微元为

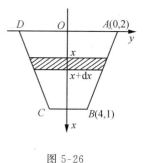

图 5-26

$$\mathrm{d}S = 2y\mathrm{d}x = 2\left(-\frac{x}{4} + 2\right)\mathrm{d}x = \left(-\frac{x}{2} + 4\right)\mathrm{d}x,$$

视整个小矩形所在的水深为 x,则得到压力微元

$$\mathrm{d}F = 10^3 \cdot g \cdot x \cdot \mathrm{d}S = 10^3 gx\left(-\frac{x}{2} + 4\right)\mathrm{d}x = 10^3 g\left(-\frac{x^2}{2} + 4x\right)\mathrm{d}x.$$

于是所求压力为

$$F = \int_0^4 10^3 g\left(-\frac{x^2}{2} + 4x\right)\mathrm{d}x = 10^3 g\left(-\frac{x^3}{6} + 2x^2\right)\Big|_0^4 = \frac{64}{3} \times 10^3 g \approx 2.1 \times 10^5 \text{(N)}.$$

 课堂练习二

1. 弹性物体所受压缩力 F 与缩短距离 x 之间的关系按胡克定律 $F = kx$ 计算. 今有原长为 1 m 的弹簧,每压缩 1 cm 需力 0.5 N,若自 80 cm 压缩到 60 cm,问需做多少功?

2. 某水库闸门呈半圆形,半径为 3 m,求当水面与闸门的顶边齐平时,水对闸门一侧的压力.

 应用举例

转动惯量是刚体力学中的一个重要概念,在现实生活中经常遇到它. 例如,在柴油机、冲床上都装有一个飞轮,其目的就是利用飞轮转动时产生的较大的转动惯量来冲击"死点"(活塞往复运动的转向点).

由物理学知识知道,若一质量为 m 的质点,到一轴的距离为 r,则质点绕该轴的转动惯量为 $I = mr^2$.

例14 求质量为 m、半径为 R 的均匀柴油发动机飞轮圆盘关于过圆心且与圆盘垂直的轴 l 的转动惯量.

解 设所求转动惯量为 I,取圆心为坐标原点,任一直径为 x 轴,转轴 l 为 y 轴,建立直角坐标系(图 5-27).

由于质量分布均匀,所以圆盘密度 $\rho = \dfrac{m}{\pi R^2}$ 为常数,取 x 为积分变量,积分区间为 $[0,R]$,在积分区间 $[0,R]$ 上点 x 处,任取一微小区间 $[x,x+\mathrm{d}x]$,与该区间对应的圆盘上的面积元素为 $\mathrm{d}S = 2\pi x \mathrm{d}x$,得质量微元为

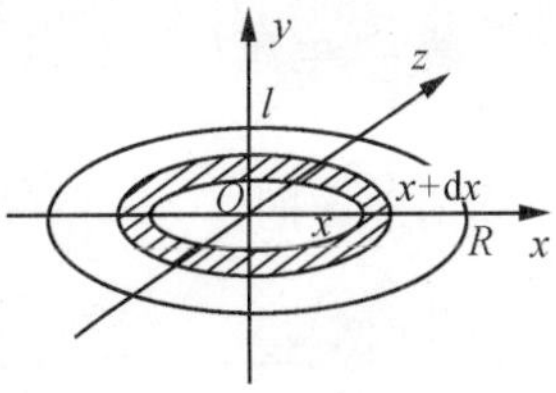

$$\frac{m}{\pi R^2} 2\pi x \mathrm{d}x = \frac{2mx}{R^2} \mathrm{d}x,$$

图 5-27

从而得转动惯量微元

$$\mathrm{d}I = \left(\frac{2mx}{R^2} \mathrm{d}x \right) \cdot x^2 = \frac{2mx^3}{R^2} \mathrm{d}x.$$

于是整个圆盘关于转轴 l 的转动惯量为

$$I = \int_0^R \frac{2mx^3}{R^2} \mathrm{d}x = \frac{mx^4}{2R^2} \Big|_0^R = \frac{1}{2} mR^2.$$

由此可见,增加飞轮质量或增长飞轮半径,均可加大柴油发动机飞轮的转动惯量,即增大了克服"死点"的力度.

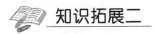

知识拓展二

▶▶▶ **六、平均值**

在我们的实际生活中,常常使用一组数据的算术平均值来揭示该组数据的概貌.例如,同年级某门课程各班的考试平均成绩能反映各班级的学习成绩情况.又如,随机从某个年龄组中抽取 100 人测其胆固醇的平均水平,能反映该年龄组成员的健康状况.有时,我们不仅要计算一组数据的平均值,而且还要计算一个连续函数的平均值.例如,求一昼夜间的平均温度,某段时间内物体运动的平均速度等.

对于连续函数的平均值,我们有如下结果:

连续函数 $y = f(x)$ 在区间 $[a,b]$ 上的平均值

$$\overline{y} = \frac{1}{b-a} \int_a^b f(x) \mathrm{d}x.$$

例 15 一物体以初速度 v_0,加速度 a 做匀变速直线运动,求在时间 $[0,T]$ 上的平均速度.

解 匀变速直线运动的瞬时速度为 $v = v_0 + at$,所以在时间 $[0,T]$ 上的平均速度为

$$\overline{v} = \frac{1}{T-0} \int_0^T (v_0 + at) \mathrm{d}t = \frac{1}{T} \left[v_0 t + \frac{1}{2} at^2 \right]_0^T$$

$$= v_0 + \frac{1}{2} aT.$$

例 16 交流电压 $U = U_0 \sin \omega t$ 经过全波整流后的电压 $U = U_0 |\sin \omega t|$,如图 5-28 所示.求整流后在一个周期内的平均电压.

解 电压 $U = U_0 \mid \sin\omega t \mid$ 的周期为 $\dfrac{\pi}{\omega}$，因此，电压在一

个周期的区间 $\left[0, \dfrac{\pi}{\omega}\right]$ 上的平均值为

$$\overline{U} = \frac{1}{\dfrac{\pi}{\omega} - 0}\int_0^{\frac{\pi}{\omega}} U_0 \sin\omega t \, \mathrm{d}t = \frac{\omega U_0}{\pi}\left[-\frac{\cos\omega t}{\omega}\right]_0^{\frac{\pi}{\omega}} = \frac{2U_0}{\pi}.$$

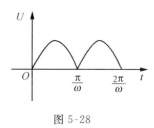

图 5-28

习题 5-4

A 组

1. 选择题：

(1) 设曲线 $y = \sin x, x \in \left[-\dfrac{\pi}{2}, \dfrac{\pi}{2}\right]$，其与 x 轴所围成的图形的面积为 S，下面四个

选项中不正确的一项是 （　　）

(A) $S = 2\displaystyle\int_0^{\frac{\pi}{2}} \sin x \mathrm{d}x$

(B) $S = \displaystyle\int_{-\frac{\pi}{2}}^{\frac{\pi}{2}} \mid \sin x \mid \mathrm{d}x$

(C) $S = \displaystyle\int_0^{\frac{\pi}{2}} \sin x \mathrm{d}x - \int_{-\frac{\pi}{2}}^0 \sin x \mathrm{d}x$

(D) $S = \displaystyle\int_0^{\frac{\pi}{2}} \sin x \mathrm{d}x + \int_{-\frac{\pi}{2}}^0 \sin x \mathrm{d}x$

(2) 如图所示，设

① $S = \displaystyle\int_a^d \mid f(x) \mid \mathrm{d}x$；

② $S = \displaystyle\int_a^d f(x) \mathrm{d}x$；

③ $S = \left| \displaystyle\int_a^d f(x) \mathrm{d}x \right|$；

④ $S = -\displaystyle\int_a^b f(x) \mathrm{d}x + \int_b^c f(x) \mathrm{d}x - \int_c^d f(x) \mathrm{d}x.$

其中能表示阴影部分面积的是 （　　）

(A) ①②④ 　　　　　　　　(B) ①③④

(C) ①④ 　　　　　　　　　(D) ③④

(3) 如图所示，设 S 是由曲线 $y = \dfrac{x^2}{2}, x - y + 4 = 0$ 所围成的

图形的面积，则下列表述错误的是 （　　）

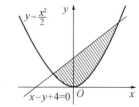

(A) $S = \displaystyle\int_{-2}^4 \left[(x+4) - \frac{x^2}{2}\right]\mathrm{d}x$

(B) $S = \displaystyle\int_0^8 \left[\sqrt{2y} - (y-4)\right]\mathrm{d}y$

高等数学

*M*ath

(C) $S = 2\int_0^2 \sqrt{2y}\mathrm{d}y + \int_2^8 \left[\sqrt{2y} - (y-4)\right]\mathrm{d}y$

(D) $S = \int_{-2}^0 \left[(x+4) - \dfrac{x^2}{2}\right]\mathrm{d}x + \int_0^4 \left[(x+4) - \dfrac{x^2}{2}\right]\mathrm{d}x$

2. 求下列曲线所围成的平面图形的面积:

(1) $y^2 = 2x, y = x$;　　　　　　　　(2) $y = \dfrac{1}{x}(x > 0), y = x, x = 2$.

3. 求由抛物线 $y^2 = 4x$ 及其在点 $M(1,2)$ 处的法线所围图形的面积.

4. 求下列旋转体的体积:

(1) $y = x^2, x = 1, x = 2$,绕 x 轴旋转;

(2) $y = \ln x, x = \mathrm{e}, y = 0$,分别绕 x 轴、y 轴旋转.

B 组

1. 求下列曲线所围成的平面图形的面积:

(1) $y = x^2, y = x, y = 2x$;

(2) $y = \mathrm{e}^x, y = 0, x = 0, x = 1$;

(3) $y = \ln x, y = 0, y = 1, x = 0$.

2. 求下列旋转体的体积:

(1) $y = x^2, x = y^2$,绕 x 轴旋转;

(2) $y = \sin x, y = \cos x, x \in \left[0, \dfrac{\pi}{2}\right]$,绕 x 轴旋转.

本 章 小 结

1. 定积分的概念

(1) 定义

$$\int_a^b f(x)\mathrm{d}x = \lim_{\Delta x \to 0}\sum_{i=1}^n f(\xi_i)\Delta x_i.$$

其中 $\Delta x = \max\limits_{1 \leqslant i \leqslant n}\{\Delta x_i\}$,和式极限与区间 $[a,b]$ 的分法及 ξ_i 的选取无关.

注意:不定积分求出的结果是函数,而定积分计算出的结果是一个数值.

(2) 定积分的几何意义

如果函数 $f(x)$ 在 $[a,b]$ 上连续,且 $f(x) \geqslant 0$,那么定积分 $\int_a^b f(x)\mathrm{d}x$ 在几何上表示由

曲线 $y = f(x)$,两条直线 $x = a, x = b$ 和 x 轴所围成的曲边梯形的面积,即 $\int_a^b f(x)\mathrm{d}x = $

A;若 $f(x) \leqslant 0$,则 $\int_a^b f(x)\mathrm{d}x = -A$.

（3）定积分的性质

性质 1　被积函数中的常数因子 k 可提到积分号外. 即
$$\int_a^b kf(x)\mathrm{d}x = k\int_a^b f(x)\mathrm{d}x.$$

性质 2　函数代数和的定积分等于它们定积分的代数和. 即
$$\int_a^b [f(x) \pm g(x)]\mathrm{d}x = \int_a^b f(x)\mathrm{d}x \pm \int_a^b g(x)\mathrm{d}x.$$

2. 微积分基本公式

（1）变上限积分函数

如果函数 $f(x)$ 在 $[a,b]$ 上连续，$x \in [a,b]$，则称
$$\Phi(x) = \int_a^x f(t)\mathrm{d}t$$

为变上限积分函数，它是 $f(x)$ 的一个原函数.

（2）牛顿-莱布尼兹公式

在区间 $[a,b]$ 上，$F(x)$ 是 $f(x)$ 的一个原函数，那么
$$\int_a^b f(x)\mathrm{d}x = [F(x)]_a^b = F(b) - F(a).$$

3. 定积分的计算

（1）直接积分法；

（2）换元积分法（要注意换元换限）；

（3）分部积分法.

4. 定积分的应用

（1）计算平面图形的面积；

（2）计算旋转体的体积；

（3）计算平面曲线的弧长；

（4）计算变力所做的功；

（5）计算液体的压力；

（6）计算连续函数的平均值.

复习题五

1. 填空题：

（1）$\int_1^1 \mathrm{e}^{x^2}\mathrm{d}x = $ _____；

（2）$\int_0^1 \mathrm{d}x = $ _____；

（3）$\int_0^3 \mathrm{e}^{-\frac{(x-1)^2}{4}}\mathrm{d}x$ 经过 $u = \dfrac{x-1}{2}$ 代换后，变量 u 的积分上限是 _____，积分下限是

_____ ;

(4) 设 $F(x) = \int_x^{x^2} (x^2 - \sin\pi x)\mathrm{d}x$，则 $F'(x) =$ _____ ;

(5) 曲线 $xy = 1$ 和直线 $y = 1, y = 4$ 及 y 轴所围成的平面图形绕 y 轴旋转而成的旋转体的体积为 _____ .

2. 计算下列定积分：

(1) $\displaystyle\int_3^4 \frac{x^2 + x - 6}{x - 2}\mathrm{d}x$；

(2) $\displaystyle\int_{\frac{\pi}{6}}^{\frac{\pi}{3}} \frac{\cos 2x}{\cos^2 x \sin^2 x}\mathrm{d}x$；

(3) $\displaystyle\int_{-2}^{-1} \frac{1}{(11 + 5x)^3}\mathrm{d}x$；

(4) $\displaystyle\int_1^{\mathrm{e}} \frac{1 + \ln x}{x}\mathrm{d}x$；

(5) $\displaystyle\int_0^1 x^2 \arctan x \, \mathrm{d}x$.

3. 求抛物线 $y = -x^2 + 4x - 3$ 及其在点 $(0, -3)$ 和点 $(3, 0)$ 处的切线所围成的平面图形的面积.

4. 在抛物线 $y^2 = 2(x - 1)$ 上横坐标等于 3 的点处作一条切线，试求由所作切线及 x 轴与抛物线围成的图形绕 x 轴旋转而成的旋转体的体积.

第六章

微分方程简介

本章介绍微分方程的一些基本概念,一阶微分方程中常见类型、可降阶的二阶微分方程和二阶常系数线性微分方程,初步介绍微分方程的简单应用.

§6-1　微分方程的概念

学习目标

1. 知道微分方程、微分方程的阶、微分方程的解的概念.
2. 会验证函数是否是微分方程的解.

任务引入

一条曲线通过点$(1,2)$,且在该曲线上任意一点 $P(x,y)$处的切线的斜率都为 $3x^2$,求这条曲线的方程.

主要知识

▶▶ 一、微分方程的定义

定义 1　含有未知函数的导数(或微分)的方程称为**微分方程**.

如果微分方程中的未知函数只含一个自变量,这样的微分方程称为**常微分方程**.

例如,$y'=x^2$,$xy\mathrm{d}x+(1+x^2)\mathrm{d}y=0$,$y''+y'=0$ 等都是常微分方程.

定义 2　微分方程中未知函数的最高阶导数的阶数称为**微分方程的阶**.

例如，方程 $y'=x^2$，$xy\mathrm{d}x+(1+x^2)\mathrm{d}y=0$ 是一阶微分方程，$y''+y'=0$ 是二阶微分方程.

▶▶ 二、微分方程解的概念

定义 3　如果将函数 $y=f(x)$ 代入微分方程后能使方程成为恒等式，这个函数就称为该微分方程的一个**解**.

求微分方程解的过程，叫作解微分方程.

微分方程的解有两种形式：如果解中含任意常数，且独立（即不能合并）的任意常数的个数与方程阶数相同，这样的解称为微分方程的**通解**；不含任意常数的解，称为微分方程的**特解**.

例如，$y=x^2+C$（C 是任意常数）就是微分方程 $y'=2x$ 的通解，而 $y=x^2$ 是它的一个特解.

通常我们用未知函数及其各阶导数在某个特定点的值作为确定通解中任意常数的条件，这一条件称为**初始条件**.

例如，$y|_{x=1}=2$ 是 $y'=2x$ 的初始条件，它的通解是 $y=x^2+C$，将初始条件代入通解后，可得 $C=1$，由此可得它的一个特解 $y=x^2+1$.

一般地，一阶微分方程的初始条件为：$y(x_0)=y_0$ 或 $y|_{x=x_0}=y_0$；二阶微分方程的初始条件为：$y(x_0)=y_0$，$y'(x_1)=y_1$ 或 $y|_{x=x_0}=y_0$，$y'|_{x=x_1}=y_1$.

例 1　验证函数 $y=C_1\mathrm{e}^x+C_2\mathrm{e}^{-x}$（$C_1$，$C_2$ 为任意常数）是二阶微分方程 $y''-y'=0$ 的通解，并求方程满足初始条件 $y|_{x=0}=0$，$y'|_{x=1}=1$ 的特解.

解　$y=C_1\mathrm{e}^x+C_2\mathrm{e}^{-x}$，

$\quad\quad y'=C_1\mathrm{e}^x-C_2\mathrm{e}^{-x}$，

$\quad\quad y''=C_1\mathrm{e}^x+C_2\mathrm{e}^{-x}$，

将 y，y' 和 y'' 代入方程左端得

$$y''-y=(C_1\mathrm{e}^x+C_2\mathrm{e}^{-x})-(C_1\mathrm{e}^x+C_2\mathrm{e}^{-x})=0.$$

所以函数 $y=C_1\mathrm{e}^x+C_2\mathrm{e}^{-x}$ 是微分方程的解. 又因为这个解中有两个独立的任意常数，与方程的阶数相同，所以它是方程的通解.

再由初始条件 $y|_{x=0}=0$ 得 $C_1+C_2=0$，由 $y'|_{x=1}=1$ 得 $C_1-C_2=1$，所以

$$C_1=\frac{1}{2},C_2=-\frac{1}{2},$$

于是方程满足初始条件的特解为

$$y=\frac{1}{2}\mathrm{e}^x-\frac{1}{2}\mathrm{e}^{-x}.$$

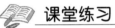**任务实施**

我们现在用微分方程的知识来解决开始时提出的问题.

解 根据导数的几何意义,所求曲线 $y=f(x)$ 应满足方程

$$\frac{\mathrm{d}y}{\mathrm{d}x}=3x^2,\tag{1}$$

并且未知函数还应满足

$$x=1 \text{ 时}, y=2.$$

方程(1)两边积分得

$$y=\int 3x^2\mathrm{d}x, \text{即 } y=x^3+C,\tag{2}$$

其中 C 是任意常数.

再把条件 $x=1$ 时, $y=2$ 代入方程(2)得

$$2=1^3+C.$$

于是 $C=1$,代入方程(2),可得所求曲线方程为

$$y=x^3+1.$$

课堂练习

1. 指出下列方程的阶、自变量和未知函数:

(1) $\dfrac{\mathrm{d}x}{\mathrm{d}t}+P(t)x=Q(t)$;　　　　(2) $\dfrac{\mathrm{d}^2 y}{\mathrm{d}x^2}+a(x)\dfrac{\mathrm{d}y}{\mathrm{d}x}+b(x)y=f(x)$;

(3) $\left(\dfrac{\mathrm{d}y}{\mathrm{d}x}\right)^2-4y=0$;　　　　(4) $\dfrac{\mathrm{d}^2\varphi}{\mathrm{d}t^2}+\dfrac{g}{l}\sin\varphi=0$,其中 g,l 是常数.

2. 验证所给函数是已知微分方程的解,并说明是通解还是特解:

(1) $x^2+y^2=C(C>0)$, $y'=-\dfrac{x}{y}$;

(2) $y=\dfrac{\sin x}{x}$, $xy'+y=\cos x$.

习题 6-1

1. 试验证:函数 $y=C_1\mathrm{e}^x+C_2\mathrm{e}^{-2x}$ 是微分方程

$$\frac{\mathrm{d}^2 y}{\mathrm{d}x^2}+\frac{\mathrm{d}y}{\mathrm{d}x}-2y=0$$

的通解,并求满足初始条件 $y|_{x=0}=1$, $y'|_{x=0}=1$ 的特解.

2. 试写出由下列条件确定的曲线所满足的微分方程及初始条件：

(1) 曲线过点 $(0,-2)$，且曲线上任一点 (x,y) 处切线的斜率都比这点的纵坐标大 3；

(2) 曲线过点 $(0,2)$，且曲线上任一点 (x,y) 处切线的斜率是这点的纵坐标的 3 倍.

§6-2 一阶微分方程

学习目标

1. 会解可分离变量的微分方程.

2. 能用公式法解一阶线性微分方程，了解用常数变易法解一阶线性微分方程.

3. 了解微分方程的实际应用.

任务引入

连结 $A(0,1)$ 和 $B(1,0)$ 两点的一条曲线，它位于弦 AB 的上方，$P(x,y)$ 为曲线上任意一点，已知曲线与弦 AP 所围图形的面积为 x^3，求曲线方程.

主要知识

▶▶一、可分离变量的微分方程

形如

$$\frac{\mathrm{d}y}{\mathrm{d}x} = f(x)g(y) \tag{6-1}$$

的方程，称为**可分离变量的微分方程**. 这里 $f(x)$，$g(y)$ 分别是 x，y 的连续函数.

可分离变量的微分方程的求解步骤：

(1) 分离变量 $\dfrac{\mathrm{d}y}{g(y)} = f(x)\mathrm{d}x(g(y)\neq 0)$；

(2) 两边积分 $\displaystyle\int \dfrac{\mathrm{d}y}{g(y)} = \int f(x)\mathrm{d}x$ 得出通解.

例 1 解方程 $\dfrac{\mathrm{d}y}{\mathrm{d}x} = -\dfrac{x}{y}$.

解 将变量分离，得到

$$y\mathrm{d}y = -x\mathrm{d}x,$$

两边积分得

$$\int y \mathrm{d}y = -\int x \mathrm{d}x,$$

即

$$\frac{y^2}{2} = -\frac{x^2}{2} + C_1 \text{(其中 } C_1 \text{ 为任意常数)},$$

化简得

$$y^2 = -x^2 + C \text{(这里 } C = 2C_1\text{)}.$$

从而方程的通解为 $x^2 + y^2 = C$（C 为任意常数）.

例 2 解方程 $xy^2 \mathrm{d}x + (1+x^2)\mathrm{d}y = 0$.

解 原方程可改写为

$$(1+x^2)\mathrm{d}y = -xy^2 \mathrm{d}x,$$

$y \neq 0$ 时，分离变量得

$$\frac{\mathrm{d}y}{y^2} = -\frac{x}{1+x^2}\mathrm{d}x,$$

两边积分得

$$\int \frac{\mathrm{d}y}{y^2} = -\int \frac{x}{1+x^2}\mathrm{d}x,$$

即

$$\frac{1}{y} = \frac{1}{2}\ln(1+x^2) + C_1.$$

令 $C_1 = \ln C(C > 0)$，于是有

$$\frac{1}{y} = \ln(C\sqrt{1+x^2})$$

或

$$y = \frac{1}{\ln(C\sqrt{1+x^2})}.$$

这就是所求微分方程的通解.

例 3 求方程 $\dfrac{\mathrm{d}y}{\mathrm{d}x} = 10^{x+y}$ 满足初始条件 $y\big|_{x=1} = 0$ 的特解.

解 原方程可改写为

$$\frac{\mathrm{d}y}{\mathrm{d}x} = 10^x \cdot 10^y,$$

分离变量得

$$10^{-y}\mathrm{d}y = 10^x \mathrm{d}x,$$

两边积分得

$$-10^{-y}\frac{1}{\ln 10} = 10^x \frac{1}{\ln 10} + C_1,$$

即

$$10^x + 10^y = -C_1 \ln 10.$$

令 $C = -C_1 \ln 10$，于是

$$10^x + 10^{-y} = C.$$

把初始条件 $y\big|_{x=1} = 0$ 代入上式，求得 $C = 11$. 于是所求微分方程的特解为

$$10^x + 10^{-y} = 11.$$

▶▶二、一阶线性微分方程

形如

$$\frac{\mathrm{d}y}{\mathrm{d}x}+P(x)y=Q(x) \qquad (6\text{-}2)$$

的微分方程，称为**一阶线性微分方程**，其中 $P(x)$，$Q(x)$ 都是已知的连续函数.

若 $Q(x)\equiv0$，上式变为

$$\frac{\mathrm{d}y}{\mathrm{d}x}+P(x)y=0, \qquad (6\text{-}3)$$

称为**一阶齐次线性微分方程**.

若 $Q(x)\neq0$，方程(6-2)称为一阶非齐次线性微分方程.

1. 一阶齐次线性微分方程 $(x)\dfrac{\mathrm{d}y}{\mathrm{d}x}+Py=0$ 的解法

$y\neq0$ 时，分离变量后得

$$\frac{\mathrm{d}y}{y}=-P(x)\mathrm{d}x,$$

两端积分有
$$\ln|y|=-\int P(x)\mathrm{d}x+C_1,$$

这里的 C_1 是任意常数. 由对数定义，即有

$$|y|=\mathrm{e}^{-\int P(x)\mathrm{d}x+C_1},$$

即
$$y=\pm\mathrm{e}^{C_1}\cdot\mathrm{e}^{-\int P(x)\mathrm{d}x}.$$

令 $\pm\mathrm{e}^{C_1}=C$，得到

$$y=C\mathrm{e}^{-\int P(x)\mathrm{d}x}. \qquad (6\text{-}4)$$

这是方程 $\dfrac{\mathrm{d}y}{\mathrm{d}x}+P(x)y=0$ 的通解，其中 C 为任意常数，$\int P(x)\mathrm{d}x$ 只取 $P(x)$ 的一个原函数.

2. 一阶非齐次线性微分方程 $\dfrac{\mathrm{d}y}{\mathrm{d}x}+P(x)y=Q(x)$ 的解法

不难看出一阶齐次线性微分方程(6-3)是一阶非齐次线性微分方程(6-2)的特殊情形，两者既有联系又有区别.

我们设想：在 $y=C\mathrm{e}^{-\int P(x)\mathrm{d}x}$ 中，将常数 C 变易为 x 的待定函数 $C(x)$，使它满足方程(6-2). 为此，令

$$y=C(x)\mathrm{e}^{-\int P(x)\mathrm{d}x}.$$

两边对 x 求导得

$$\frac{\mathrm{d}y}{\mathrm{d}x}=C'(x)\mathrm{e}^{-\int P(x)\mathrm{d}x}-P(x)C(x)\mathrm{e}^{-\int P(x)\mathrm{d}x},$$

将 y 和 $\dfrac{\mathrm{d}y}{\mathrm{d}x}$ 代入方程(6-2)得

$$C'(x)\mathrm{e}^{-\int P(x)\mathrm{d}x} - P(x)C(x)\mathrm{e}^{-\int P(x)\mathrm{d}x} + P(x)C(x)\mathrm{e}^{-\int P(x)\mathrm{d}x} = Q(x),$$

所以

$$C'(x)\mathrm{e}^{-\int P(x)\mathrm{d}x} = Q(x),$$

即

$$C'(x) = Q(x)\mathrm{e}^{\int P(x)\mathrm{d}x},$$

两边积分得

$$C(x) = \int Q(x)\mathrm{e}^{\int P(x)\mathrm{d}x}\mathrm{d}x + C.$$

这里的 C 是任意常数. 从而得一阶非齐次线性微分方程(6-2)的通解:

$$y = \mathrm{e}^{-\int P(x)\mathrm{d}x}\left[\int Q(x)\mathrm{e}^{\int P(x)\mathrm{d}x}\mathrm{d}x + C\right]. \tag{6-5}$$

我们注意到上面的通解可以写成

$$y = C\mathrm{e}^{-\int P(x)\mathrm{d}x} + \mathrm{e}^{-\int P(x)\mathrm{d}x}\int Q(x)\mathrm{e}^{\int P(x)\mathrm{d}x}\mathrm{d}x.$$

其中第一项是方程 $\dfrac{\mathrm{d}y}{\mathrm{d}x} + P(x)y = 0$ 的通解,第二项是方程 $\dfrac{\mathrm{d}y}{\mathrm{d}x} + P(x)y = Q(x)$ 的一个特解. 所以,一阶非齐次线性微分方程的通解等于它所对应的齐次线性微分方程的通解与它的一个特解之和. 这就是一阶非齐次线性微分方程通解的结构.

由此,我们得到求一阶非齐次线性微分方程通解的方法. 求解步骤如下:

(1) 先求出一阶非齐次线性微分方程所对应的齐次线性方程的通解 $y = C\mathrm{e}^{-\int P(x)\mathrm{d}x}$;

(2) 把上述通解中的常数 C 换成待定函数 $C(x)$,确定出 $C(x)$,从而得到方程 $\dfrac{\mathrm{d}y}{\mathrm{d}x} + P(x)y = Q(x)$ 的通解.

这种方法称为**常数变易法**.

例 4　求方程 $x^2\mathrm{d}y + (2xy - x + 1)\mathrm{d}x = 0$ 的通解.

解　先将其化为形式

$$\frac{\mathrm{d}y}{\mathrm{d}x} + \frac{2}{x}y = \frac{x-1}{x^2},$$

这是一阶非齐次微分方程.

方法 1　用常数变易法求解.

先求对应的齐次线性微分方程 $\dfrac{\mathrm{d}y}{\mathrm{d}x} + \dfrac{2}{x}y = 0$ 的通解.

分离变量得
$$\frac{\mathrm{d}y}{y} = -\frac{2}{x}\mathrm{d}x,$$

两端积分得
$$\ln|y| = -2\ln|x| + C_1,$$

化简得
$$y = Cx^{-2}.$$

再设原方程的通解为 $y = C(x)x^{-2}$,则

$$y' = C'(x)x^{-2} - 2C(x)x^{-3},$$

代入原方程得 $$C'(x)x^{-2} = (x-1)x^{-2},$$

即 $$C'(x) = x-1,$$

两端积分得 $$C(x) = \frac{1}{2}x^2 - x + C,$$

所以方程的通解为 $$y = \left(\frac{x^2}{2} - x + C\right)x^{-2},$$

即 $$y = \frac{1}{2} - \frac{1}{x} + \frac{C}{x^2}.$$

方法 2 直接利用通解公式.

因为 $P(x) = \frac{2}{x}$, $Q(x) = \frac{x-1}{x^2}$, 代入公式(6-5)得方程通解为

$$y = e^{-\int \frac{2}{x}dx}\left(\int \frac{x-1}{x^2}e^{\int \frac{2}{x}dx}dx + C\right) = e^{-2\ln|x|}\left(\int \frac{x-1}{x^2}e^{2\ln|x|}dx + C\right)$$

$$= \frac{1}{x^2}\left(\int(x-1)dx + C\right) = \frac{1}{x^2}\left(\frac{x^2}{2} - x + C\right).$$

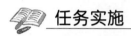 **任务实施**

下面我们来解决前面提出的问题.

解 如图 6-1 所示,设所求曲线 $\overset{\frown}{APB}$ 的方程为 $y = f(x)$. 为求得曲线 $\overset{\frown}{AP}$ 与弦 AP 之间的面积,过点 P 作 $PC \perp x$ 轴,则梯形 $OCPA$ 的面积为

$$\frac{1}{2}x(1+y).$$

由定积分的几何意义,曲边梯形 $OCPA$ 的面积为

$$\int_0^x ydx,$$

依题设,有 $$\int_0^x ydx - \frac{1}{2}x(1+y) = x^3.$$

上式两边对 x 求导,并整理得一阶线性微分方程

$$y' - \frac{1}{x}y = -6x - \frac{1}{x}.$$

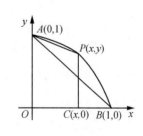

图 6-1

这里 $P(x) = -\frac{1}{x}$, $Q(x) = -6x - \frac{1}{x}$.

由一阶非齐次线性微分方程的通解公式(6-5),得

$$y = e^{\int \frac{1}{x}dx}\left[C - \int\left(6x + \frac{1}{x}\right)e^{-\int \frac{1}{x}dx}dx\right] = Cx - 6x^2 + 1.$$

又因曲线过点 $A(0,1)$ 和 $B(1,0)$,将 $x=1$, $y=0$ 代入通解中,得 $C=5$.

故所求曲线方程为

$$y = -6x^2 + 5x + 1.$$

 课堂练习

解下列微分方程：

(1) $\sqrt{y^2+1}\,\mathrm{d}x = xy\,\mathrm{d}y$；　　　(2) $xy' + y = x^2 + 3x + 2$.

 应用举例

例 5　设有一个由电阻 $R = 10\ \Omega$，电感 $L = 2\ \mathrm{H}$ 和电源电压 $E = 20\sin 5t(\mathrm{V})$ 串联组成的电路(图 6-2)，开关 S 合上后，电路中有电流通过，求电流 i 与时间 t 的函数关系.

解　当电流 $i(t)$ 变化时，电阻上的电压为 iR，电感 L 上的感应电动势为 $L\dfrac{\mathrm{d}i}{\mathrm{d}t}$，根据回路电压定律，得方程

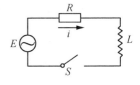

图 6-2

$$iR + L\frac{\mathrm{d}i}{\mathrm{d}t} = 20\sin 5t,$$

即

$$\frac{\mathrm{d}i}{\mathrm{d}t} + \frac{R}{L}i = \frac{20}{L}\sin 5t.$$

将 $R = 10\ \Omega, L = 2\ \mathrm{H}$ 代入以上方程，得

$$\frac{\mathrm{d}i}{\mathrm{d}t} + 5i = 10\sin 5t.$$

这是一阶非齐次微分方程，代入通解公式后，得到它的通解为

$$i(t) = \mathrm{e}^{-5t}\left[(\sin 5t - \cos 5t)\mathrm{e}^{5t} + C\right].$$

将初始条件 $i|_{t=0} = 0$ 代入通解后，得 $C = 1$，于是所求电流函数为

$$i(t) = \mathrm{e}^{-5t} + \sqrt{2}\sin\left(5t - \frac{\pi}{4}\right).$$

习题 6-2

A 组

1. 解下列微分方程：

(1) $\dfrac{\mathrm{d}y}{\mathrm{d}x} = \sqrt{\dfrac{1-y^2}{1-x^2}}(|x| < 1, |y| < 1)$；

(2) $xy\,\mathrm{d}x + (x+1)\,\mathrm{d}y = 0, y(0) = 2$.

2. 求下列微分方程的通解：

$(1) y' + 2xy = xe^{-x^2};$ $\qquad\qquad$ $(2)(x^2-1)y' + 2xy - \cos x = 0.$

3. 一平面曲线过点 $P(1,1)$，且其上任一点 $M(x,y)$ 处的切线与该点到原点的连线 OM 垂直，求此曲线方程.

B 组

1. 解微分方程：$x(y^2-1)dx + y(x^2-1)dy = 0.$

2. 解微分方程：$\dfrac{dy}{dx} = \dfrac{y}{x+2y^3}.$

3. 曲线 $y = y(x)$ 过点 $\left(0, \dfrac{1}{2}\right)$，其上任一点 (x,y) 处的切线斜率为 $x\ln(1+x^2)$，求曲线的方程.

§6-3 二阶常系数线性微分方程

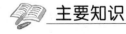

学习目标

1. 能用特征根法求二阶常系数齐次线性微分方程的通解.
2. 了解二阶常系数非齐次线性微分方程的解法.

任务引入

在电感 L 和电容 C 的串联电路中，当开关 K 合上后，电源 $E = U\sin\omega t$ 向电容充电，如图 6-3 所示，求电容器上电压 u_C 的变化规律.

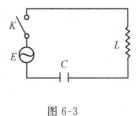

图 6-3

主要知识

▶▶▶ 一、二阶常系数线性微分方程解的结构

方程

$$y'' + py' + qy = 0, \tag{6-6}$$

其中 p, q 是常数，称为**二阶常系数齐次线性微分方程**.

设函数 y_1 和 y_2 不恒等于零，如果存在一常数 C，使 $y_1 = Cy_2$，那么称 y_1 和 y_2 **线性相**

关；否则称**线性无关**.

定理 1 如果 y_1 和 y_2 是齐次线性微分方程(6-6)的两个线性无关的特解，那么

$$y = C_1 y_1 + C_2 y_2$$

就是方程(6-6)的通解，其中 C_1 和 C_2 是任意常数.

容易验证 $y_1 = \sin 2x$ 与 $y_2 = \cos 2x$ 是二阶齐次线性微分方程 $y'' + 4y = 0$ 的两个特解，而 $\dfrac{y_2}{y_1} = \dfrac{\cos 2x}{\sin 2x} = \cot 2x$ 不恒为常数，即 y_1 和 y_2 是线性无关的，所以 $y = C_1 \sin 2x + C_2 \cos 2x$ 是方程 $y'' + 4y = 0$ 的通解.

方程

$$y'' + py' + qy = f(x), \tag{6-7}$$

其中 p, q 是常数，$f(x)$ 不恒等于 0，称为**二阶常系数非齐次线性微分方程**，$f(x)$ 称为**非齐次项**或**自由项**.

定理 2 设 y^* 是二阶非齐次线性微分方程(6-7)的一个特解，$\tilde{y}$ 是方程(6-7)所对应的齐次方程(6-6)的通解，那么

$$y = y^* + \tilde{y} \tag{6-8}$$

是二阶非齐次线性微分方程(6-7)的通解.

例如，方程 $y'' + 4y = x$ 对应的齐次方程 $y'' + 4y = 0$ 的通解为

$$y = C_1 \sin 2x + C_2 \cos 2x,$$

容易验证 $y^* = \dfrac{1}{4}x$ 是该方程的一个特解，因此

$$y = C_1 \sin 2x + C_2 \cos 2x + \frac{1}{4}x$$

是该方程的通解.

▶▶ 二、二阶常系数齐次线性微分方程的解法

由上面解的结构定理可知，求方程(6-6)的通解，关键在于求出方程的两个线性无关的特解 y_1 和 y_2. 在微分方程

$$y'' + py' + qy = 0$$

中，由于 p 和 q 都是常数，通过观察可以看出：若某一函数 $y = y(x)$，它与其一阶导数 y'、二阶导数 y'' 之间仅相差一个常数因子，则它可能是该方程的解.

我们知道，函数 $y = \mathrm{e}^{rx}$（r 是常数）具有这一特性. 由此，设函数 $y = \mathrm{e}^{rx}$ 是方程(6-6)的解，其中 r 是待定的常数，这时将

$$y = \mathrm{e}^{rx}, \quad y' = r\mathrm{e}^{rx}, \quad y'' = r^2 \mathrm{e}^{rx}$$

代入方程(6-6)有

$$\mathrm{e}^{rx}(r^2 + pr + q) = 0.$$

因 $\mathrm{e}^{rx} \neq 0$，若上式成立，必有

$$r^2 + pr + q = 0.$$

由此可见，函数 $y = e^{rx}$ 是方程(6-6)的解的条件为 r 是方程 $r^2 + pr + q = 0$ 的根.

称方程 $r^2 + pr + q = 0$ 为微分方程 $y'' + py' + qy = 0$ 的**特征方程**，特征方程的根 r 称为**特征根**.

按特征方程的根可能出现的三种不同情形分别讨论如下：

(1) 相异实根($r_1 \neq r_2$)

设 r_1, r_2 是特征方程的两个相异实根，这时微分方程的两个特解为

$$y_1 = e^{r_1 x}, y_2 = e^{r_2 x}.$$

由于 $\dfrac{y_2}{y_1} = e^{(r_2 - r_1)x}$ 不等于常数，所以此时方程(6-6)的通解为

$$y = C_1 e^{r_1 x} + C_2 e^{r_2 x}.$$

例 1　求微分方程 $y'' - 6y' + 8y = 0$ 的通解.

解　特征方程 $r^2 - 6r + 8 = 0$ 的两个特征根是

$$r_1 = 2, r_2 = 4.$$

所以方程的通解为

$$y = C_1 e^{2x} + C_2 e^{4x}.$$

(2) 重根($r_1 = r_2 = r$)

这时，只能得到微分方程的一个特解 $y_1 = e^{rx}$，用常数变易法，设 $y_2 = C(x)y_1$ 是方程的另一个与 y_1 线性无关的解，其中 $C(x)$ 不是常数，代入方程(6-6)，容易求出另一个特解 $y_2 = xy_1 = xe^{rx}$.

此时微分方程(6-6)的通解为

$$y = (C_1 + C_2 x)e^{rx}.$$

例 2　求微分方程 $y'' - 6y' + 9y = 0$ 的通解，并求满足初始条件 $y|_{x=0} = 0$ 和 $y'|_{x=0} = 1$ 的特解.

解　特征方程 $r^2 - 6r + 9 = 0$ 的特征根为

$$r_1 = r_2 = 3,$$

所以微分方程的通解为

$$y = (C_1 + C_2 x)e^{3x},$$

两边求导得　　　　　　　　$y' = (3C_1 + C_2 + 3C_2 x)e^{3x},$

将 $x = 0$ 时，$y = 0, y' = 1$ 代入上两式，得

$$C_1 = 0, C_2 = 1,$$

因此，满足初始条件的微分方程的特解为

$$y = xe^{3x}.$$

(3) 共轭复数根

设 $r_1 = \alpha + i\beta, r_2 = \alpha - i\beta$ 是特征方程的一对共轭复根，可以得到方程的通解为

$$y = e^{\alpha x}(C_1 \cos \beta x + C_2 \sin \beta x).$$

例 3 求微分方程 $y''+2y'+10y=0$ 的通解.

解 特征方程 $r^2+2r+10=0$ 的两个特征根为
$$r_1=-1+3i,r_2=-1-3i,$$
所以原方程的通解为
$$y=e^{-x}(C_1\cos3x+C_2\sin3x).$$

根据以上讨论可知二阶常系数齐次线性微分方程可以用代数方法求其通解,求解步骤为:

(1) 写出特征方程,求出特征根;

(2) 根据两根的情况可以按下表写出二阶常系数齐次线性微分方程的通解.

特征方程 $r^2+pr+q=0$ 的根的情形	方程 $y''+py'+qy=0$ 的通解
相异实根($r_1\neq r_2$)	$y=C_1e^{r_1x}+C_2e^{r_2x}$
重根($r_1=r_2=r$)	$y=(C_1+C_2x)e^{rx}$
共轭复根 $r_1=\alpha+i\beta,r_2=\alpha-i\beta$	$y=e^{\alpha x}(C_1\cos\beta x+C_2\sin\beta x)$

 **课堂练习**

求下列微分方程的通解:

(1) $y''+y'-2y=0$;   (2) $y''-3y=0$.

▶▶ 三、二阶常系数非齐次线性微分方程的解法

由定理 2 可知,求二阶常系数非齐次线性微分方程的通解,只要求出该方程的一个特解 y^* 和它对应的齐次微分方程的通解 $\tilde{y}$ 即可.

下面我们对方程(6-7)中 $f(x)$ 的两种特殊情况,分别给出解法.

(1) $f(x)=P_m(x)e^{\lambda x}$

这里 $P_m(x)=a_0x^m+a_1x^{m-1}+\cdots+a_m$ 为 m 次多项式,λ 为实常数.此时方程(6-7)有形如

$$y^*=x^kQ_m(x)e^{\lambda x} \tag{6-9}$$

的特解.其中 $Q_m(x)=A_0x^m+A_1x^{m-1}+\cdots+A_m$ 为待定函数,$A_0,A_1,\cdots,A_m$ 为待定系数.$A_0,A_1,\cdots,A_m$ 及 k 按下列法则确定:

① 若 λ 不是齐次方程 $y''+py'+qy=0$ 的特征根,则取 $k=0$;

② 若 λ 是齐次方程的特征单根,则取 $k=1$;

③ 若 λ 是齐次方程的特征重根,则取 $k=2$;

④ $A_0,A_1,\cdots,A_m$ 的确定,只需将 y^* 代入原方程中,比较同次项系数即可得到(当 λ 为复常数时,结论也成立).

例 4 求微分方程 $y''-3y'+2y=(2x+1)\mathrm{e}^x$ 的通解.

解 原方程对应的齐次方程为

$$y''-3y'+2y=0,$$

其特征方程为 $r^2-3r+2=0$,解得特征根为 $r_1=1,r_2=2$.

故齐次方程的通解为

$$\widetilde{y}=C_1\mathrm{e}^x+C_2\mathrm{e}^{2x}.$$

因为原方程的自由项为 $f(x)=(2x+1)\mathrm{e}^x$,这里 $\lambda=1$ 是特征方程的单根,故可设原方程有特解:

$$y^*=x(Ax+B)\mathrm{e}^x,$$

代入原方程,整理得 $\qquad -2Ax+2A-B=2x+1,$

比较同次项系数,得 $\qquad -2A=2,\ 2A-B=1,$

即 $\qquad A=-1,B=-3,$

于是求得原方程的一个特解为

$$y^*=-x(x+3)\mathrm{e}^x,$$

从而所求的通解为

$$y=C_1\mathrm{e}^x+C_2\mathrm{e}^{2x}-x(x+3)\mathrm{e}^x.$$

(2) $f(x)=(a\cos\beta x+b\sin\beta x)\mathrm{e}^{\alpha x}$

这里 a,b,α,β 为常数,且 $\beta>0,a,b$ 不同时为零. 此时方程(6-7)有形如

$$y^*=x^k(A\cos\beta x+B\sin\beta x)\mathrm{e}^{\alpha x} \qquad (6\text{-}10)$$

的特解. 其中 α,β 为常数,A,B 为待定系数,A,B 按下列法则确定:

① 若 $\alpha\pm\mathrm{i}\beta$ 不是齐次方程 $y''+py'+qy=0$ 的特征根,则取 $k=0$;

② 若 $\alpha\pm\mathrm{i}\beta$ 是齐次方程的特征单根,则取 $k=1$;

③ A,B 通过将 y^* 代入原方程中比较系数而确定.

例 5 求微分方程 $y''+4y=(4\cos2x-8\sin2x)\mathrm{e}^x$ 的通解.

解 原方程对应的齐次方程为 $y''+4y=0$,其特征方程为 $r^2+4=0$,解得特征根为 $r_{1,2}=\pm2\mathrm{i}$,故齐次方程的通解为

$$\widetilde{y}=C_1\cos2x+C_2\sin2x.$$

因为原方程的自由项为 $f(x)=(4\cos2x-8\sin2x)\mathrm{e}^x$,这里 $\alpha=1,\beta=2,\alpha+\mathrm{i}\beta=1+2\mathrm{i}$ 不是齐次方程特征根,故可设原方程特解为

$$y^*=(A\cos2x+B\sin2x)\mathrm{e}^x,$$

代入原方程整理得

$$(A+4B)\cos2x+(B-4A)\sin2x=4\cos2x-8\sin2x,$$

比较同类项系数,得

$$A+4B=4,B-4A=-8,$$

即

$$A = \frac{36}{17}, B = \frac{8}{17},$$

从而原方程的一个特解为

$$y^* = \frac{4}{17}(9\cos2x + 2\sin2x)e^x,$$

所以原方程的通解为

$$y = C_1\cos2x + C_2\sin2x + \frac{4}{17}(9\cos2x + 2\sin2x)e^x.$$

用待定系数法求方程(6-7)的特解 y^* 的形式归纳如下表:

$f(x)$ 的形式	特解 y^* 的形式
$P_m(x)e^{\lambda x}$	$y^* = x^k Q_m(x)e^{\lambda x}$ λ 不是特征根，取 $k=0$；λ 是特征方程的单根，取 $k=1$； λ 是特征方程的重根，取 $k=2$
$(a\cos\beta x + b\sin\beta x)e^{\alpha x}$	$y^* = x^k(A\cos\beta x + B\sin\beta x)e^{\alpha x}$ $\alpha \pm i\beta$ 不是特征根，取 $k=0$；$\alpha \pm i\beta$ 是特征方程的根，取 $k=1$

📖 任务实施

下面我们来解决前面提出的问题：

解 根据回路电压定律可知

$$u_L + u_C = U\sin\omega t,$$

由于 $i = C\dfrac{du_C}{dt}$，所以

$$u_L = L\frac{di}{dt} = LC\frac{d^2 u_C}{dt^2},$$

代入上式，得

$$LC\frac{d^2 u_C}{dt^2} + u_C = U\sin\omega t.$$

令 $\dfrac{1}{LC} = k^2, \dfrac{U}{LC} = h$，方程变为

$$u_C'' + k^2 u_C = h\sin\omega t,$$

它的特征方程 $r^2 + k^2 = 0$ 的根为 $r = \pm ki$，对应齐次方程的通解为

$$\tilde{u}_C = C_1\cos kt + C_2\sin kt \ 或 \tilde{u}_C = A\sin(kt + \varphi).$$

　　(1) 如果 $\omega \neq k$，则 $\pm\omega i$ 不是特征根，故设 $u_1^* = A_1\cos\omega t + B_1\sin\omega t$，代入方程可求得

$$A_1 = 0, B_1 = \frac{h}{k^2 - \omega^2},$$

于是

$$u_1^* = \frac{h}{k^2 - \omega^2}\sin\omega t,$$

从而得方程的通解为

$$u_C = A\sin(kt+\varphi) + \frac{h}{k^2-\omega^2}\sin\omega t.$$

（2）如果 $\omega=k$，则 $\pm\omega i$ 是特征根，故设 $u_2^* = t(A_2\cos\omega t + B_2\sin\omega t)$，代入方程可求得

$$A_2 = -\frac{h}{2k}, B_2 = 0,$$

于是
$$u_2^* = -\frac{h}{2k}t\sin\omega t,$$

从而得方程的通解为

$$u_C = A\sin(kt+\varphi) - \frac{h}{2k}t\cos\omega t.$$

以上再把 $\dfrac{1}{LC}=k^2, \dfrac{U}{LC}=h$ 回代即可得所求.

习题 6-3

A 组

1. 选择题：

（1）具有形如 $y=C_1\mathrm{e}^{r_1 x}+C_2\mathrm{e}^{r_2 x}$ 的通解的微分方程为 （ ）

(A) $y''-4y'=0$ (B) $y''+4y'=0$

(C) $y''-4y=0$ (D) $y''+4y=0$

（2）具有形如 $y=(C_1+C_2 x)\mathrm{e}^{rx}$ 的通解的微分方程是 （ ）

(A) $y''+8y'+16y=0$ (B) $y''-4y'-4y=0$

(C) $y''-6y'+8y=0$ (D) $y''-6y'+8y=0$

（3）具有形如 $y=\mathrm{e}^{\alpha x}(C_1\cos\beta x+C_2\sin\beta x)$ 的通解的微分方程是 （ ）

(A) $y''-6y'+9y=0$ (B) $y''-6y'+13y=0$

(C) $y''+9y'=0$ (D) $y''-9y'=0$

2. 求解下列微分方程：

（1）$y''-3y'-4y=0$；   （2）$y''-2y'+y=0$；

（3）$y''+6y'+13y=0$.

3. 求下列方程满足初始条件的特解：

（1）$y''-4y'+3y=0, y|_{x=0}=6, y'|_{x=0}=10$；

（2）$y''+25y=0, y|_{x=0}=2, y'|_{x=0}=5$.

B 组

1. 求下列微分方程的通解：

(1) $y'' + 2y' + y = -2$;　　　　　(2) $y'' + 2y' + 2y = 1 + x$;

(3) $2y'' + y' - y = 2e^x$.

2. 求下列各方程满足初始条件的特解：

(1) $y'' + 2y' = xe^{-x}, y|_{x=0} = 1, y'|_{x=0} = 2$;

(2) $y'' + y + \sin 2x = 0, y|_{x=\pi} = 1, y'|_{x=\pi} = 1$.

本 章 小 结

▶▶▶ 一、微分方程的概念

1. 含有未知函数的导数（或微分）的方程称为微分方程.

2. 微分方程中出现的未知函数的导数的最高阶数，称为微分方程的阶.

3. 如果将一个函数代入微分方程后能使方程成为恒等式，则此函数是微分方程的解；如果解中包含的相互独立的任意常数的个数与微分方程的阶数相同，那么它是微分方程的通解；不含有任意常数的解是微分方程的特解.

▶▶▶ 二、一阶线性微分方程

1. 可分离变量方程 $\dfrac{\mathrm{d}y}{\mathrm{d}x} = f(x)g(y)$.

解法　分离变量 $\dfrac{1}{g(y)}\mathrm{d}y = f(x)\mathrm{d}x$ 后两边积分得通解.

2. 一阶齐次线性方程 $\dfrac{\mathrm{d}y}{\mathrm{d}x} + P(x)y = 0$.

解法　分离变量 $\dfrac{\mathrm{d}y}{y} = -P(x)\mathrm{d}x$ 后两边积分得通解 $y = C\mathrm{e}^{-\int P(x)\mathrm{d}x}$.

3. 一阶线性微分方程 $\dfrac{\mathrm{d}y}{\mathrm{d}x} + P(x)y = Q(x)$.

解法　（1）公式法：通解 $y = \mathrm{e}^{-\int P(x)\mathrm{d}x}\left[\int Q(x)\mathrm{e}^{\int P(x)\mathrm{d}x}\mathrm{d}x + C\right]$.

（2）常数变易法：先求出对应的齐次方程的通解 $y = C\mathrm{e}^{-\int P(x)\mathrm{d}x}$，然后将通解中的任意常数 C 设为 $C(x)$，代入方程后求出 $C(x)$ 得通解.

▶▶▶ 三、二阶常系数线性微分方程

1. 二阶常系数齐次方程 $y'' + py' + q = 0$.

解法（特征根法） 先求出特征方程 $r^2 + pr + q = 0$ 的特征根 r_1, r_2，再根据特征根的三种不同情况，求出其通解.

2. 二阶常系数非齐次方程 $y'' + py' + q = f(x)$.

解法 第一步：先求对应的齐次方程的通解.

第二步：根据 $f(x)$ 已知的两种不同情况利用表格归纳的形式相应求出特解以及通解.

复习题六

1. 指出下列微分方程所属的类型（①可分离变量的微分方程；②一阶齐次线性微分方程；③一阶非齐次线性微分方程）：

(1) $x + y' = 0$；

(2) $\dfrac{\mathrm{d}y}{\mathrm{d}x} = 10^{x+y}$；

(3) $(1 - x^2)y' + xy = 0$；

(4) $(x+1)(y^2+1)\mathrm{d}x + x^2 y^2 \mathrm{d}y = 0$；

(5) $(x+y)\mathrm{d}x + x\mathrm{d}y = 0$；

(6) $x^2 y' - y = x^2 \mathrm{e}^{x - \frac{1}{x}}$.

2. 选择题：

(1) 方程 $y' - 2y = 0$ 的通解是 （ ）

(A) $y = C\sin 2x$ (B) $y = C\mathrm{e}^{-2x}$

(C) $y = C\mathrm{e}^{2x}$ (D) $y = C\mathrm{e}^{x}$

(2) 方程 $(1 - x^2)y - xy' = 0$ 的通解是 （ ）

(A) $y = C\sqrt{1 - x^2}$ (B) $y = \dfrac{C}{\sqrt{1 - x^2}}$

(C) $y = Cx\mathrm{e}^{-\frac{1}{2}x^2}$ (D) $y = -\dfrac{1}{2}x^3 + Cx$

(3) 以 e^x 和 $\mathrm{e}^x \sin x$ 为特解的二阶常系数齐次线性微分方程是 （ ）

(A) $y'' - y' + y = 0$ (B) $y'' - 2y' + 2y = 0$

(C) $y'' + y = 0$ (D) 无这样的方程

(4) 方程 $y'' + 2y' + 2y = \mathrm{e}^{-x}$ 的一个特解具有形式 （ ）

(A) $y = a\mathrm{e}^{-x}$ (B) $y = ax\mathrm{e}^{-x}$

(C) $y = ax^2\mathrm{e}^{-x}$ (D) $y = (ax + b)\mathrm{e}^{-x}$

(5) 方程 $y'' + 2y' + 5y = \sin 2x$ 的一个特解具有形式 （ ）

(A) $y = x(a\sin 2x)$ (B) $y = a\sin 2x$

(C) $y = x(a\sin 2x + b\cos 2x)$ (D) $y = a\sin 2x + b\cos 2x$

3. 求下列微分方程的通解或满足初始条件的特解：

(1) $y' + y = \cos x$；

(2) $y'-\dfrac{xy}{1+x^2}=1+x, y\big|_{x=0}=1$.

4. 求下列微分方程的通解或满足初始条件的特解：

(1) $4y''-8y'+5y=0$；

(2) $y''+2y'+5y=0$；

(3) $y''-4y'+3y=0, y\big|_{x=0}=6, y'\big|_{x=0}=10$；

(4) $y''-2y'+2y=0, y\big|_{x=0}=0, y'\big|_{x=0}=1$.

5. 求下列线性非齐次微分方程的特解：

(1) $y''+2y'+y=-2$；

(2) $2y''+y'-y=2e^x$.

6. 曲线过点 $(3,4)$，其上任一点 $P(x,y)$ 处的切线夹在两坐标轴间的部分被切点平分，求该曲线的方程.

7. 在如图所示的电路中若将开关 K 拨向 A，达到其稳定状态后再将 K 拨向 B，求回路中电容 C 上电压 $u(t)$ 及电流 $i(t)$ 的变化规律. 已知 $E=20(\mathrm{V}), C=0.5\times10^{-6}(\mathrm{F}), L=0.1(\mathrm{H}), R=2000(\Omega)$.

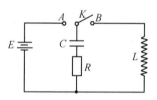

拓展阅读

奇妙的微分方程

微分方程理论是在 17 世纪末开始，与微积分学一起成长并发展起来的. 早在牛顿、莱布尼兹时代，当时的数学家们谋求用微积分解决愈来愈多的物理问题，他们很快发现必须面对这样一类新问题：比较简单的问题可以引用初等函数计算的积分，而某些比较困难的问题则引出不能用初等函数表达的积分(如椭圆积分)，这两类问题都属于微积分的常规问题. 解决更为复杂的问题就需要专门的技巧，这样微分方程学科就应时兴起了.

微积分的创立者牛顿和莱布尼兹在用微积分解决物理问题的过程中，也提出和解决了许多重要的常微分方程.

牛顿研究了著名的"三体问题"：月球在太阳和地球引力作用下的运动状态，从中引出了一种常微分方程并构造了它的解.

莱布尼兹探讨了形如

$$y = \frac{dx}{dy} f(x) \cdot q(y)$$

的方程,并用变量分离法给出了它的解.

随着一阶常微分方程的大量出现,二阶和高阶常微分方程以及常微分方程组也相继出现.这些方程也都是在解常规问题的过程中得到的.欧拉(L. Euler,1707—1783)和丹尼尔·伯努利(Daniel Bernoulli,1700—1782)在这方面做出了突出贡献.

例如,欧拉于 1743 年提出形如

$$Ay + B\frac{dy}{dx} + C\frac{d^2 y}{dx^2} + D\frac{d^3 y}{dx^3} + \cdots + L\frac{d^n y}{dx^n} = 0$$

的常系数一般线性方程.至此,所积累的常微分方程知识已达到足够建立一门独立分支学科的程度,在 18 世纪中叶,常微分方程论便应运而生了.

微分方程理论的重要性是人们早就公认了的,它是各种自然科学中精确表述基本定律和各种问题的根本工具之一.换言之,只要列出了相应的微分方程,并且有了解(数值地或定性地)这种方程的方法,人们就得以预见到,在已知条件下这种或那种运动过程将怎么进行,或者为了实现人们所希望的某种运动,应该怎样设计必要的装置和条件等.总之,微分方程从它诞生起就日益成为人类认识并改造自然的有力工具,成为数学联系实际的主要途径之一.

如今,微分方程在科技、工程、经济管理以及生态、环境、人口、交通等各个领域中都有着广泛的应用.例如,研究弹性物体的振动,电阻、电容、电感电路的瞬变,热量在介质中的传播,抛射体的轨道,以及污染物浓度的变化,人口增长的预测,种群数量的演变,交通流量的控制等.

建立微分方程只是解决问题的第一步,通常还需要求出方程的解来说明实际现象,并加以检验.如果能得到解析形式的解固然是便于分析和应用的,但是,只有线性常系数微分方程,并且自由项是某些特殊类型的函数时,才可能得到这样的解,而绝大多数变系数方程、非线性方程都是所谓"解不出来"的,即使看起来非常简单的方程,如

$$\frac{dy}{dx} = y^2 + x^2.$$

于是,对于用微分方程解决实际问题来说,数值法是一个十分重要的手段,计算机技术和数学软件的飞速发展,使其日益成为研究微分方程实际应用的快速、有效的重要工具.

在长达 3 个世纪的不断发展过程中,微分方程学科一方面直接从与生产实践联系的其他科学技术中汲取活力,另一方面又不断以数学科学的成就来武装自己,所以它的问题和解决方法越来越多.时至今日,微分方程依然是最有生命力的数学分支之一.

第七章

无穷级数简介

无穷级数是高等数学的重要组成部分,它在研究函数、表示函数和进行数值计算中有着广泛应用.本章介绍无穷级数的基本概念,重点讨论傅立叶级数.

 主要知识

▶▶▶ 一、无穷级数的概念及其收敛性

定义 1 设 $u_1, u_2, \cdots, u_n, \cdots$ 是一个给定的数列,则下式

$$u_1 + u_2 + \cdots + u_n + \cdots \tag{7-1}$$

简记为 $\sum\limits_{n=1}^{\infty} u_n$,称为(常数项)**无穷级数**,简称**级数**.其中第 n 项 u_n 称为级数的**一般项**.

用 S_n 表示级数(7-1)的前 n 项和,即

$$S_n = \sum_{i=1}^{n} u_i = u_1 + u_2 + \cdots + u_n, \tag{7-2}$$

称为级数(7-1)的**部分和**.当 $n \to \infty$ 时,若部分和 S_n 所构成的数列

$$S_1, S_2, \cdots, S_n, \cdots$$

有极限,即存在极限

$$S = \lim_{n \to \infty} S_n,$$

则称无穷级数(7-1)**收敛**,极限 S 称为**级数**(7-1)的和,写成

$$S = \sum_{n=1}^{\infty} u_n = u_1 + u_2 + \cdots + u_n + \cdots.$$

如果当 $n \to \infty$ 时,部分和数列无极限,则称无穷级数(7-1)**发散**.

当级数收敛时,其和与部分和的差

$$r_n = S - S_n = u_{n+1} + u_{n+2} + \cdots$$

称为级数的**余项**.

例 1 无穷级数

$$\sum_{n=1}^{\infty} aq^{n-1} = a + aq + aq^2 + \cdots + aq^{n-1} + \cdots \tag{7-3}$$

称为**几何级数**(或**等比级数**),其中 $a \neq 0$,q 称为级数的**公比**. 试讨论它的收敛性.

解 (1) 设 $q \neq 1$,则

$$S_n = a + aq + aq^2 + \cdots + aq^{n-1} = \frac{a}{1-q} - \frac{aq^n}{1-q}.$$

① 当 $|q| < 1$ 时,由于 $\lim_{n \to \infty} q^n = 0$,则 $\lim_{n \to \infty} S_n = \frac{a}{1-q}$,此时级数(7-3)收敛,其和为 $\frac{a}{1-q}$;

② 当 $|q| > 1$ 时,$\lim_{n \to \infty} S_n = \infty$,此时级数(7-3)发散.

(2) 设 $q = 1$,则级数(7-3)成为

$$a + a + \cdots + a + \cdots.$$

由于 $S_n = na$,则 $\lim_{n \to \infty} S_n = \infty$,此时级数(7-3)发散.

(3) 当 $q = -1$ 时,级数成为

$$a - a + a - a + \cdots + a - a + \cdots.$$

当 n 为偶数时,$S_n = 0$,当 n 为奇数时,$S_n = a$,故 S_n 没有极限,此时级数(7-3)发散.

综合以上讨论,可知几何级数 $\sum_{n=1}^{\infty} aq^{n-1}$,当 $|q| < 1$ 时收敛,其和为 $\frac{a}{1-q}$,当 $|q| \geqslant 1$ 时发散.

▶▶ 二、函数项级数及其收敛性

定义 2 由一个定义在区间 I 上的函数列

$$u_1(x), u_2(x), u_3(x), \cdots, u_n(x), \cdots$$

构成的形如

$$\sum_{n=1}^{\infty} u_n(x) = u_1(x) + u_2(x) + \cdots + u_n(x) + \cdots \tag{7-4}$$

的级数,称为**函数项级数**.

对于每一个确定的 $x_0 \in I$,就相应地有一个常数项级数

$$\sum_{n=1}^{\infty} u_n(x_0) = u_1(x_0) + u_2(x_0) + \cdots + u_n(x_0) + \cdots. \tag{7-5}$$

使级数(7-5)收敛的点 x_0 称为级数(7-4)的收敛点;若(7-5)发散,则 x_0 称为级数(7-4)的发散点. 所有收敛点组成的集合称为函数项级数(7-4)的**收敛域**.

例如,级数

$$1 + x + x^2 + \cdots + x^n + \cdots$$

对于每一个确定的 x，它是一个几何级数，公比为 x. 因此它的收敛域为 $|x|<1$.

在收敛域上，函数项级数的和是 x 的函数 $S(x)$，我们称 $S(x)$ 为函数项级数的**和函数**，$S(x)$ 的定义域就是级数的收敛域，记作

$$S(x)=u_1(x)+u_2(x)+\cdots+u_n(x)+\cdots.$$

把函数项级数(7-4)的前 n 项的部分和记作 $S_n(x)$，则在收敛域上有

$$\lim_{n\to\infty}S_n(x)=S(x).$$

§7-2 傅立叶级数

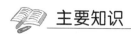 主要知识

▶▶▶ 一、三角函数 三角函数系的正交性

函数项级数中，应用最广泛的是三角级数.

定义 1 三角级数是指除常数外，每一项都是正弦函数和余弦函数的级数，即形如

$$\frac{a_0}{2}+\sum_{n=1}^{\infty}(a_n\cos nx+b_n\sin nx) \tag{7-6}$$

的函数项级数，其中 $a_0,a_n,b_n(n=1,2,\cdots)$ 都是常数.

注意级数(7-6)中每一项都是以 2π 为周期的函数. 如果(7-6)收敛，则其和 $S(x)$ 也应该是以 2π 为周期的函数.

工程上很多周期运动都可以用级数(7-6)来描述，如波的传递，机械振动，交流电的电流、电压等.

例如，最简单的自由振动(简谐振动)可以描述为

$$y=A\sin(\omega t+\varphi),$$

式中 A 为振幅，ω 为角频率，t 为时间，φ 为初相，$\dfrac{2\pi}{\omega}$ 是振动的周期. 利用和角公式，上式可以写成

$$y=A\sin\varphi\cos\omega t+A\cos\varphi\sin\omega t.$$

令 $a=A\sin\varphi,b=A\cos\varphi$，则得 $y=a\cos x+b\sin x$.

对于复杂的运动，通常由若干个(有限或无限个)简谐振动叠加而成，即

$$f(x)=\sum_{n=0}^{\infty}(a_n\cos nx+b_n\sin nx).$$

为了使公式对称，把 $n=0$ 的项记为 $\dfrac{a_0}{2}$，这样就得到如(7-6)形式的三角级数.

定义 2 区间 $[-\pi,\pi]$ 上的三角函数系

$$1,\cos x,\sin x,\cos 2x,\sin 2x,\cdots,\cos nx,\sin nx,\cdots \qquad (7\text{-}7)$$

正交,是指三角函数系(7-7)中任何两个不同的函数的乘积在区间$[-\pi,\pi]$上的积分等于零.有如下五个等式:

$$\int_{-\pi}^{\pi}\cos nx\,\mathrm{d}x=0\,(n=1,2,3,\cdots),$$

$$\int_{-\pi}^{\pi}\sin nx\,\mathrm{d}x=0\,(n=1,2,3,\cdots),$$

$$\int_{-\pi}^{\pi}\sin kx\cos nx\,\mathrm{d}x=0\,(k,n=1,2,3,\cdots),$$

$$\int_{-\pi}^{\pi}\cos kx\cos nx\,\mathrm{d}x=0\,(k,n=1,2,3,\cdots,k\neq n),$$

$$\int_{-\pi}^{\pi}\sin kx\sin nx\,\mathrm{d}x=0\,(k,n=1,2,3,\cdots,k\neq n).$$

▶▶**二、傅立叶级数**

设函数能展开成三角级数,即

$$f(x)=\frac{a_0}{2}+\sum_{n=1}^{\infty}(a_n\cos nx+b_n\sin nx), \qquad (7\text{-}8)$$

两边在$[-\pi,\pi]$上积分,得

$$\int_{-\pi}^{\pi}f(x)\mathrm{d}x=\int_{-\pi}^{\pi}\frac{a_0}{2}\mathrm{d}x+\sum_{n=1}^{\infty}\left(\int_{-\pi}^{\pi}a_n\cos nx\,\mathrm{d}x+\int_{-\pi}^{\pi}b_n\sin nx\,\mathrm{d}x\right)=\pi a_0,$$

故

$$a_0=\frac{1}{\pi}\int_{-\pi}^{\pi}f(x)\mathrm{d}x.$$

继续用$\cos kx$乘以(7-8)的两边,在$[-\pi,\pi]$上积分,得

$$\int_{-\pi}^{\pi}f(x)\cos kx\,\mathrm{d}x=\int_{-\pi}^{\pi}a_0\cos kx\,\mathrm{d}x+\sum_{n=1}^{\infty}\left(\int_{-\pi}^{\pi}a_n\cos kx\cos nx\,\mathrm{d}x+\int_{-\pi}^{\pi}b_n\cos kx\sin nx\,\mathrm{d}x\right).$$

根据三角函数的正交性,上式右端各项仅有$\int_{-\pi}^{\pi}a_n\cos nx\cos nx\,\mathrm{d}x$不为零,所以

$$\int_{-\pi}^{\pi}f(x)\cos nx\,\mathrm{d}x=\int_{-\pi}^{\pi}a_n\cos^2 nx\,\mathrm{d}x=a_n\pi,$$

故

$$a_n=\frac{1}{\pi}\int_{-\pi}^{\pi}f(x)\cos nx\,\mathrm{d}x\,(n=1,2,3,\cdots).$$

类似地,用$\sin kx$乘以(7-8)的两边,在$[-\pi,\pi]$上积分,得

$$b_n=\frac{1}{\pi}\int_{-\pi}^{\pi}f(x)\sin nx\,\mathrm{d}x\,(n=1,2,3,\cdots).$$

综合起来,有

$$\begin{cases} a_0 = \dfrac{1}{\pi} \displaystyle\int_{-\pi}^{\pi} f(x)\,\mathrm{d}x, \\[2ex] a_n = \dfrac{1}{\pi} \displaystyle\int_{-\pi}^{\pi} f(x)\cos nx\,\mathrm{d}x\,(n=1,2,3,\cdots), \\[2ex] b_n = \dfrac{1}{\pi} \displaystyle\int_{-\pi}^{\pi} f(x)\sin nx\,\mathrm{d}x\,(n=1,2,3,\cdots). \end{cases} \qquad (7\text{-}9)$$

如果(7-9)中的积分都存在,这时它们定出的系数 $a_0,a_1,b_1,\cdots$ 叫作函数 $f(x)$ 的傅立叶系数,此时级数(7-6)称为 $f(x)$ 的傅立叶级数.

以下定理给出了 $f(x)$ 展开成傅立叶级数的条件:

狄立克雷收敛定理 设函数 $f(x)$ 有周期 2π,如果在一个周期内 $f(x)$ 连续或至多有有限个间断点,并且至多有有限个极值点,则 $f(x)$ 的傅立叶级数收敛,并且

(1) 当 x 是 $f(x)$ 的连续点时,级数收敛于 $f(x)$;

(2) 当 x 是 $f(x)$ 的间断点时,级数收敛于 $\dfrac{f(x^-)+f(x^+)}{2}$.

例1 设 $f(x)$ 是周期为 2π 的周期函数,在区间 $[-\pi,\pi)$ 上,$f(x)=x^2$,将 $f(x)$ 展开成傅立叶级数.

解 函数 $f(x)$ 显然满足收敛定理的条件,且无间断点,和函数的图象如图 7-1 所示. 利用(7-9)式求傅立叶系数:

$$a_0 = \frac{1}{\pi} \int_{-\pi}^{\pi} x^2 \,\mathrm{d}x = \frac{1}{3\pi} x^3 \Big|_{-\pi}^{\pi} = \frac{2}{3}\pi^2,$$

$$a_n = \frac{1}{\pi} \int_{-\pi}^{\pi} x^2 \cos nx\,\mathrm{d}x = \frac{4}{n^2}(-1)^n \,(n=1,2,3,\cdots),$$

$$b_n = \frac{1}{\pi} \int_{-\pi}^{\pi} x^2 \sin nx\,\mathrm{d}x = 0 \,(n=1,2,3,\cdots).$$

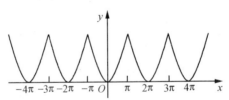

图 7-1

将求得的傅立叶系数代入级数(7-6),得到 $f(x)$ 的傅立叶级数为

$$f(x) = \frac{\pi^2}{3} + 4 \sum_{n=1}^{\infty} \frac{(-1)^n}{n^2} \cos nx \, (-\infty < x < +\infty).$$

例2 设 $f(x)$ 是周期为 2π 的周期函数,在区间 $[-\pi,\pi)$ 上的表达式为

$$f(x) = \begin{cases} -1, & -\pi \leqslant x < 0, \\ 1, & 0 \leqslant x < \pi. \end{cases}$$

将 $f(x)$ 展开成傅立叶级数.

解 所给函数除在点 $x=k\pi\,(k=0,\pm 1,\pm 2,\pm 3,\cdots)$ 处不连续外,其余各点均连续,

因此由收敛定理知 $f(x)$ 的傅立叶级数收敛,且当 $x=k\pi$ 时,级数收敛于 $\dfrac{-1+1}{2}=\dfrac{1+(-1)}{2}=0$,当 $x\neq k\pi$ 时,级数收敛于 $f(x)$.和函数如图 7-2 所示.

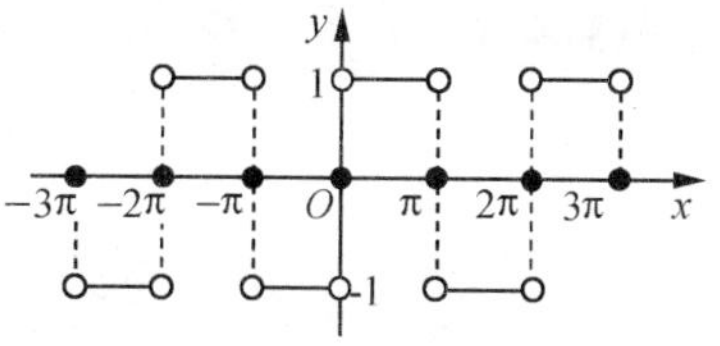

图 7-2

现在计算傅立叶系数:

$$a_n=\frac{1}{\pi}\int_{-\pi}^{\pi}f(x)\cos kx\,\mathrm{d}x$$

$$=\frac{1}{\pi}\int_{-\pi}^{0}(-1)\cos nx\,\mathrm{d}x+\frac{1}{\pi}\int_{0}^{\pi}1\cdot\sin nx\,\mathrm{d}x$$

$$=0(n=0,1,2,\cdots),$$

$$b_n=\frac{1}{\pi}\int_{-\pi}^{\pi}f(x)\sin nx\,\mathrm{d}x$$

$$=\frac{1}{\pi}\int_{-\pi}^{0}(-1)\sin nx\,\mathrm{d}x+\frac{1}{\pi}\int_{0}^{\pi}1\cdot\sin nx\,\mathrm{d}x$$

$$=\frac{1}{\pi}\left[\frac{\cos nx}{n}\right]_{-\pi}^{0}+\frac{1}{\pi}\left[-\frac{\cos nx}{n}\right]_{0}^{\pi}$$

$$=\frac{2}{n\pi}\left[1-(-1)^n\right]$$

$$=\begin{cases}\dfrac{4}{n\pi}, & n=1,3,5,\cdots,\\[2mm] 0, & n=2,4,6,\cdots.\end{cases}$$

将所求得的系数代入(7-6)式,得 $f(x)$ 的傅立叶级数为

$$f(x)=\frac{4}{\pi}\left[\sin x+\frac{1}{3}\sin 3x+\frac{1}{5}\sin 5x+\cdots+\frac{1}{2k-1}\sin(2k-1)x+\cdots\right]$$

$$(-\infty<x<+\infty,x\neq 0,\pm\pi,\pm 2\pi,\cdots).$$

说明 (1)以上两例中,$f(x)$ 都是以 2π 为周期的函数.

(2)如果函数 $f(x)$ 只在 $[-\pi,\pi]$ 上有定义,且满足收敛定理条件,要将 $f(x)$ 展开成傅立叶级数,就必须按定理要求将函数的定义加以补充或修改,使之成为以 2π 为周期的周期函数 $F(x)$,按这种方式拓广函数定义域的过程称为周期延拓.显然,$F(x)$ 满足收敛定理条件,这样将 $F(x)$ 展开成傅立叶级数,当 x 限定在 $(-\pi,\pi)$ 内时,就得到 $f(x)$ 的傅立叶级数.根据收敛定理,此级数在区间端点 $x=\pm\pi$ 处收敛于 $\dfrac{1}{2}\left[f(\pi^-)+f(-\pi^+)\right]$.实际计算时,我们只需判断 $f(x)$ 是否满足收敛条件,然后在区间 $(-\pi,\pi)$ 上计算傅立叶系数,而对定义的扩充不必要写出来,两端点 $x=\pm\pi$ 处,可根据周期延拓后函数的图形来确定.

例3 在 $[-\pi,\pi]$ 上将函数 $f(x)=x$ 展开成傅立叶级数.

解 函数 $f(x)$ 在 $(-\pi,\pi)$ 内满足收敛定理的条件,延拓后在 $x=k\pi(k=\pm 1,\pm 2,\pm 3,\cdots)$ 处间断,如图 7-3 所示.因此延拓后的周期函数的傅立叶级数在 $(-\pi,\pi)$

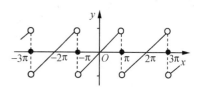

图 7-3

上收敛于 $f(x)$.

现在计算傅立叶系数：

$$a_0 = \frac{1}{\pi} \int_{-\pi}^{\pi} x \mathrm{d}x = 0,$$

$$a_n = \frac{1}{\pi} \int_{-\pi}^{\pi} x\cos nx \mathrm{d}x = 0,$$

$$b_n = \frac{1}{\pi} \int_{-\pi}^{\pi} x\sin nx \mathrm{d}x = (-1)^{n+1} \cdot \frac{2}{n}.$$

将求得的傅立叶系数代入(7-6)式,得 $f(x)$ 的傅立叶级数为

$$f(x) = 2\left[\sin x - \frac{\sin 2x}{2} + \frac{\sin 3x}{3} - \cdots + (-1)^{n+1} \cdot \frac{\sin nx}{n} + \cdots\right] \quad (-\pi < x < \pi).$$

在 $x = \pm\pi$ 处,级数收敛于 0.

▶▶三、以 2*l* 为周期的函数的傅立叶级数

设 $f(x)$ 是以 $2l$(l 是任意正数)为周期的周期函数,只需作变量代换 $x = \frac{l}{\pi}t$,就可将

$f(x)$ 化为以 2π 为周期的函数. 我们令 $x = \frac{l}{\pi}t$,则当 $-l \leqslant x \leqslant l$ 时, $-\pi \leqslant t \leqslant \pi$,且

$$f(x) = f\left(\frac{l}{\pi}t\right) = g(t),$$

则 $g(t)$ 就是以 2π 为周期的函数.

我们通过求函数 $g(t)$ 的傅立叶级数,就可得到函数 $f(x)$ 的傅立叶级数. 而函数 $g(t)$ 的傅立叶系数：

$$\begin{cases} a_0 = \frac{1}{\pi} \int_{-\pi}^{\pi} g(t)\mathrm{d}t \xlongequal{x=\frac{l}{\pi}t} \frac{1}{l} \int_{-l}^{l} f(x)\mathrm{d}x, \\ a_n = \frac{1}{\pi} \int_{-\pi}^{\pi} g(t)\cos nt \mathrm{d}t \xlongequal{x=\frac{l}{\pi}t} \frac{1}{l} \int_{-l}^{l} f(x)\cos \frac{n\pi x}{l}\mathrm{d}x \, (n = 1, 2, \cdots), \\ b_n = \frac{1}{\pi} \int_{-\pi}^{\pi} g(t)\sin nt \mathrm{d}t \xlongequal{x=\frac{l}{\pi}t} \frac{1}{l} \int_{-l}^{l} f(x)\sin \frac{n\pi x}{l}\mathrm{d}x \, (n = 1, 2, \cdots), \end{cases} \quad (7\text{-}10)$$

则 $g(t)$ 的傅立叶级数为

$$\frac{a_0}{2} + \sum_{n=1}^{\infty} (a_n\cos nt + b_n\sin nt).$$

将 t 用 x 表示,便得到函数 $f(x)$ 的傅立叶级数

$$\frac{a_0}{2} + \sum_{n=1}^{\infty} \left(a_n\cos \frac{n\pi}{l}x + b_n\sin \frac{n\pi}{l}x\right), \quad (7\text{-}11)$$

若函数 $f(x)$ 在区间 $[-l, l]$ 上满足狄立克雷收敛定理的条件,则函数 $f(x)$ 的收敛情况是：

(1) 在 $f(x)$ 的连续点 x 处收敛于 $f(x)$;

(2) 在 $f(x)$ 的间断点 x 处收敛于 $\frac{1}{2}[f(x^-)+f(x^+)]$;

(3) 在 $x=\pm l$ 处收敛于 $\frac{1}{2}[f(-l^+)+f(l^-)]$.

例 4 设 $f(x)$ 是以 2 为周期的函数,在区间 $[-1,1)$ 上的表达式为

$$f(x)=\begin{cases}1, & -1\leqslant x<0,\\ 2, & 0\leqslant x<1,\end{cases}$$

试将其展开成傅立叶级数.

解 函数 $f(x)$ 满足收敛定理的条件,可以展开成傅立叶级数. 现在我们来计算傅立叶系数,其中 $l=1$:

$$a_0=\int_{-1}^{1}f(x)\mathrm{d}x=\int_{-1}^{0}1\cdot\mathrm{d}x+\int_{0}^{1}2\cdot\mathrm{d}x=3,$$

$$a_n=\int_{-1}^{1}f(x)\cos n\pi x\mathrm{d}x=\int_{-1}^{0}\cos n\pi x\mathrm{d}x+\int_{0}^{1}2\cos n\pi x\mathrm{d}x=0(n=1,2,\cdots),$$

$$b_n=\int_{-1}^{1}f(x)\sin n\pi x\mathrm{d}x=\int_{-1}^{0}\sin n\pi x\mathrm{d}x+\int_{0}^{1}2\sin n\pi x$$

$$=\frac{1}{n\pi}[1-(-1)^n]=\begin{cases}\dfrac{2}{n\pi}, & n \text{ 为奇数},\\ 0, & n \text{ 为偶数},\end{cases}$$

于是函数 $f(x)$ 的傅立叶级数为

$$\frac{3}{2}+\frac{2}{\pi}\left(\sin\pi x+\frac{1}{3}\sin3\pi x+\frac{1}{5}\sin5\pi x+\cdots\right).$$

由于 $x=k(k=0,\pm1,\pm2,\cdots)$ 是函数 $f(x)$ 的间断点,这时上述级数收敛于

$$\frac{1+2}{2}=\frac{3}{2};$$

当 $x\neq k(k=0,\pm1,\pm2,\cdots)$ 时,有

$$f(x)=\frac{3}{2}+\frac{2}{\pi}\sum_{n=1}^{\infty}\frac{1}{2n-1}\sin(2n-1)\pi x.$$

课堂练习

1. 将下列周期为 2π 的周期函数 $f(x)$ 展开成傅立叶级数,式中给出 $f(x)$ 在区间 $[-\pi,\pi)$ 上的表达式:

(1) $f(x)=2x^2$;　　　　　(2) $f(x)=2\sin\dfrac{x}{3}$.

2. 设 $f(x)$ 是周期为 4 的函数,它在区间 $[-2,2)$ 上的表达式为

$$f(x)=\begin{cases}0, & -2\leqslant x<0,\\ 1, & 0\leqslant x<2,\end{cases}$$

将 $f(x)$ 展开成傅立叶级数.

级数理论的发展历程

在数学史上,级数出现得很早.古希腊时期,亚里士多德就知道公比小于1(大于零)的几何级数可以求出;14世纪的法国数学家奥雷姆证明了调和级数的和为无穷,并把一些收敛级数和发散级数区别开来.但直到微积分发明的时代,人们才把级数作为独立的概念提出来.

由于幂级数是研究复杂函数性质的有力工具,幂级数一直被认为是微积分的一个不可缺少的部分.在微积分理论研究和发展的早期阶段,研究超越函数时,用它们的幂级数来处理是所用方法中最富有成效的.在这个时期,幂级数还被用来计算一些特殊的量,如某些数项级数的和以及求隐函数的显式解.1721年,泰勒(B. Taylor,1685—1731)提出了函数展开为无穷幂级数的一般方法,建立了著名的泰勒公式,并得到了大量的应用,如我们在初中已用到的大量数学用表的制作.18世纪末,拉格朗日在研究泰勒级数时,给出了我们今天所谓的泰勒定理.在1810年前后,数学家们开始确切地表述无穷级数.高斯在其《无穷级数的一般研究》(1812年)中,第一个对级数的收敛性做出了重要而严密的探讨.1821年,柯西给出了级数收敛和发散的确切定义,并建立了判别级数收敛的柯西准则以及正项级数收敛的根值判别法和比值判别法,推导出交错级数的莱布尼兹判别法,然后用它来研究幂级数,给出了确定收敛区间的方法.

幂级数的一致收敛性概念最初是由斯托克斯和德国数学家赛德尔认识到的.1842年,维尔斯特拉斯给出一致收敛概念的确切表述,并建立了逐项积分和微分的条件.狄立克雷在1837年证明了绝对收敛级数的性质,并和黎曼(B. Riemann,1826—1866)分别给出例子,说明条件收敛级数通过重新排序使其和不相同或等于任何已知数.到19世纪末,无穷级数收敛的许多法则都已经建立起来.19世纪,法国数学家傅立叶在研究热传导问题时,创立了傅立叶级数理论.1822年,傅立叶发表了他的经典著作《热的解析理论》,书中研究的主要问题是吸热或放热物体内部任何点处的温度随时间和空间的变化规律,同时也系统地研究了函数的三角级数表示问题,这就是我们书中所称的傅立叶级数.不过傅立叶从没有给出一个函数可以展成三角级数必须满足的条件和任何完全的证明.后来,许多数学家都为傅立叶级数理论的发展做了大量的工作.例如,狄立克雷第一个给出函数的傅立叶级数收敛于它自身的充分条件,黎曼建立了重要的局部性定理,并证明了傅立叶级数的一些性质.

部分习题参考答案

第一章 知识回顾与应用

§1-1

A 组

1. $60°$. **2.** $A=105°,B=45°,C=30°$. **3.** $B=60°,C=75°,c=\sqrt{6}-\sqrt{2}$. **4.** $\beta=10°,x=38.3\ \text{m}$. **5.** $BD=55\ \text{cm},DC=43.3\ \text{cm}$. **6.** $C=0.292,d=13.56\ \text{mm}$.

B 组

1. $a=6$. **2.** 等边三角形.

3. 证明：$\dfrac{c}{b}=\dfrac{\sin C}{\sin B}$，$\because \dfrac{c}{b}=1+2\cos A$，$\therefore \sin C=\sin B+2\sin B\cos A$，又 $\because \sin C=\sin(A+B)=\sin A\cos B+\cos A\sin B$，$\therefore \sin B+2\sin B\cos A=\sin A\cos B+\cos A\sin B$，$\therefore \sin B=\sin A\cos B-\cos A\sin B=\sin(A-B)$，$\because 0<A-B<\pi,0<B<\pi,B+(A-B)=A,\therefore B=A-B,\therefore A=2B$. **4.** $AB=290\ \text{m}$. **5.** $AC=59.8\ \text{mm}$.

6. $H=10.22\ \text{mm}$.

§1-2

A 组

1. (1)C；(2)B. **2.** (1)$(x+1)^2+(y-1)^2=25$. (2)$\dfrac{x^2}{13}+\dfrac{y^2}{25}=1$ 或 $\dfrac{x^2}{25}+\dfrac{y^2}{13}=1$；$\dfrac{y^2}{16}-\dfrac{x^2}{9}=1$；$y^2=x$ 或 $x^2=-8y$. **3.** (1)$x^2+y^2-4x-2y=0$；(2)$(x-3)^2+(y+5)^2=32$. **4.** $\dfrac{x^2}{25}+\dfrac{y^2}{9}=1$ 或 $\dfrac{x^2}{9}+\dfrac{y^2}{25}=1$.

5. 实轴长 $2a=2\sqrt{15}$，虚轴长 $2b=2$，焦距 $2c=8$，焦点坐标 $F_1(-4,0)F_2(4,0)$，顶点坐标 $A_1(-\sqrt{15},0)$，$A_2(\sqrt{15},0)$，$B_1(0,-1)B_2(0,1)$，离心率 $e=\dfrac{c}{a}=\dfrac{4}{15}\sqrt{15}$，渐近线方程：$y=\pm\dfrac{\sqrt{15}}{15}x$.

B 组

1. (1)D；(2)B. **2.** $\dfrac{y^2}{9}+\dfrac{x^2}{8}=1$. **3.** $\dfrac{x^2}{48}-\dfrac{y^2}{16}=1$ 或 $\dfrac{y^2}{16}-\dfrac{x^2}{48}=1$. **4.** $y^2=\dfrac{16}{5}x$ 或 $x^2=-\dfrac{25}{4}y$.

5. 标准方程 $\dfrac{x^2}{5}+\dfrac{y^2}{4}=1$，焦距 $2c=2$，长轴长 $2a=2\sqrt{5}$.

§1-3

A 组

1. $\begin{cases} x=150(\cos t+t\sin t),\\ y=150(\sin t-t\cos t). \end{cases}$ **3.** (1)$\rho=\dfrac{1}{\cos\theta}$；(2)$\theta=\arctan2$. **4.** (1)$x^2+y^2=1$；(2)$y=\sqrt{3}x$. **5.** $\rho=4\sin\theta$.

B 组

1. $\begin{cases} x=40(t-\sin t),\\ y=40(1-\cos t). \end{cases}$ **2.** (1)$x=4$；(2)$x^2+y^2=25$；(3)$x^2+(y-r)^2=r^2$. **4.** $(\sqrt{123},19)$.

5. $\varphi=\arccos 0.29$.

§1-4

A 组

2. $(2) r_1=2, r_2=\sqrt{2}, r_3=4; (3) z_1=\sqrt{3}+i, z_2=-1-i, z_3=-4i$.

3. $(1) 2\left(\cos\dfrac{4\pi}{3}+i\sin\dfrac{\pi}{3}\right), 2e^{i\frac{4\pi}{3}}, 2\angle\dfrac{4\pi}{5}; (2)\cos\dfrac{\pi}{3}+i\sin\dfrac{\pi}{3}, e^{i\frac{\pi}{3}}, \angle\dfrac{\pi}{3}; (3) 10(\cos0+i\sin0), 10e^{i0}, 10\angle 0;$

$(4) 10\left(\cos\dfrac{3\pi}{2}+i\sin\dfrac{3\pi}{2}\right), 10e^{i\frac{3\pi}{2}}, 10\angle\dfrac{3\pi}{2}$.

4. $(1) -10+i; (2) 8-31i; (3)\dfrac{2+16i}{13}$.　**5.** $(1) -\dfrac{9}{2}-\dfrac{\sqrt{3}}{2}i; (2)\sqrt{2}\left(\cos\dfrac{7\pi}{20}+i\sin\dfrac{7\pi}{20}\right); (3)\dfrac{\sqrt{2}}{2}-\dfrac{\sqrt{2}}{2}i$.

6. $(1) -\dfrac{\sqrt{3}}{2}-\dfrac{1}{2}i; (2) -\left(\dfrac{1}{4}+\dfrac{\sqrt{3}}{4}\right)+\left(\dfrac{1}{4}+\dfrac{\sqrt{3}}{4}\right)i$.　**7.** $(1)\sqrt{6}i; (2) 3-\sqrt{3}i; (3) 2i; (4)\dfrac{\sqrt{3}}{2}+\dfrac{3}{2}i$.

8. $i_3=15\sqrt{2}\sin(\omega t+150°)A$.

B 组

1. $(1)\sqrt{2}\left(\cos\dfrac{3\pi}{4}+i\sin\dfrac{3\pi}{4}\right), \sqrt{2}e^{i\frac{3\pi}{4}}, \sqrt{2}\angle\dfrac{3\pi}{4}; (2) 2\left(\cos\dfrac{7\pi}{6}+i\sin\dfrac{7\pi}{6}\right), 2e^{i\frac{7\pi}{6}}, 2\angle\dfrac{7\pi}{6};$

$(3) 2\left(\cos\dfrac{5\pi}{3}+i\sin\dfrac{5\pi}{3}\right), 2e^{i\frac{5\pi}{3}}, 2\angle\dfrac{5\pi}{3}; (4) 2\left(\cos\dfrac{\pi}{2}+i\sin\dfrac{\pi}{2}\right), 2e^{i\frac{\pi}{2}}, 2\angle\dfrac{\pi}{2}$.

2. $(1) 0; (2)\dfrac{\sqrt{2}}{2}-\dfrac{\sqrt{2}}{2}i; (3) -\dfrac{\sqrt{6}}{3}i$.　**3.** $(1) z=-1+\sqrt{3}i, \bar{z}=-1-\sqrt{3}i; (2) z=-2+\sqrt{5}i, \bar{z}=-2-\sqrt{5}i$.

4. $i_1=4\angle-\dfrac{\pi}{6}A, i_2=4\angle\dfrac{5\pi}{6}A, i_1=4\sqrt{2}\sin\left(100\pi t-\dfrac{\pi}{6}\right)A, i_2=4\sqrt{2}\sin\left(100\pi t+\dfrac{5\pi}{6}\right)A$.

5. $i_R=2\sqrt{2}\sin 2t, i_C=20\sqrt{2}\sin\left(2t+\dfrac{\pi}{2}\right), i=28.42\sin(2t+\arctan 10)$.

复习题（一）

1. $(1)\sqrt{2}; (2)\dfrac{x^2}{16}+\dfrac{y^2}{9}=1, \dfrac{y^2}{16}-\dfrac{x^2}{9}=1, y^2=16x$ 或 $x^2=-12y; (3) 2; (4) 8, -7, \sqrt{113}; (5) 31$.

2. $(1) C; (2) C; (3) A; (4) A$.　**3.** $H=3.03$.　**4.** $H_1=57.526$ mm.　**5.** $\alpha=\arccos 0.12$.

6. $d=\dfrac{4}{13}\sqrt{13}-1$.　**7.** $(1) C_1$：中心$(0,0), F_1(-2\sqrt{10},0), F_2(2\sqrt{10},0); C_2$：中心$(3,0)$,

$F_1(-4\sqrt{2}+3,0), F_2(4\sqrt{2}+3,0). (2)(x+1)^2+y^2=20$.　**8.** $\dfrac{x^2}{3422.25}+\dfrac{y^2}{5035.6}=1$.

9. $(1)\dfrac{67}{4}-\dfrac{285}{16}i; (2)\dfrac{-243}{2}\sqrt{2}-\dfrac{243\sqrt{3}}{2}i; (3) 2i; (4)\dfrac{1}{6}\angle\dfrac{47}{84}\pi$.

第二章　函数、极限与连续

§2-1

A 组

1. (1) 不相同；(2) 不相同；(3) 不相同；(4) 不相同.

2. $(1)[-2,-1]\cup[-1,1]\cup[1,+\infty); (2)[-4,4); (3)(-1,1); (4)(-\infty,2]$.

3. $1; 0; -1$.　**4.** (1) 奇函数；(2) 奇函数.

5. $(1) y=u^2, u=\sin v, v=x-1; (2) y=\sqrt[3]{u}, u=1+x; (3) y=\lg u, u=\tan v, v=2x; (4) y=u^3, u=\lg v, v=$

$\cos m, m = 2x - 1.$

B 组

1. $(1)(-\infty, -2) \cup [2, +\infty)$；$(2)[0,1]$；$(3)(-\infty, 16]$；$(4)(1, +\infty)$.

2. $(1)(-\infty, 0)$单调递减；$(2)(-\infty, 2)$单调递增，$(2, +\infty)$单调递减． **3.** $(-\infty, +\infty)$；3；4.

4. $(1)y = \lg u, u = \sin x$；$(2)y = \arccos u, u = \sqrt{v}, v = x^2 - 1$；$(3)y = \dfrac{1}{\sqrt{u}}, u = 3^v, v = 5x$；$(4)y = e^u, u = \sin v, v =$

$3x.$　**5.** $U = 310 \sin\left(314t + \dfrac{\pi}{6}\right).$

§ 2-2

A 组

1. $(1)1$；$(2)0$；(3)不存在；(4)不存在． **2.** $(1)0$；$(2)1$；$(3)-\dfrac{\pi}{2}$；$(4)\dfrac{\pi}{2}$.

3. (1)无穷大；(2)无穷小；(3)无穷小；(4)无穷大.

B 组

1. $(1)2$；$(2)0$；$(3)0$；(4)不存在.

2. $(1)\lim\limits_{x \to 0^-} f(x) = -1, \lim\limits_{x \to 0^+} f(x) = 1, \lim\limits_{x \to 0} f(x)$不存在；$(2)\lim\limits_{x \to 0^-} f(x) = 1, \lim\limits_{x \to 0^+} f(x) = 1, \lim\limits_{x \to 0} f(x) = 1.$

3. $(1)0$；$(2)0$.

§ 2-3

A 组

1. $(1)42$；$(2)6$；$(3)0$；$(4)5$；$(5)\dfrac{1}{4}$；$(6)0$.　**2.** $(1)\dfrac{2}{3}$；$(2)\dfrac{3}{2}$；$(3)\dfrac{1}{2}$；$(4)1$.

3. $(1)e^{-2}$；$(2)e^2$；$(3)\sqrt{e}$；$(4)e^2$.

B 组

1. $(1)-2$；$(2)1$.　**2.** $(1)\dfrac{1}{2}$；$(2)1$.　**3.** $(1)e^{-1}$；$(2)\dfrac{1}{2}$.

§ 2-4

A 组

1. 连续.　**2.** $x = 3$.　**3.** $a = 1$.　**4.** $(1)\dfrac{4}{\pi}$；$(2)0$.

B 组

1. $f(x)$在 $x = 1$ 处不连续；在 $x = 2$ 处连续.　**2.** $k = 2$.　**3.** $(1)\dfrac{1 + \ln 2}{2}$；$(2)\dfrac{\pi}{8}$.　**4.** 略.

复习题（二）

1. $(1)(2,3),[-1,0]$；$(2)e^{2x} - 2e^x + 5$；$(3)\left[-\dfrac{2}{3}, -\dfrac{1}{3}\right]$；$(4)y = \sin u, u = \sqrt{v}, v = x^2 + 1$；$(5)y = u^3, u = \lg v, v = \arccos m, m = 5x$；$(6)6, \dfrac{1}{3}$；$(7)\dfrac{3}{2}$；$(8)x = -1, x = 1.$

2. $(1)C$；$(2)C$；$(3)B$；$(4)A$；$(5)C$；$(6)A$.　**3.** $(1)4$；$(2)0$；$(3)e^{-12}$；$(4)1$.　**4.** $a = 2, b = 1$.　**5.** 略.

第三章　导数与微分

§ 3-1

A 组

1. (1) -1；(2) $\dfrac{2}{\ln 2}$；(3) $81\ln 3$.　　2. (1) $\dfrac{2}{3\sqrt[3]{x}}$；(2) $-\dfrac{3}{2}x^{-\frac{5}{2}}$；(3) $3^x\mathrm{e}^x(1+\ln 3)$.　　3. $y-1=2\left(x-\dfrac{\pi}{4}\right)$.

B 组

1. $-\dfrac{3}{2}$.　　2. $y=-4x-4$.　　3. 连续不可导.

§ 3-2

A 组

1. (1) $y'=6x+5-3^x\ln 3$；(2) $y'=4\cos x-\dfrac{1}{x}+7\csc^2 x$.

2. (1) $y'=-2x\arctan x+\dfrac{1-x^2}{1+x^2}$；(2) $y'=\tan x+x\sec^2 x-2\sec x\tan x$；(3) $y'=\dfrac{\mathrm{e}^x x-3\mathrm{e}^x+3}{x^4}$；

(4) $y'=\dfrac{1-\sin x+\cos x}{(1-\sin x)^2}$.

3. (1) $y'=-\dfrac{2}{\sqrt{1-x^2}}$；(2) $y'=\dfrac{\sin(1-x)}{2\sqrt{\cos(1-x)}}$；(3) $y'=3(2x-1)(x^2-x+1)^2$.　　4. (1) $\dfrac{\sqrt{2}}{2\mathrm{e}}$；(2) $6+2\mathrm{e}^2$.

B 组

1. (1) $y'=2\mathrm{e}^{2x}\arccos x-\dfrac{\mathrm{e}^{2x}}{\sqrt{1-x^2}}$；(2) $y'=\dfrac{\sqrt{1-x^2}+x\arcsin x}{(1-x^2)^{\frac{3}{2}}}$.

2. (1) $y'=3\sin^2\ln x\cdot\cos\ln x\cdot\dfrac{1}{x}$；(2) $y'=\dfrac{x+\ln^2 x}{(x+\ln x)^2}$.

3. (1) $y''=120(2x-1)^4$；(2) $y''=2\sec^4(x+1)+4\tan^2(x+1)\sec^2(x+1)$.

4. $y'=\dfrac{1-4xy^2\sqrt{x+y}}{4x^2 y\sqrt{x+y}-1}$.　　5. $y'=(\sin x)^{\cos x}\left[-\sin x\ln(\sin x)+\cos x\cot x\right]$

§ 3-3

A 组

1. (1) $2x$；(2) $\dfrac{3}{2}x^2$；(3) $\sin x$；(4) $-\dfrac{1}{\omega}\cos\omega x$；(5) $\arctan x$；(6) $-\dfrac{1}{2}\mathrm{e}^{-2x}$；(7) $2\sqrt{x}$；(8) e^{x^2}；

(9) $2\sin x$；(10) $\dfrac{1}{2x+3}$，$\dfrac{2}{2x+3}$.

2. (1) $\mathrm{d}y=\mathrm{e}^{-3x}\left(\dfrac{1}{\sqrt{1-x^2}}-3\arcsin x\right)\mathrm{d}x$；(2) $\mathrm{d}y=\dfrac{2x\tan x\sec^2 x-\tan^2 x}{x^2}\mathrm{d}x$.　　3. $\dfrac{1}{300}$.

4. (1) 78.54 cm³；(2) 251.3 cm³，6%.

B 组

1. (1) $\mathrm{d}y=4(x-\cos^2 x)^3(1+\sin 2x)\mathrm{d}x$；(2) $\mathrm{d}y=\dfrac{1}{2\mathrm{e}}\mathrm{d}x$.　　2. (1) 1.0006；(2) 10.0333；(3) 0.02；(4) 1.05.

§ 3-4

A 组

1. (1) $\xi=\sqrt{2}$；(2) $\xi=\dfrac{2\sqrt{3}}{3}$.

2. (1)单调增区间 $\left(-\infty,-\dfrac{1}{3}\right)$,$(1,+\infty)$,单调减区间 $\left(-\dfrac{1}{3},1\right)$;(2)单调增区间 $\left(\dfrac{1}{e},+\infty\right)$,单调减区间 $\left(0,\dfrac{1}{e}\right)$.

3. (1)极大值 $f(-1)=f(1)=\dfrac{1}{2}$,极小值 $f(0)=0$;(2)无极大值,极小值 $f(0)=0$.

4. (1)最大值 $\dfrac{1}{2}$,最小值 $-\dfrac{1}{2}$;(2)最大值 2π,最小值 $\dfrac{\pi}{3}-\sqrt{3}$. **5.** 100 件.

B 组

1. $\xi=\dfrac{\sqrt{3}}{3}$. **2.** (1)单调增区间$(0,+\infty)$,单调减区间$(-\infty,0)$;(2)单调增区间$(-\infty,2)$,$(2,+\infty)$.

3. $x=\ln\dfrac{\sqrt{2}}{2}$时,极小值 0. **4.** $h:r=4:1$.

复习题(三)

1. (1)4,16,8;(2)$y=-x+1$;(3)2,-10;(4)$9e^2$;(5)$y=x-1$;(6)$(0,+\infty)$,$(-1,0)$,$x=0$.

2. (1)B;(2)C;(3)C;(4)B;(5)D;(6)D;(7)D;(8)C.

3. (1)$y'=\dfrac{4t^2-\sqrt{t}+2}{2t^2}$;(2)$y'=2^x\ln2(x\sin x+\cos x)+2^x x\cos x$;(3)$y'=\sec x$;(4)$y'=\dfrac{1}{\sqrt{2}(x^2+1)}$.

4. (1)单调增区间$(-1,1)$,单调减区间$(-\infty,-1)$,$(1,+\infty)$,极大值 $f(1)=1$,极小值 $f(-1)=-1$;
(2)单调增区间$(-\infty,1)$,$(9,+\infty)$,单调减区间$(1,9)$,极大值 $f(1)=1$,极小值 $f(9)=-3$.

5. 当每套每月租金定为 300 元时该公司可获得最大利润 9000 元.

第四章 不定积分

§4-1

课堂练习

1. (1)B;(2)D;(3)C. **2.** (1)$\sin x+C$,$-\cos x+C$;(2)$(2x+x^2)e^x$;(3)e^x+C.

A 组

1. (1)$F(x)=\dfrac{x^2}{5}$;(2)$F(x)=\dfrac{2x^{\frac{3}{2}}}{3}$;(3)$F(x)=e^x+\dfrac{x^2}{2}$;(4)$F(x)=-2\cos x$.

B 组

1. (1)$y=\dfrac{3}{2}(x^2-1)$;(2)$s=\sin t+9$.

§4-2

课堂练习

(1)$\dfrac{4}{11}x^{\frac{11}{4}}+C$;(2)$\ln|x|-\dfrac{5^x}{\ln5}+4\sin x+C$;(3)$-3\cos x-\cot x+C$;(4)$x^3+\arctan x+C$.

A 组

1. (1)e^x+x+C;(2)$x^3+\dfrac{x^2}{2}-x+C$;(3)$-\dfrac{2}{3}x^{-\frac{3}{2}}+C$;(4)$2\ln|x|+\dfrac{3^x}{\ln3}-\tan x+C$.

2. (1)$x+4\ln|x|-\dfrac{4}{x}+C$;(2)$x-\arctan x+C$;(3)$2\sin x+C$;(4)$\tan x-\sec x+C$.

B 组

1. (1)$\dfrac{2}{3}x^{\frac{3}{2}}-2x+C$;(2)$\dfrac{1}{2}\tan x+C$;(3)$\dfrac{2^x}{\ln2}-2\sqrt{x}+C$;(4)$\dfrac{90^t}{\ln90}+C$. **2.** $y=\dfrac{1}{2}x^2-3x+13$.

§ 4-3

课堂练习一

$(1)\ln(1+x^2)+C;(2)-\dfrac{1}{18}(3-2x)^9+C;(3)-2\cos\sqrt{t}+C;(4)\dfrac{\tan^{11}x}{11}+C.$

课堂练习二

$(1)2\ln(1+\sqrt{x})+C;(2)x+4\sqrt{x-1}-4\ln(2+\sqrt{x-1})+C;(3)\dfrac{1}{4}\arcsin 2x+\dfrac{x}{2}\sqrt{1-4x^2}+C;$

$(4)\sqrt{x^2-9}-3\arccos\dfrac{3}{x}+C.$

A 组

1. $(1)B;(2)C;(3)C.$ **2.** $(1)\dfrac{(1+2x)^6}{12}+C;(2)-4(2-3x)^{\frac{4}{3}}+C;(3)\sqrt{x^2-2}+C;$

$(4)\ln(x^2-3x+8)+C;(5)\sin t+C;(6)-\sin\dfrac{1}{x}+C.$

3. $(1)3\sqrt[3]{(x+1)^2}+3\ln\left|1+\sqrt[3]{x+1}\right|+C;(2)\dfrac{\sqrt[4]{x^7}}{7}-\dfrac{\sqrt[6]{x^5}}{5}+\dfrac{\sqrt{x}}{3}-\sqrt[6]{x}+C;$

$(3)\dfrac{1}{2}\ln(\sqrt{9+4x^2}+2x)+C;(4)\arcsin x+\dfrac{1+\sqrt{1-x^2}}{x}+C.$

B 组

1. $(1)\dfrac{1}{5}\ln(2+5\ln x)+C;(2)\cos x-\dfrac{2}{3}\cos^3 x+\dfrac{\cos^5 x}{5}+C;(3)\arctan e^x+C;(4)\arcsin e^x+C.$

2. $(1)\dfrac{1}{2}\arctan(\sin x)^2+C;(2)\dfrac{x}{\sqrt{1+x^2}}+C.$

3. $(1)\ln\dfrac{\sqrt{e^x+1}-1}{\sqrt{e^x+1}+1}+C;(2)\dfrac{3}{2}\arctan x+\dfrac{1}{2}\dfrac{x}{1+x^2}+C;(3)2\arcsin\dfrac{x+1}{2}+\dfrac{x+1}{2}\sqrt{3-2x-x^2}+C;$

$(4)\dfrac{\sqrt{x^2-1}}{x}+C.$

§ 4-4

课堂练习

1. $(1)B;(2)D.$ **2.** $(1)-x\cos x+\sin x+C;(2)x\arccos x-\sqrt{1-x^2}+C.$

A 组

$(1)-\dfrac{1}{4}xe^{4x}-\dfrac{1}{16}e^{-4x}+C;(2)\dfrac{x^3}{3}\ln x-\dfrac{x^3}{9}+C;(3)\dfrac{2}{3}x^{\frac{3}{2}}\ln x-\dfrac{4}{9}x^{\frac{3}{2}}+C;$

$(4)-\dfrac{1}{4}x\cos 2x+\dfrac{1}{8}\sin 2x+C;(5)x^2e^x-2xe^x+2e^x+C;(6)x^2e^x-2xe^x+2e^x+C.$

B 组

$(1)x(\ln x)^2-2x\ln x+2x+C;(2)\ln x\cdot\ln\ln x-\ln x+C;(3)\dfrac{1}{2}x^2e^{x^2}-\dfrac{1}{2}e^{x^2}+C;$

$(4)x\tan x-\ln|\cos t|+C;(5)x\ln(1-\sqrt{x})+\dfrac{1}{2}(\sqrt{x}+1)^2-\ln(1-\sqrt{x})+C.$

复习题四

1. $(1)B;(2)B;(3)D;(4)D.$

2. $(1)\dfrac{3}{10}x^{\frac{10}{3}}+C$；$(2)x^3+\arctan x+C$；$(3)\sin x-\cos x+C$；$(4)\tan x-\sec x+C$.

3. $(1)\dfrac{1}{2}\ln|2x-1|+C$；$(2)\cos\dfrac{1}{x}+C$；$(3)x-\arctan x+C$；$(4)2x-\dfrac{5}{\ln\frac{2}{3}}\left(\dfrac{2}{3}\right)^x+C$；$(5)\dfrac{\sin^6 x}{6}+C$；$(6)\ln(1$

$+e^x)+C$；$(7)\dfrac{2}{27}(3x+1)^2-\dfrac{4}{9}\sqrt{3x+1}+C$；$(8)\dfrac{1}{2}\sqrt{2x}-\dfrac{1}{2}\ln(1+\sqrt{2x})+C$；$(9)2e^{\sqrt{x}}+C$；$(10)\dfrac{1}{2}\arcsin x$

$-\dfrac{x}{2}\sqrt{1-x^2}+C$.

4. $(1)x\ln^3 x-3x\ln^2 x+6x\ln x-6x+C$；$(2)-x^2\cos x+2x\sin x+2\cos x+C$；

$(3)\dfrac{x^2}{4}+\dfrac{x}{4}\sin 2x+\dfrac{1}{8}\cos 2x+C$；$(4)\sqrt{1+x^2}\arctan x-\ln(x+\sqrt{1+x^2})+C$.

5. $(1)2\sqrt{x-2}+\sqrt{2}\arctan\sqrt{\dfrac{x}{2}-1}+C$；$(2)x\ln(x+\sqrt{x^2+a^2})-\sqrt{x^2+a^2}+C$；

$(3)\sin x-\dfrac{\sin^3 x}{3}+C$；$(4)\dfrac{3}{8}x-\dfrac{1}{4}\sin 2x+\dfrac{1}{32}\sin 4x+C$.

第五章　定积分

§ 5-1

1. (1)C；(2)A；(3)B.　**2.** $(1)<$；$(2)>$.　**3.** $(1)\dfrac{16}{3}$；$(2)-\dfrac{10}{3}$.

§ 5-2

A 组

1. D.　**2.** $(1)\dfrac{1}{n+1}(b^{n+1}-a^{n+1})$；$(2)1-\dfrac{\pi}{4}$；$(3)1$.　**3.** $(1)1$；$(2)1$.

B 组

1. B.　**2.** $\dfrac{\sin x}{2\sqrt{x}}$.　**3.** $\dfrac{1}{20}$.

§ 5-3

A 组

1. $(1)2-\sqrt[4]{8}$；$(2)\arctan e^2-\dfrac{\pi}{4}$.　**2.** $(1)\dfrac{5}{3}$；$(2)\dfrac{\sqrt{2}}{2}-\dfrac{\pi}{8}-\dfrac{1}{4}$.　**3.** $(1)1$；$(2)1$；$(3)\dfrac{2\pi}{3}-\sqrt{3}$.

B 组

1. $(1)2\sqrt{3}-2$；$(2)1-\ln(e+1)+\ln 2$ 或 $\ln\dfrac{2e}{e+1}$（提示：令 $e^x=t$）.

2. $(1)\dfrac{1}{2}$（提示：令 $x^2=t$）；$(2)\dfrac{1}{2}e^{\frac{\pi}{2}}+\dfrac{1}{2}$.

§ 5-4

A 组

1. (1)C；(2)C；(3)B.　**2.** $(1)\dfrac{2}{3}$；$(2)\dfrac{1}{2}+\ln 2$.　**3.** $\dfrac{64}{3}$.

4. $(1)\dfrac{31}{5}\pi$；(2)绕 x 轴：$V_x=\pi(e+2)$，绕 y 轴：$V_y=\dfrac{\pi}{2}(e^2+1)$.

B 组

1. (1) $\dfrac{7}{6}$；(2)；(3)e-1. **2.** (1)$\dfrac{3\pi}{10}$；(2)$\dfrac{\pi^2}{4}-\dfrac{\pi}{2}$.

复习题五

1. (1)0；(2)1；(3)1，$-\dfrac{1}{2}$；(4)$2x^5-x^2-2x\sin nx^2+\sin nx$；(5)$\dfrac{3\pi}{4}$.

2. (1)$\dfrac{13}{2}$；(2)0；(3)$\dfrac{7}{72}$；(4)$\dfrac{3}{2}$；(5)$\dfrac{\pi}{12}-\dfrac{1}{6}+\dfrac{1}{6}\ln2$. **3.** $\dfrac{9}{4}$. **4.** $\dfrac{4\pi}{3}$.

第六章　微分方程简介

§ 6-1

1. $y'=C_1\mathrm{e}^x-2C_2\mathrm{e}^x$；$y=\mathrm{e}^x$. **2.** (1)$y\big|_{x=0}=-2$，$y'\big|_{x=0}=1$；(2)$y\big|_{x=0}=2$，$y'\big|_{x=0}=6$.

§ 6-2

A 组

1. (1)$y=\sin(\arcsin x+C)$；(2)$\ln|y|+x-\ln|1+x|-2=0$. **2.** (1)$y=\mathrm{e}^{-x^2}\left(\dfrac{1}{2x^2}+C\right)$；(2)$y=\dfrac{x^2+C}{x^2-1}$.

3. $x^2+y^2=C$.

B 组

1. $\ln|(x^2-1)(y^2-1)|=C$. **2.** $y=\dfrac{x^2}{2}\ln(1+x^2)-\dfrac{1}{2}\ln(1+x^2)+\dfrac{x^2}{2}+\dfrac{1}{2}$.

§ 6-3

A 组

1. (1)AB；(2)A；(3)B.

2. (1)$y=C_1\mathrm{e}^{4x}+C_2\mathrm{e}^{-x}$；(2)$y=(C_1+C_2x)\mathrm{e}^x$；(3)$y=\mathrm{e}^{-3x}(C_1\cos4x+C_2\sin4x)$.

3. (1)$y=C_1\mathrm{e}^x+C_2\mathrm{e}^{3x}$，$y=2\mathrm{e}^x+4\mathrm{e}^{3x}$；(2)$y=C_1\cos5x+C_2\sin5x$，$y=2\cos5x+\sin5x$.

B 组

1. (1)$y=(C_1+C_2x)\mathrm{e}^{-x}+2$；(2)$y=\mathrm{e}^{-x}(\cos x+C_2\sin x)+x$；(3)$y=C_1\mathrm{e}^{-x}+C_2\mathrm{e}^{\frac{1}{2}x}+2\mathrm{e}^x$.

2. (1)$y=\dfrac{5}{2}-\dfrac{3}{2}\mathrm{e}^{-2x}-x\mathrm{e}^{-x}$；(2)$y=-\cos x-\dfrac{1}{3}\sin x+\dfrac{1}{3}\sin2x$.

复习题六

1. 可分离变量的微分方程：①②③④；一阶齐次线性微分方程：③；一阶非齐次线性微分方程：⑤⑥.

2. (1)C；(2)C；(3)D；(4)D.

3. (1)$y=\mathrm{e}^{-x}\left(\dfrac{1}{2}\mathrm{e}^x\cos x+\dfrac{1}{2}\mathrm{e}^x\sin x+C\right)$；(2)$(1+x^2)^{\frac{1}{2}}\left[(1+x^2)^{\frac{1}{2}}+\arctan x+C\right]$.

4. (1)$y=C_1\mathrm{e}^{-\frac{1}{2}x}+C_2\mathrm{e}^{\frac{5}{2}x}$；(2)$y=\mathrm{e}^{-x}(C_1\cos2x+C_2\sin2x)$；(3)$y=4\mathrm{e}^x+2\mathrm{e}^{3x}$；(4)$y=\mathrm{e}^x\sin x$.

5. (1)$y=(C_1+C_2x)\mathrm{e}^x-2$；(2)$y=C_1\mathrm{e}^{\frac{1}{2}x}+C_2\mathrm{e}^{-x}+\mathrm{e}^x$.

6. $4|x|-3|y|=0$. **7.** 略.

高
等
数
学

第七章 无穷级数简介

§ 7-2

课堂练习

1. (1) $f(x) = \dfrac{2}{3}\pi^2 + 8\sum\limits_{n=1}^{\infty}(-1)^n \cdot \dfrac{1}{n^2}\cos nx$；(2) $f(x) = \dfrac{18\sqrt{3}}{\pi}\sum\limits_{n=1}^{\infty}\dfrac{(-1)^n n}{1-9n^2}\sin nx$.

2. $f(x) = 1 + \dfrac{1}{\pi}\sum\limits_{n=1}^{\infty}\dfrac{1-(-1)^n}{n}\sin\dfrac{n\pi x}{2}$.